普通高等教育工程训练系列教材
安徽省高等学校质量工程一流教材建设项目
安徽省一流课程、课程思政示范课配套教材
学银在线课程配套教材

工程认知训练

主　编　杨　琦　汪永明

副主编　张志刚　邬宗鹏　方　涛　陈　田

参　编　许家宝　郭满荣　温从众　唐晓娟

　　　　徐丽霞　郭佳肂　龙珍珠　糜　娜

　　　　郝　亚　鲁张祥

主　审　朱华炳

机 械 工 业 出 版 社

本书为安徽省高等学校质量工程一流教材建设项目（皖教秘高 [2020] 15 号）。本书根据工程训练模块化的内容属性将全书分为四部分：第一部分主要介绍工程训练必读知识，包括工程训练的教学内容和学习方法、工业安全知识、机械制造基础与工匠精神等；第二部分主要介绍材料及其成形技术，包括工程材料及金属的热处理、铸造成形技术、锻压成形技术、焊接成形技术等；第三部分主要介绍切削加工技术，包括切削加工技术基础、机械加工技术、钳工加工技术等；第四部分主要介绍先进制造技术，包括计算机辅助设计与制造技术、数控加工技术、特种加工技术、3D 打印技术等。本书内容体现了"传统与现代相结合""理论与实践相结合"的课程教学特色。另外，本书还以"纸媒 + 网媒"的形式来适应现代工程训练"线上认知、线下实践、时空融合、知行合一"的混合式教学模式。

本书既可作为高等学校非机械类相关专业的教材，也可作为机械类和近机械类专业学生和广大创客学习机械制造基础知识、基本理论及掌握机械制造基本技能的参考用书。

图书在版编目（CIP）数据

工程认知训练/杨琦，汪永明主编. —北京：机械工业出版社，2023.4 （2025.1 重印）

ISBN 978-7-111-72328-8

Ⅰ.①工…　Ⅱ.①杨…②汪…　Ⅲ.①工程技术－高等学校－教材

Ⅳ.①TB

中国国家版本馆 CIP 数据核字（2023）第 022743 号

机械工业出版社（北京市百万庄大街22号　邮政编码100037）

策划编辑：王　博　　　　　责任编辑：王　博
责任校对：潘　蕊　梁　静　封面设计：马精明
责任印制：郜　敏

三河市骏杰印刷有限公司印刷

2025 年 1 月第 1 版第 3 次印刷

184mm×260mm·20.25 印张·502 千字

标准书号：ISBN 978-7-111-72328-8

定价：58.00 元

电话服务　　　　　　　　　　网络服务

客服电话：010-88361066　　机 工 官 网：www.cmpbook.com
　　　　　010-88379833　　机 工 官 博：weibo.com/cmp1952
　　　　　010-68326294　　金 书 网：www.golden-book.com
封底无防伪标均为盗版　机工教育服务网：www.cmpedu.com

前　言

党的十九大报告指出，要建设知识型、技能型、创新型劳动者大军，弘扬劳模精神和工匠精神，营造劳动光荣的社会风尚和精益求精的敬业风气。党的二十大报告指出，坚持尊重劳动、尊重知识、尊重人才、尊重创造，努力培养造就更多大师、战略科学家、一流科技领军人才和创新团队、青年科技人才、卓越工程师、大国工匠、高技能人才。在高等学校中，工程训练是以工业生产中机械制造为主要教学内容的一门实践性的技术基础课程，是高等院校学生学习工艺知识、培养工程意识、提升创新实践能力的重要学习环节之一。随着高等教育实践教学改革的不断深化，特别是实施新工科建设以来，工程训练的教学条件得到了极大改善，课程的内容更加丰富，它不仅涵盖车、钳、刨、铣、铸、锻、焊等机械制造基础技术，还包括计算机辅助设计与制造、数控加工、3D打印、特种加工等先进制造技术。为了适应新的教学要求，编者以中共中央和国务院《关于全面加强新时代大中小学劳动教育的意见》、教育部颁发的《高等学校课程思政建设指导纲要》为指引，以教育部工程训练教学指导委员会《工程材料与机械制造基础课程知识体系和能力要求》为基准，结合编者所在学校的实践教学资源和长期实践教学经验编写本书。

本书为突出"理论与实践相结合""传统与现代相结合"的教学特色和"项目制""模块化"的教学特点，将工程认知训练知识体系进行优化与创新，分为四个部分：第一部分（绪论、第1章）主要介绍工程训练必读知识，包括工程训练的教学内容和学习方法、工业安全知识、机械制造基础与工匠精神等；第二部分（第2章～第5章）主要介绍材料及其成形技术，包括工程材料及金属的热处理、铸造成形技术、锻压成形技术、焊接成形技术等；第三部分（第6章～第8章）主要介绍切削加工技术，包括切削加工技术基础、机械加工技术、钳工加工技术等；第四部分（第9章～第12章）主要介绍先进制造技术，包括计算机辅助设计与制造技术、数控加工技术、特种加工技术、3D打印技术等。每章由实训目的与要求、安全实习注意事项、实训内容组成，融入现代技术创新成果、发展目标和方向、创新创业人物事迹等课程思政元素。本书配有MOOC课程，可开展"线上认知、线下实践、时空融合、知行合一"的混合式教学组织，采用行动导向、研讨式教学等翻转课堂的教学方法，以网络教学平台开展理论教学、运用实验室资源开展仿真与实践教学、运用智慧课堂工具将两者有机融合，为现代工程认知训练的教育教学改革注入新活力。

本书是安徽省高等学校质量工程一流教材建设项目（2020yljc011）、安徽省课程思政示范课程（2021kcszsfkc062、2021kcszsfkc063）、安徽省教学研究项目（2020jyxm0228、2020jyxm0229）、教育部高等学校机械基础课程教学指导委员会和工程训练教学指导委员会教育科学研究项目（JJ－GX－JY202144）和教学方法创新研究项目（2022JJGX－WKJY－42）、安徽省双创实践教学中心建设项目（2021scsjzx003）、安徽工业大学课程思政项目

（2020xkcsz119）的直接成果，书中部分教学模块先后得到教育部产学合作协同育人项目（201602032012、201702120071、201801278005、202101046027）、教育部供需对接就业育人项目（20220100542）、安徽省教学示范课（2020SJJXSFK0388、2020SJJXSFK0389、2020SJJXSFK0390、2020SJJXSFK0400）、安徽省质量工程项目（2016mooc067、2017zhkt073、2017zhkt074、2018mooc479、2020rcsfjd04、2020jxtd035）和安徽省新工科研究与实践项目（2020gnxm013）的支持。

本书由安徽工业大学杨琦、汪永明担任主编，安徽工程大学张志刚、安徽工业大学邬宗鹏、黄山学院方涛、皖南工学院陈田担任副主编，安徽工业大学郭满荣、温从众、唐晓娟、徐丽霞、郭佳肄、龙珍珠、糜娜和安徽工程大学许家宝、郝亚、鲁张祥等同志也参与了本书部分章节的编写和审校工作。本书由教育部工程训练教学指导委员会副主任委员、合肥工业大学朱华炳教授担任主审。在本书编写过程中，朱华炳教授提出了很多宝贵建议并认真审阅了全书，在此我们谨向其表示衷心的感谢。

本书是对2020年出版的安徽省高等学校"十三五"省级规划教材《工程训练及实习报告》的完善，与2008年出版的安徽省高等学校"十一五"省级规划教材《机械制造基础工程训练》、2009年出版的《机械制造基础工程训练报告》和2016年出版的安徽省高等学校"十二五"省级规划教材《工程训练及实习报告（非机械类适用）》一脉相承，在此对所有参与编写人员，特别是李舒连、糜克仁、邱震明等老一辈金工人的辛勤付出表示衷心感谢。本书在编写过程中，参考了大量的文献资料，在此向这些参考资料的作者表示诚挚的谢意。

与本书配套的网络课程已在学银在线运行，每学期开设1期，提供三种学习方式：①自主学习，在"学银在线"检索"工程认知训练"课程或扫描课程二维码，选择当期课程，"加入课程"，即可参与学习；②同步教学，选用当期线上课程，按照教学班组织教学，由管理员统一分配各校教师账号，统一导入学生名单，实施同步教学；③异步教学，选用课程的示范教学包，由各校教师选用相关内容建设线上课程，自行组织异步教学。欢迎读者在学习和使用过程中与编者交流和讨论（Email：80310279@qq.com）。

但由于编写水平有限，书中的疏漏和不妥之处在所难免，敬请读者批评指正。

编 者

学银在线课程
（学生使用）

超星示范教学包
（教师使用）

目　录

绪 论

【实训目的与要求】

1）了解工程训练的课程目标、主要内容和实习要求。
2）树立国家安全观，了解安全生产法，掌握工程训练安全常识。
3）知道工程训练的具体安排、学习方法和考核办法。

【安全实习注意事项】

1）实习开始前必须参加安全教育。
2）按规定穿戴好劳保用品进入实习场所。

工程训练是以工业生产中机械制造为主要内容的一门实践性很强的技术基础课程，是高等院校学生学习工艺知识、培养工程意识、提升创新实践能力的重要实践环节之一。学生通过工程训练中各个环节的具体实践，体验产品的生产工艺和生产过程，从而理解机械制造的一般过程，初步建立工业生产认识；在"学中做""做中学"的训练环境下完成规定的学习任务，充分调动学生的学习欲望、激发学生创新的激情，手脑并用，提升创新实践能力；在考勤、产品质量等多方面模拟企业环境，培养学生严谨、认真、踏实、勤奋的学习精神和工作作风。工程训练是工科专业学生学习工程材料、机械设计、机械制造等专业课程的基础。

工程训练是在原有金工实习课程的基础上发展而来的，由于早期的机械加工主要以金属材料为加工对象，于是便有了"金属加工工艺"（简称"金工"）的说法，并以此作为各种金属加工工作的总称。随着现代科学技术的不断发展，越来越多产品中的金属材料被非金属材料（如塑料、陶瓷等）和一些复合材料所取代，机械加工不再是以金属材料为唯一的加工对象；另外，现代机械加工方法也日新月异，在铸、锻、焊、车、铣、刨、磨等传统机械加工工艺的基础上，扩展了包括电解加工、超声波加工、激光加工、3D打印等多种加工方法，因此金工实习在名称和内容上都具有很大的局限性。根据教育部颁布的"机械制造实习课程教学基本要求"和"工程材料及机械制造基础课程教学基本要求"，工程训练在原有的金工实习"学习工艺知识、培养动手能力"的基础上，增加了"学习新知识新工艺，增强工程意识和提高工程素养，注重创新能力培养"的要求，目前国内工科院校的工程训练中心（工程实践中心）纷纷投入经费引进新技术新装备，建设开放式的实验实训中心（基地），深化实习教学形式和内容改革。工程训练既包括了金属材料和非金属材料的加工，又包括了传统加工工艺方法和先进的加工制造工艺（如数控加工、特种加工等），同时融入现代管理知识，并从单机制造发展到智能制造，以适应未来制造业发展的需要。

工程训练不同于课堂教学的理论课程，也区别于以验证理论和原理为主的实验课程，它是学生在模拟机械加工企业的工程实践环境下，在工程技术人员（各工种实习指导老师）指导下，通过对设备的操作和零件的加工，提高动手能力、增强工程意识的实训课。学生进行工程训练时，通过教师示范讲解和自己的实际操作练习，获得各种加工工艺方法的感性认识，通过演示、录像、动画、讲座等教学环节，增强对机械加工工艺的理性认识，初步学会相关机床设备、工具、夹具、量具和刀具等的使用方法，学会分析机械产品从毛坯到成品的工艺过程。总之，工程训练是重要的实践类课程，是理工科学生的必修课，是对学生成为工程技术人员所具备的基本知识和技能等综合素质进行的培养和训练。

 ## 工程训练课程简介

0.1.1 课程目标

根据新工科人才培养的总体要求，工程训练课程需要达成培养具有现代工程知识、扎实的实践与创新能力和树立质量意识、安全意识和劳动美德的工程科技人员的目标，主要包括以下内容：

（1）知识目标 要求学生通过实践教学熟悉机械零件的常用加工方法，掌握主要设备的工作原理和典型机构、机床的操作、工夹量刀具的选择与使用；理解制造业发展的历程，熟悉新工艺、新技术、新材料在现代机械制造中的应用；掌握现代机械制造的一般过程和基本工艺知识，初步建立现代制造工程的概念；掌握安全常识，建立安全生产意识。

（2）能力目标 培养学生认识图样、加工符号及了解技术条件的能力；对简单零件具有选择加工方式和进行工艺分析的能力；独立完成简单零件的加工制造的实践能力。

（3）素质目标 树立用劳动创造新时代的美好生活的劳动观；培养学生爱国主义情感和崇尚科学精神，培养现代工程技术人员应具有的基本素养；培养学生严谨、认真、踏实的学习精神，领悟工匠精神的实质；培养创新精神，提高团队协作意识。

0.1.2 课程内容

工程训练课程以立德树人为根本，以劳动教育、工匠精神为两翼，将工程材料和机械制造基础知识体系细化为多个实习模块，包括：工程文化与工匠精神、材料成形基础及实践（工程材料、铸造、锻造、焊接）、机械制造基础与实践（车削、铣削、刨削、磨削、钳工、测量）、先进制造基础及实践（数控车床及车削中心、数控铣床及加工中心、电火花加工、3D 打印、激光加工、CAD/CAM）等。

工程训练课程遵循"认知 - 体验 - 实践 - 创新"（KAPI）一体化培养的理念，采用项目制教学，从"传承经典→体验现代→感悟创新"三个层面，形成教学特色，如图 0-1 所示。一是传承经典，将毛坯料进行锻造、刨削两个面后，通过钳工、锯削、锉削等制作锤头；在车工中，将毛坯依次经车端面、外圆、锥面、滚花等制作锤柄；分别攻螺纹、套螺纹后装配，最终完成鸭嘴小锤作品，每一步都严格质量规范，追求精益求精。二是体验现代，在数控技术和特种加工中，给学生图样、编制加工工艺和零件程序，经过计算机仿真、输入数控机床加工零件，制造完成后，再进行测量，详细分析可能产生的误差等，每一步都要学思结合，融会贯通。三是感悟创新，在 3D 打印实训中开展创新实践，一方面以个人为单位，体验个性化的产品设计与制造，另一方面以小组为单位完成作品从设想、设计、制作、装配，再到展示的全过程，学生在制作、分享、互评等环节感悟创新的魅力、乐在其中。

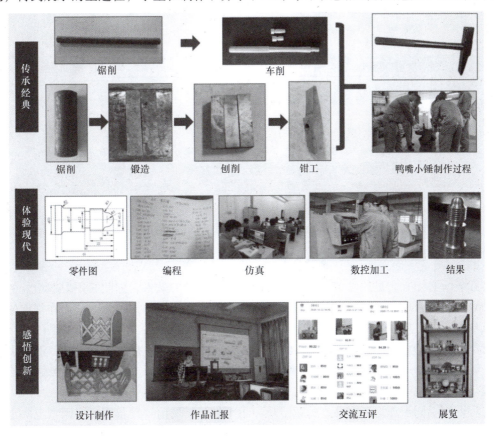

图 0-1　《工程训练》项目制教学

0.1.3　教学过程

工程材料和机械制造所涉及的知识非常丰富，囊括了零件从原材料到毛坯再到成品的全过程，使用了多种加工方法和手段，如果仅凭借课本理论学习或参观了解，不亲自经历机械制造的基本过程，不进行设备的操作及零件加工，根本无法真正理解产品的加工工艺，只有通过工程训练的方式认真训练并归纳总结，才能理论联系实际，取得更好的学习效果。工程训练课程是在校内的工程实践中心进行的，受到环境、设备、师资等条件的制约，实习内容不可能做到面面俱到，需要我们在实习的基础上，通过书本、动画、录像等资源的学习才能加深对知识的理解。

随着信息技术的不断发展，以及 5G、VR 等技术的应用普及，"互联网＋工程训练"成为教学的新常态，课程建立"线上认知、线下实践、时空融合、知行合一"的混合式教学组织，如图 0-2 所示，建设了线上知识库（含基础知识库、思政案例库、教学资源信息库、虚拟仿真资源库、理论考核试题库、实训考核任务库等）和线下条件库（含设备资源库、环境条件库、活动库等），利用网络教学平台开展理论与仿真教学、运用实验室资源开展实践教学、运用智慧课程教学工具将线上的时空优势和线下的交流优点有机结合，采用行动导向、研讨式教学等翻转课堂的教学方法，切实提高学生的工程实践与创新能力。

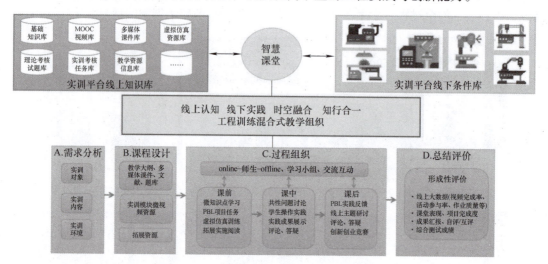

图 0-2 《工程训练》混合式教学组织

实践教学必须有充足的设备、人员和时间以保障教学的效果，因此必须根据学校的整体教学计划来安排合理的实习计划，以保证学生安全有序地实习，同时学生应当在规定的时间和地点参加实习。根据各专业的教学计划，主要开设四类实习：工程训练 A（4 周、5 周）供机械类相关专业学习，工程训练 B（3 周）供冶金、材料等相关专业学习，工程训练 C（2 周）供化工、环境等专业学习，工程训练 D（1 周）供电气、信息等相关专业学习，相应的教学要求和教学内容也有所侧重。

工程训练不同于理论课按书本的章节顺序组织教学，场地、设备等诸多因素也决定了工程训练不能完全按照产品的加工工艺流程组织实习，必须将不同的工种组成相应的模块展开训练教学。教学模块主要有热加工（热处理、铸造、锻造、焊接）、钳工、车削加工、计算机辅助设计与制造（CAD/CAM）、数控加工（数控车床、数控铣床）、特种加工（线切割、3D 打印、激光加工）等，各模块既紧密联系又相对独立。实习时，各模块循环交替。每50～70 名学生组成一个教学班，每个教学班按工种表的顺序依次实习，最终完成全部训练内容。同时设有大学生创新工作室的学校可在非教学时间段进行开放管理，实行预约制，提供加工制作服务。

工程训练通过参观、课堂示讲、现场示演、实际操作、作品考核、实习报告和上机考试等多种方式开展线上、线下混合式教学，主要包括以下几个方面：

（1）**实习动员，开展安全教育** 主要解决学生首次到工程训练中心来做什么、怎么做的问题，明确实习的目的、内容和安排，着重了解实习过程中需要注意的问题，特别注意在实习过程中的安全常识。只有完成了安全知识测试并达到 95 分以上，方可参加实习。

（2）**工种训练，完成考核任务** 根据每个模块的特点，设计了课前、课中、课后的教学内容，形成线上和线下的教学实施方案。学生通过示讲示演获得感性认知，通过现场实际操作掌握各种加工工艺的基本操作技能、初步学会使用相关设备和工具，通过作品的制作以检验学习效果，通过完成单元实习报告和章节测试深化理性认识。

（3）**综合测试，认真总结经验**　课程采用定性（实习总结报告）和（或）定量（综合测试）评价相结合的方式开展考核，检验工程训练的学习效果。

0.1.4　考核评价

工程训练课程采用形成性评价，使用超星学习通软件进行精细化管理，对实习过程全面记录、有效地对实训成绩进行综合评定，包括线上任务点的学习、线下课堂活动的开展、实习作业件的提交与评定、实习总结报告的批阅等。教师可以通过查看数据及时了解学生的学习状态；学生实践作品制作完成后，拍照上传学习通，教师根据评分标准，经测量评分后直接录入系统；通过学生的总结掌握学生的收获情况，通过相关建议与意见有助于进行持续改善。

课程评价采用综合考核，采取考查与考试、定性与定量相结合的方式进行全面评价，对于多学时专业一般采用：职业素养（20%）+ 技能操作（50%）+ 综合测试（30%），对于少学时专业一般采用：职业素养（40%）+ 技能操作（60%）。职业素养，重在过程考核，由线上学习过程记录和线下实践操行（含安全文明实习、纪律考核、实习小结和总结报告等）组成；技能操作，重在考查工艺分析、实践操作能力、产品质量等，由各工种实习技能成绩加权计算；综合测试，侧重于知识点的掌握情况，采用集中线上考试，试题从题库中随机抽取。表 0-1 为工程训练技能操作评分标准。

表 0-1　工程训练技能操作评分标准

序号	项　　目	分值	考核细则	评分标准
1	安全操作	15	严格遵守安全操作规程，无事故隐患	15 分
			遵守安全操作规程，存在事故风险	10 分
			违反操作规程，未引起安全事故	0 分
			未遵守操作规程，不听劝阻	取消本次实习资格
2	实习任务完成情况	50	实习作业件质量符合图样要求	50 分
			实习作业件质量基本符合图样要求	30 ~ 49 分
			实习作业件质量不符合图样要求	1 ~ 29 分
			未完成实习作业件	0 分
			弄虚作假	取消本次实习资格
3	实践和创新能力	15	操作熟练，实践能力强，有创新做法	15 分
			操作基本熟练，工作能力较好	10 分
			操作基本熟练，工作能力一般	5 分
4	文明实习	10	设备保养得当	完全符合要求得 10 分，否则得 0 分
			工具、夹具、量具、刀具整理得当	
			实习场地整洁	
5	实习态度	10	严格遵守工程训练规定	10 分
			违反实习考勤制度	0 分
			不服从指导教师管理、违反纪律要求，造成不良后果	严肃处理

0.2 工业安全知识

我国对生产安全十分重视,为了加强生产安全管理,防止和减少生产安全事故,保障人民群众生命和财产安全,促进经济社会持续健康发展,于 2002 年就制定并颁布了《中华人民共和国安全生产法》,如图 0-3 所示。2021 年第 3 次修订的安全生产法提出:"安全生产工作应当以人为本,坚持人民至上、生命至上,把保护人民生命安全摆在首位,树牢安全发展理念,坚持安全第一、预防为主、综合治理的方针,从源头上防范化解重大安全风险。"的安全生产总要求。完善"实行管行业必须管安全、管业务必须管安全、管生产经营必须管安全,强化和落实生产经营单位主体责任与政府监管责任,建立生产经营单位负责、职工参与、政府监管、行业自律和社会监督"的安全生产工作机制;建立全员安全生产责任制,生产经营单位的每一个部门、每一个岗位、每一个员工都是安全生产的责任主体。

全员学安全、全面保安全是构建和谐社会的重要保障。大学生未来是各类生产活动的参与者,必须充分认识到安全生产的重要性,提升防范化解安全风险能力,才能胜任各行业的技术骨干、管理者和领导者的角色。

图 0-3 《中华人民共和国安全生产法》

0.2.1 机械安全常识

人们在使用机械的过程中,由于机械设备的自身原因(如设计、制造、安装、维护存在缺陷),或者使用者的原因(如不熟悉性能、操作不当、安全防护措施不到位等)或者作业场所恶劣(如光线不足、场地狭小等),使人处于机械伤害的危险中,针对存在的问题,必须采取适当的安全对策来防止机械伤害的发生。

机械危害的主要形式有:① 静止的危险,主要指的是工具、工件、设备边缘的毛刺或飞边,切削刀具的刀刃,设备突出较长、容易引起坠落的部分等;② 直线运动的危险,如加工时往复直线运动(如牛头刨床的滑枕等),导致人体的某个部位在机床运动部件的运动区域内受到撞击或挤压;③旋转运动的危险,如轴、齿轮、砂轮、铣刀、钻头、压辊等做旋转运动的零部件,都存在着将人卷入、对人撞击等危险;④ 被飞出物击中的危险,如飞出的切屑、未夹紧的刀片、未固定的工件等对人体存在着击伤的危险;⑤振动的危险。

机械事故产生的原因可以分为直接原因和间接原因两大类。直接原因主要是:① 机械和作业场所的不安全状态,如设备设计不合理、结构不安全,维护保养不当、设备失灵,安全装置缺乏或有缺陷,作业场所照明不足、通风不畅、通道狭窄等;② 人的不安全因素,如人体进入危险区域、人体与设备运动部件接触、违反操作规程、操作失误、超载运行,未按规定穿戴个人防护用品用具,工作时精神不集中、麻痹大意等。间接原因有:①技术原因,包括设备设计、制造、安装、维修错误;②教育原因,如缺乏安全教育与技术培训,缺乏生产安全知识和技能，缺乏安全生产观念；③管理原因，如安全生产制度、安全操作规程不健全，安全责任制不落实、监督不严格，生产作业无章可循或违章不究，劳动制度不合理等；④作业人员生理和心理方面的原因，如作业人员因视力、听力、体能、健康等生理状态和性格、情绪等心理因素与生产作业不适应而引起事故。因此有必要针对产生事故的可能性采取必要的预防对策。

机械设备的安全防护措施主要有：①密闭与隔离，如通过增加防护装置（如保护罩、安全网等）使人接触不到危险区域；②安全联锁，即当操作者动作错误时，设备的安全联锁装置使设备不发生相应动作，确保操作人员安全；③紧急制动，即为避免伤害的进一步扩大并排除危险而采取的紧急措施。

0.2.2　电气安全常识

用电方面常见的安全事故有触电、电气火灾及爆炸等。

触电分为电击和电伤两种。电击是电流通过人体，使心、肺、中枢神经系统等重要部位受到破坏而造成的伤害，电流对人体的危险性跟电流的大小、电流持续时间的长短、电流流经途径、人体电阻的影响等因素有关，它可以使肌肉抽搐、内部组织损伤，造成发热发麻、神经麻痹等，甚至引起昏迷、窒息、心脏停止跳动而导致死亡。人体触及带电的导线、漏电设备的外壳或其他带电体，以及由于雷击或电容放电，都可能导致电击。电伤是指电流的热效应、化学效应、机械效应作用对人体造成的局部伤害，包括电弧烧伤、烫伤、电烙印、皮肤金属化、电气机械性伤害、电光眼等不同形式的伤害。

电气设备的过热、电火花和电弧是导致电气火灾及爆炸的直接原因。电气设备过热多数是由短路、过载、接触不良、散热不够、长时间使用和严重漏电等原因引起的，此外，还有静电火花和感应火花等。

安全用电的技术措施：①绝缘，如用绝缘材料把带电体封闭起来，橡胶、胶木、塑料等都是常用的绝缘材料，必须注意的是，很多绝缘材料受潮后会丧失绝缘性能或在强电场作用下遭到破坏而丧失绝缘性能；②屏护，如采用遮拦、护罩、护盖、箱匣等把带电体同外界隔绝开来；③间距，即保证人体与带电体之间的安全距离，防止人体无意接触低压带电体或靠近高压带电体；④接地和接零，即把电气设备不带电的金属外壳接地或接零，其中与大地连接的称为接地，与供电线路中性点连接的称为接零；⑤使用漏电保护装置，该类装置主要用于因漏电而引起的触电事故和火灾事故，也用于监测或切除各种接地故障；⑥采用安全电压，我国安全电压额定值的等级为42V、36V、24V、12V和6V，应根据作业场所、操作员条件、使用方式、供电方式、线路状况等因素选用，一般条件下以36V作为安全电压。

0.2.3　防火安全常识

火来源于燃烧，即可燃物与氧化剂作用发生的放热反应，通常伴有火焰、发光、发烟等现象。燃烧的必要条件是有可燃物、助燃物、点火源，三者缺一不可；充分条件是可燃物要有一定数量，助燃物要有一定浓度，点火源要有一定能量，链式反应未受到抑制。

火灾时怎么办？切勿慌张，保持镇定，同时报警、灭火、逃生。如何报警？拨打火警电话119，如发现有人受伤或窒息，拨打急救电话120。

如何灭火？灭火的基本方法有：①隔离法，即将正在燃烧的物质与其周围可燃物隔离或移开,燃烧就会因为缺少可燃物而停止,例如将靠近火源处的可燃物品搬走、拆除接近火源的易燃建筑、关闭可燃气体(液体)管道阀门、减少和阻止可燃物质进入燃烧区域等;②窒息法,即阻止空气流入燃烧区域,或用不燃烧的惰性气体冲淡空气,使燃烧物得不到足够的氧气而熄灭,例如用二氧化碳、氮气、水蒸气等灌注容器设备,用石棉毯、湿麻袋、湿棉被、黄沙等不燃物或难燃物覆盖在燃烧物上,封闭起火的建筑或设备的门窗、孔洞等;③冷却法,将灭火剂(水、二氧化碳等)直接喷射到燃烧物上把燃烧物的温度降低到燃点以下使燃烧停止,或者将灭火剂喷洒在火源附近的可燃物上使其不受火焰辐射热的威胁避免形成新的着火点;④抑制法(化学法),将有抑制作用的灭火剂喷射到燃烧区,并参加到燃烧反应使燃烧反应过程中产生的游离基消失,形成稳定分子或低活性的游离基,使燃烧反应终止,目前使用的干粉灭火剂、1211等均属此类灭火剂。

如何逃生?火灾袭来时要迅速逃生,不要贪恋财物;受到火势威胁时,要当机立断披上浸湿的衣物、被褥等向安全出口方向冲出去,不可乘坐电梯;穿过浓烟逃生时,要尽量使身体贴近地面,并用湿毛巾捂住口鼻;所有逃生线路被大火封锁时,立即退回室内,用打手电筒、挥舞衣物、呼叫等方式向窗外发送求救信号,等待救援;千万不要盲目跳楼,可利用疏散楼梯、阳台、排水管等逃生,或把床单、被套撕成条状连成绳索,紧拴在窗框、铁栏杆等固定物上,顺绳滑下,或下到未着火的楼层脱离险境。

0.2.4 安全标志

安全标志是向工作人员警示工作场所或周围环境的危险状况,指导人们采取合理行为的标志。安全标志能够提醒人们预防危险,避免事故发生;当危险发生时,能够指示人们尽快逃离,或者采取正确、有效、得力的措施,对危害加以遏制。安全标志的类型要与所警示的内容相吻合,设置位置也要正确合理,才能充分发挥其警示作用。根据 GB 2894—2008《安全标志及其使用导则》规定,安全标志是由安全色(红、蓝、黄、绿四种颜色)、几何图形和图形符号构成的,用以表达特定的安全信息,分为四大类:禁止标志、警告标志、指令标志和提示标志。

禁止标志是禁止人们不安全行为的图形标志。禁止标志的几何图形是由红色带斜杠的圆环(其中圆环与斜杠相连)、黑色图形符号和白色背景组成的。图 0-4 所示为常用的禁止标志(部分)。

禁止烟火	禁止启动	禁止合闸	禁止停留	禁止放易燃物
禁止转动	禁止触摸	禁止戴手套	禁止通行	禁止饮用

图 0-4 常用的禁止标志(部分)

　　警告标志是提醒人们对周围环境引起注意，以避免可能发生危险的图形标志。警告标志的几何图形是由黑色的正三角形、黑色图形符号和黄色背景组成的。图 0-5 所示为常用的警告标志（部分）。

注意安全	当心触电	当心机械伤人	当心激光	当心电离辐射
当心叉车	当心高温表面	当心弧光	当心烫伤	当心挤压

图 0-5　常用的警告标志（部分）

　　指令标志是强制人们必须做出某种动作或采用防范措施的图形标志。指令标志的几何图形是由圆形、白色图形符号和蓝色背景组成的。图 0-6 所示为常用的指令标志（部分）。

必须戴安全帽	必须戴防护眼镜	必须系安全带	必须戴防护帽	必须戴防尘口罩
必须洗手	必须穿防护服	必须戴防护手套	必须接地	必须拔出插头

图 0-6　常用的指令标志（部分）

　　提示标志是向人们提供某种信息（如安全措施或场所等）的图形标志。提示标志的几何图形是由方形、白色图形符号及文字，绿色背景组成的。图 0-7 所示为常用的提示标志（部分）。

应急出口	避险处	击碎面板	急救点	应急电话

图 0-7　常用的提示标志（部分）

0.3 学习方法与注意事项

0.3.1 学习方法

工程训练上课的场所在工程实践中心（工程训练中心）的实习车间而非教室，面对的是机床设备和工具而非课桌椅和黑板，实习教学有其自身的特点，掌握其学习方法能达到事半功倍的效果。

首先，遵守实习的各项规章制度，例如安全管理制度、设备管理制度、安全操作规程，牢记"安全生产，警钟长鸣"。由于实习场地复杂、设备种类多、危险因素众多，因此要特别注意警示标识，时刻注意人身安全；操作设备前必须仔细阅读安全操作规程，不违章操作，不私自使用未经批准使用的各类设备；实习时精神饱满，切勿疲劳作业。

其次，工程训练实践性突出，以教师的现场示范为指导，学生动手操作为主，学到的是实实在在的知识和技能。实习前应当预习本书相关章节的内容；实习时用心观察，积极思考；实习后及时完成实习报告，巩固所学知识，将发现问题、分析问题和解决问题贯穿于实习的全过程，努力提高创新意识和创新能力。

再次，工作环境较差、实训强度较大，必须克服怕脏、怕苦、怕累的思想，增强劳动观念和纪律意识，认真完成各工种的训练内容。

0.3.2 实习注意事项

1. 安全文明实习注意事项

1）专心听讲，认真观察指导教师的示范操作或演示，仔细领悟和正确掌握规范的操作要领，严格按操作规程正确操作机床，严禁违章操作。未经指导教师许可，不得私自操作机床和各类电器设备。

2）实习时应按规定穿戴好劳动防护用品（包括工作服、劳保鞋和工作帽），长发要压入工作帽内。禁止穿无袖上衣、短裤、裙子、拖鞋、凉鞋、高跟鞋及其他不符合要求的服装。机械加工时禁止戴手套，焊接时必须戴防护眼镜等。

3）实习场所不得大声喧哗、打闹和嬉戏。实习时要集中注意力，不做与实习无关的事，不得接打电话、听音乐、看视频、上网。

4）实习时如有事故发生或发现设备使用不正常，应立即切断电源，停止实习，保护现场，并立刻向指导教师报告，不得擅自处理。

5）两人及两人以上共同操作实习项目时，要遵守要领，协同一致，相互配合，确保安全。

6）自觉爱护公共财物、设备和工量器具，文明实习，实习前后均须认真保养维护实习设备。

7）尊重教师，服从管理，规范操作，依次完成每个岗位的实习内容，不得串岗。

8）实习中注重理论和实际相结合，培养工程实践能力和创新能力。

2. 严格遵守考勤和考核制度

1）学生实习期间，应遵守工程实践中心的考勤制度，不得迟到、早退和旷课。学生一般不得请事假，除学校统一安排各类考试、召开运动会等必须参加的集体活动或遇其他特殊情况外。请病假时，必须出具校级及校级以上医院的病假建议书。请假时还必须出具由辅导员或院（系）批准的请假条并将其交给实习指导教师。对请假期间耽误实习的课时必须补齐，否则按旷课处理。

2）学生应服从教学安排，听从教师指导，独立完成全部实习内容。严禁请人代替实习，严禁使用他人作品冒充，一旦发现，视同考试违纪或作弊，并按有关规定严肃处理。

3）工程训练中的总成绩不及格，均须按学校有关规定重修。

第1章 机械制造基础与工匠精神

【实训目的与要求】

1）了解机械工业的产生与发展，熟悉智能制造的发展趋势，树立机械工业文化自信。
2）理解机械产品的设计要求、生产组织、成本构成和一般加工工艺过程。
3）理解工匠精神、工程文化，并转化为实践行动。

【安全实习注意事项】

1）参加工程认知训练时必须按规定穿好训练服装，禁止穿高跟鞋、拖鞋、凉鞋、裙子、短裤等。
2）在实习期间必须认真听从指导教师的指导，未经许可不得擅自动用各种设备。
3）进入各认知车间，必须严格遵守其安全管理规定。

机械的发展与人类文明的发展同步，古代机械生产主要集中在古希腊、古罗马、古埃及、中国四个地区。古埃及使用原木和杠杆搬运建造金字塔的石块（见图 1-1a），古希腊发明了阿基米德螺旋输水机（见图 1-1b）和攻城机械（见图 1-1c）。但随着公元 5 世纪西罗马帝国的灭亡，古希腊和古罗马的古典文化归于沉寂，欧洲进入发展缓慢的中世纪。中国是世界上使用和发展机械较早的国家之一。中国古代的机械发明和工艺技术种类多、涉及领域广、水平高。图 1-2a 所示为东汉时期的"水排"，用水力鼓风炼铁，其中应用了齿轮和连杆机构；图 1-2b 所示为东晋时期的"连磨"，用一头牛带动八台磨盘，其中应用了齿轮系。春秋战国时期的《考工记》是记述官营手工业各工种规范和制造工艺的文献，介绍了先秦大量的手工业生产技术、工艺美术资料。明朝宋应星所著《天工开物》一书，是世界上第一部关于农业和手工业生产的综合性著作，收录了农业、手工业，诸如机械、砖瓦、陶瓷、硫磺、烛、纸、兵器、火药、纺织、染色、制盐、采煤和榨油等的生产技术，是中国 17 世纪的工艺百科全书。

近代和当代所创造的一些机构和机器，如车床、汽轮机、水轮机、螺旋输送机在古代已有雏形，虽然十分简陋，但其原理与今天的机械是相通的。古代机械使用人力、畜力、水力和风力作为动力，没有先进的动力是古代机械发展缓慢的原因之一。18 世纪中叶开始的第一次工业革命，瓦特在前人工作的基础上，改良了蒸汽机，近代车床、镗床、刨床、铣床的发明，使得大型的、集中的工厂生产系统取代了分散的手工业作坊。19 世纪中叶发生了第二次工业革命，电力、内燃机的广泛应用，推动了以汽车和飞机为代表的新的交通运输革命，采矿、冶金、化工、轻工等各工业部门广泛地实现了机械化和电气化。先进的动力直接

a) 古埃及使用原木和杠杆搬运建造金字塔的石块

b) 阿基米德螺旋输水机　　　　　　　　　c) 古希腊攻城机械

图 1-1　古埃及和古希腊机械发明举例

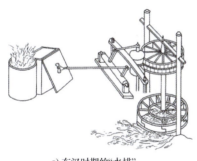

a) 东汉时期的"水排"　　　　　　　　　b) 东晋时期的"连磨"

图 1-2　中国古代机械发明举例

推进了近代机械工程的发展，极大地促进了生产力的发展。

　　制造业是实体经济的基础，实体经济是一个国家构筑未来发展战略优势的重要支撑。加强自主创新，发展高端制造、智能制造，是机械制造的奋斗目标。高度发达的制造业和先进的制造技术已成为一个国家综合经济实力和科技水平最重要的标志。国家经济的发展一定要以强大的制造业为后盾。

　　千秋基业，人才为本。机械工程是制造业的核心和基础，机械制造业是国民经济的"装备部"，在国民经济中的意义和地位是毋庸置疑的，要强国就必须大力发展机械制造业。高校以工程材料及机械制造为基础知识体系，为创新创业人才的培养打下坚实的基础。

机械及其组成

1.1.1 机械的含义

机械是机器与机构的总称，是一种旨在帮人们降低工作难度或节省力气的工具、装置。筷子、扫帚以及镊子一类的物品可称为简单机械，而两种或两种以上的简单机械构成的装置就是复杂机械。复杂机械常称为机器。机器已成为现代社会的时代标志。

机械通常为具有一定用途、功能的机械设备和机电一体化设备，具有 3 个特征：①它们都是人为的实体的组合；②各个运动实体之间具有确定的相对运动；③能实现能量转换，代替或减轻人类的劳动来完成有用的机械功能。

按照能量转换角度划分：①动力机械，它把各种能源转换为便于利用的机械能，如风力机、汽轮机、内燃机、汽油机、电动机、液压马达和气动马达等；②能量转换机械，它把机械能转换为其他能源形式，如发电机、液压泵、压缩机等；③工作机械，它利用动力机械提供的机械能来改变工作对象的状态和位置。

按产业领域和服务对象划分：矿山机械、冶金机械、石油机械、农业机械、林业机械、交通运输机械、建筑机械、纺织机械、造纸机械、塑料机械、印刷机械和仪器仪表等。

1.1.2 机械的组成

机械一般由原动机、传动机构、执行机构、操纵和控制系统等组成，如图 1-3 所示。

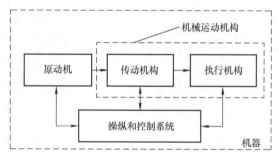

图 1-3 机器的基本组成

1. 原动机

原动机泛指利用能源产生原动力的一切机械，是机械设备中的重要驱动部分。原动机按能量转换性质的不同分为第一类原动机和第二类原动机，第一类原动机包括蒸气机、柴油机、汽油机、水轮机和燃气轮机等；第二类原动机包括电动机、液动机（液压马达）和气动机（气动马达）。按利用的能源分，原动机又分为热力发动机、水力发动机、风力发动机和电动机等。例如传统汽车采用汽油发动机、新能源汽车采用电动机作为原动机。

2. 传动机构

传动机构是把动力从机器的一部分传递到另一部分，使机器或机器部件运动或运转的构件或机构，是机器中连接原动机和执行机构的中间环节，起着"桥梁"的作用。根据工作原理的不同，传动方式可分为：机械传动、流体传动、电气传动、复合传动等。典型传动机构有：齿轮传动、链传动、带传动、蜗杆传动、凸轮传动等。机械运动的形式有单向转动、单向移动、往复摆动、往复移动、间歇运动等，例如，汽车是将汽油燃烧推动活塞的直线往复运动通过传动机构转变为车轮的回转运动，如图 1-4a 所示；刮水器是通过传动机构实现往复摆动，如图 1-4b 所示；某 8 字轨迹小车采用槽轮机构实现前轮的间歇转动，如图 1-4c 所示。任何一部机器的运动过程都是若干个基本运动形式的组合。

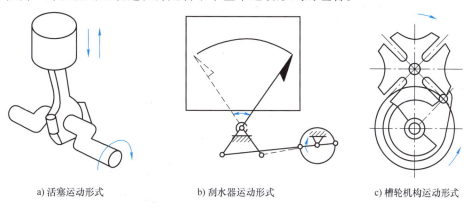

　　a) 活塞运动形式　　　　　　　　b) 刮水器运动形式　　　　　　c) 槽轮机构运动形式

图 1-4　机器传动机构的运动形式

3. 执行机构

执行机构是直接完成机器工作任务的部分，完成机器预定的功能和工作。例如机器人的抓取机构，针对不同的抓取物的特征，需要设计制造各种不同的"机械手"，图 1-5a 所示的是生产制造类企业常用的多轴机器手，通过不同的执行单元可以完成抓取、焊机等功能；图 1-5b 所示的是蜘蛛机械手，其负载轻、速度快，常用于流水线上取料；图 1-5c 所示的是类人机械手，模仿人类多关节手指的运动，实现精细化的操作和自适应的管理。

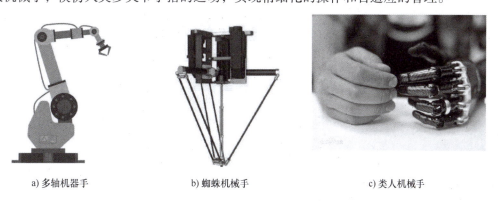

　　a) 多轴机器手　　　　　　　　b) 蜘蛛机械手　　　　　　　　c) 类人机械手

图 1-5　机械手举例

4. 操纵和控制系统

操纵和控制系统使机器各组成部分彼此协调运行，从而高效可靠地完成机器的工作任务，如机器开或停、改变运动的速度和方向、输出或切断动力等。随着信息技术的不断发展，控制系统逐步向集成化、智能化、网络化发展，在整个机器设备中的作用越发重要。图 1-6a所示为人们通过手柄来操作零件加工的普通机床，图 1-6b 所示的是人们通过程序控制零件加工的数控机床。

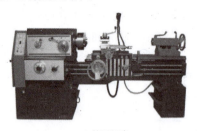

a) 普通机床   b) 数控机床

图 1-6 机床操作及控制系统

5. 支承机构

支承机构一般指机器设备的底座、床身、箱体等大型构件,其主要作用是支承原动机、传动机构、执行机构、操纵和控制系统,使它们保持各自正确的位置,并保持各种运动机构沿着该构件精确的导轨方向移动,以实现执行机构预定的工作。机器设备的运输、安装、运行都离不开支承机构。图 1-6 所示机床的各个组成部件均安装在机床的床身上。图 1-7 所示的是我国研制并于 2022 年使用的核电支承环,它是直径为 15.673m 的整体环轧钢,用于我国某四代核电机组的巨型锻件,承载核电机组堆容器 7000t 的重量,是整个反应堆的"脊梁",安装到位后 60 年不用更换,代表了我国核电锻件的最高技术水准。

图 1-7 核电支承环

6. 润滑、冷却与密封系统

润滑、冷却与密封系统可以保证总系统及各子系统在规定的温度范围内正常地工作和延长使用寿命,其中润滑可有效减少摩擦,冷却的作用是降低温升。

燃油汽车是一种复杂的机械,燃油发动机是原动机,从发动机到 4 个车轮之间的各个齿轮、离合器、变速机构等是传动机构;4 个车轮是执行机构;它们都固定在汽车的底盘上,同时汽车的车身、座位也固定在底盘上,所以底盘是汽车的支承机构;而转向盘、操纵杆和加速/制动踏板则是操纵和控制系统;润滑、冷却与密封系统对于汽车稳定运行至关重要,定期的维护保养也是必不可少的。

1.1.3　机械的用途

机械的功能、性能、结构都是为"用途"服务的。

以洗衣方式的变化为例，从一开始的手工清洗到逐渐使用一些简单的工具、清洁剂，都没有彻底解放双手。那么，究竟有没有省力的洗衣方式呢？答案是肯定的。在大海中航行时，水手们有个洗衣服的"小窍门"，他们把脏衣物塞进一个布包中，用绳子一端系在船上，把布包扔进大海里，航行途中利用海水持续地搅动、拍打，衣服被洗得干净。受到"大海洗衣"方式的启发，有人发明了一种洗衣装置，即通过一个由轮子和圆筒组成的装置去挤压水流，模仿大海洗衣的效果，这个装置就是现代洗衣机械的雏形。它的主要部件就是一只圆木桶，桶内装有一根带有桨状叶片的直轴，通过手动摇动和它相连的曲柄转动轴来洗涤衣物。随后，木制手摇洗衣机、水力洗衣机、内燃机洗衣机、电动洗衣机也相继出现。

20 世纪中后期，随着电子技术的发展，洗衣机进一步朝着电气化、自动化的方向运行而发展。当前市场上洗衣机主要有：①半自动双缸洗衣机（见图 1-8a），由洗涤波轮和甩干桶两部分组成，通过旋钮控制洗涤（甩干）的类型和时间；②全自动波轮洗衣机（见图 1-8b），通过波轮转动，带动衣物、水转动，靠波轮与衣物之间的摩擦，衣物与衣物之间的摩擦，衣物与筒壁之间的摩擦，水流对衣物的冲刷，并在洗涤剂的作用下洗涤衣物；③全自动滚筒洗衣机（见图 1-8c），衣物放在滚筒内，部分浸于水中，依靠滚筒连续转动或正反向转动的方式进行洗涤的洗衣机。外筒内装水，衣物部分浸没于水中，内筒转动，内筒壁上有突出物，可以带动衣物上升，当衣物到达并接近顶部时，由于重力作用，衣物跌落至筒底，如此反复摔打，就如同人工捶打一样；为提高去污能力，滚筒机一般都有加热洗涤的功能。

a) 双缸洗衣机　　　　　　　b) 全自动波轮洗衣机　　　　　　c) 全自动滚筒洗衣机

图 1-8　市场上主流的洗衣机

随着科学技术的不断发展，现代洗衣机又增加了除菌技术、热泵快速烘干技术、热水循环技术、智能网联技术等。

通过上述例子，可以看出机器在具备主要功能的同时，还应满足可靠性、安全性、经济性、造型要求、环境保护性等需求，还应考虑不同产品的特殊要求，如精密机械要求长期保持其精度并有良好的防振性；食品和药品加工机械要求不污染被加工产品；户外机械要求具有良好的防护性、防腐性和密封性等。产品的功能与技术、经济等因素密切相关，功能越多，其结构和控制就越复杂，制造和维护成本越高，如果产品功能单一，市场竞争力往往会下降。因此在产品设计和制造时需要充分分析功能的必要性和加工的经济性。

1.2 机械工业的产生与发展

1.2.1 机械工业的概念

机械工业亦称机械制造工业，是制造机械产品的工业部门，是其他经济部门的生产手段，是整个国民经济和国防现代化的物质技术基础，素有"工业的心脏"之称。机器工业及机器装备的自给水平是衡量一国经济发展水平与科学技术水平的真正标志。机械工业是一个国家工业发展的基础与核心，也是一个国家工业化水平和国际竞争力的重要体现。

从制造方式来看，铸、锻、焊在制造过程中属于"等材制造"，这种制造已有 3000 多年历史；随着电动机的发明，车床、铣床、刨床、磨床等机床出现后，通过对材料的切削和去除，达到设计形状，这种制造属于"减材制造"，已有 300 多年历史；而以 3D 打印为代表的"增材制造"，其发展历史仅 30 多年时间，极有发展前景。这些制造技术极大地促进了生产力的提高和经济的发展，有着坚实的技术基础，也积累了宝贵的经验，现在已成为拥有几十个独立生产部门的庞大的工业体系，通常划分为一般机械、电子与电气机械、运输机械、精密机械和金属制品五大行业。一般机械包括动力机械、拖拉机和农业机械、工程机械、矿山机械、金属加工机械、工业设备、办公机械和服务机械等，是构成工业生产力的重要基础；电子与电气机械包括发电、输配电设备和工业用电设备、电器、电线电缆、照明设备、电信设备、电子元器件、计算机、电视机、收音机等；运输机械包括汽车、铁路机车和车辆、船舶、飞机和航天设备等；精密机械包括科学仪器、计量仪器、光学器械、医疗器械及钟表等；金属制品包括金属结构、容器、铸件、锻件、冲压件和紧固件等。

1.2.2 我国机械工业的发展

1861 年曾国藩创办安庆内军械所，是中国近代机械工业的开端；1866 年设立的上海发昌钢铁机器厂是中国民族资本家开办的第一家机械厂。在新中国成立之前，我国机械工业基础十分薄弱，机械厂数量少，而且始终没有摆脱以修配为主的状况，只能是依靠进口器件制造少量简易产品，没有发展成为独立的制造工业。世界强国的兴衰史和中华民族的奋斗史一再证明，没有强大的制造业，就没有国家和民族的强盛。打造具有国际竞争力的制造业，是我国提升综合国力、保障国家安全、建设世界强国的必由之路。

新中国成立以后，机械工业获得了快速发展，尤其是改革开放以来，我国制造业持续快速发展，建成了门类齐全、独立完整的产业体系，有力地推动了工业化和现代化进程，综合国力显著增强。天宫空间站、蛟龙号载人潜水器、"悟空"号暗物质粒子探测卫星、墨子号卫星、C919（国产大型客机）等一批大国重器的横空出世充分展示了中国智慧。与此同时，我们还要清醒地认识到，与世界先进水平相比，我国制造业还存在着许多薄弱环节，在自主创新能力、核心技术、知识产权、资源利用效率、产业结构水平、信息化程度、质量效益等方面还存在明显差距，许多大型成套设备、关键元器件和重要基础件依赖进口，有时还要受制于人；产业技术水平和附加值总体偏低，处于国际产业链中低端；高端装备制造能力有限等。转型升级和跨越发展的任务紧迫而艰巨。

1.3　机械产品的生产过程

机械产品的生产过程是指把原材料（或半成品）转变为成品的各种相互关联的劳动过程的总和，它包括生产技术准备过程、基本生产过程、辅助生产过程、生产服务过程四个方面。生产技术准备过程是指产品生产前的市场调查与预测、新产品开发鉴定、产品设计标准化审查等；基本生产过程是指直接制造产品毛坯和零件的机械加工、热处理、检验、装配、调试、涂装等生产过程；辅助生产过程是为了保证基本生产过程的正常进行所必需的辅助生产活动，如工艺装备的制造、能源的供应、设备维修等；生产服务过程是指原材料的组织、运输、保管、供应及产品包装、销售等过程。

1.3.1　机械产品的设计

机械产品的设计是机械产品生产的第一步，是整个制造过程的依据，也是决定产品质量以及产品在制造过程中和投入使用后的经济效果的一个重要环节。现代工业产品设计是一种有特定目的的创造性行为，是根据市场需求，运用工程技术方法，在社会、经济和时间等因素的约束范围内所进行的设计工作。一个好的设计应当是技术先进和经济合理相统一，最终使消费者与制造者都感到满意。

产品设计是在明确设计任务与要求以后，从构思到确定产品的具体结构和使用性能的整个过程中所进行的一系列工作。在机械产品制作的全过程中产品设计阶段尤为关键，既要考虑使用方面的各种要求（如功能要求、可靠性、适应性、效率、经济性等），又要考虑制造、安装、维修的可能和需要；既要根据研究试验得到的资料来进行验证，又要根据理论计算加以综合分析，从而将各个阶段按照它们的内在联系统一起来。

对工业企业来讲，产品设计是企业经营的核心，产品的技术水平、质量水平、生产率水平以及成本水平等，基本上确定于产品设计阶段。

1.3.2　机械产品的制造

机械产品种类包罗万象，大的可以是重达上万吨的高炉、几百米长的轧机，小的可以是不足 1mm 的精密元件；产量可以是单件和小批量，也可以是年产几百至上千万件的大量；材料和结构复杂程度不一，有的产品是由几个零件组合而成，有的产品可以由几百种材料、上万个零件组合而成。尽管这些产品形式、功能、产量等各有不同，但其共同之处是任何机器都是通过各种零件按一定规则装配而成的，只有制造出合乎要求的零件才能装配出合格的机器设备。因此对于机械产品的制造，首先需要解决的是零件制造问题。

零件制造的基本要素是材料、设备和操作人员。材料是基础，其质量好坏决定着产品的先天基础和加工的难易。设备一般包括机床、刀具、夹具、模具、检测等装备。操作人员是生产中的主体，工人是机械制造企业中的宝贵财富。

机械制造过程就是将原材料转变为产品的全过程，与生活中烹饪美味佳肴的过程类似，如图 1-9 所示，机械制造的"食材"为矩形框内参与加工制造过程的物质，如矿石、生铁、铸造生铁、铸件、零件、机电产品等，这些物质按照设计方案在各个工艺过程中被加工或成形，称为原材料、毛坯、半成品；"烹制手段"称为工艺方法和工艺过程，即将一种物质变成（或加工成）另一种物质的方法，如图中的炼钢、锻造、切削加工、装配等。

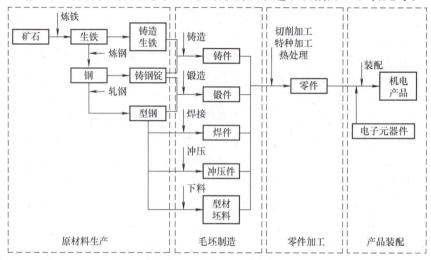

图 1-9　机械产品的一般制造过程

机械产品的制造过程可分四个阶段，其顺序为原材料生产→毛坯制造→零件加工→产品装配。工人在这四个阶段中利用设备对材料进行加工，前一阶段的产品在后一阶段中就成为材料（加工对象），因此前一阶段产品的完成是后一阶段进行生产的前提。由于各阶段加工用时不同，要保证产品的正常有序的生产，各阶段设备、人员的调配是至关重要的。

1.3.3　机械产品生产的组织

科学有序地组织和管理生产过程，关系到企业能否有效地发挥其生产能力，能否为用户提供优质的产品和服务，能否取得良好的经济效益，因此要合理组织生产过程，充分利用和挖掘企业的人力、物力和财力，以最少的劳动消耗，取得最大的经济和社会效益。

1. 企业组织

图 1-10 所示为机械制造企业组织示例，机械制造企业在总公司下面设立若干事业部门，并且设有若干进行实际生产活动的工厂，它反映了以机械产品制造为中心，各个部门的活动是如何密切相关的。设置工厂的职能部门，是为了充分发挥生产部门的作用；而设置总公司的职能部门，可在更大范围内组织和协调生产。

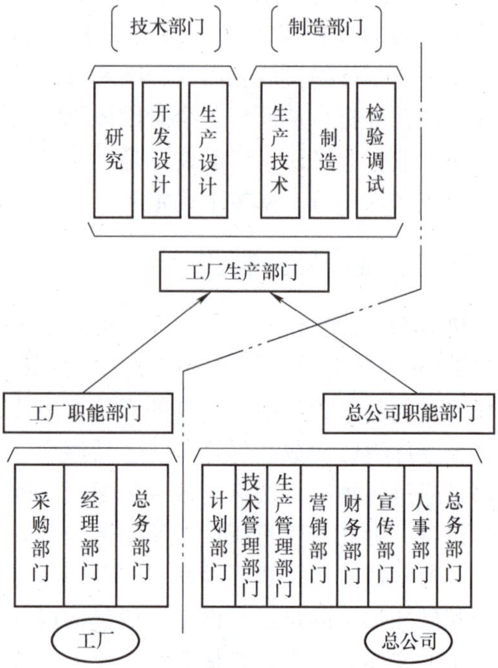

图 1-10　机械制造企业组织示例

2. 生产过程的组织与管理

在公司职能机构给制造部门下达了生产数量、使用设备、人员等的总体制造计划之后，设计部门需要给制造部门提供以下资料：标明每个零件制造方法的零件图、标明装配方法的装配图、作业指示书等。生产技术部门据此制订产品的生产计划和工艺技术文件（如工艺图、工装图、工艺卡等）。制订生产计划时，应确定制造零件的件数和外购零件、外购部件等的数量，以及交货期限等。例如，轴承、密封件、螺栓、螺母等都是最常见的外购零件，而电动机、减速器、各种液压或气动装置等都是典型的外购部件。

按照生产技术部门下达的任务，由制造部门进行制造。首先将生产任务分配给各加工组织（如生产车间或班组等），确定毛坯制造方法、机械加工方法、热处理方法和加工顺序（也称为加工路线），进而确定各加工组织的加工方法和要使用的设备，然后确定每部机床的加工内容、加工时间等，制订详细的加工日程。制造零件时，通常加工所花费的时间较短，而准备（刀具的装卸、毛坯的装卸等）时间则较长。此外，制成一个零件所需要的时间大部分不是花在加工上，而是花在各工序间的输送和等待上。因此缩短这些时间，提高生产率，缩短从制订生产计划到制成产品的过程，使生产计划具有柔性，是生产过程管理的主要任务。对加工完成的零件进行各种检查以后，要移交到下面的装配工序。装配完毕的机器通过性能检验合格后，即完成了制造任务。

随着机械制造系统自动化水平的不断提高，以及为适应生产类型从传统的少品种大批量生产向现代的多品种变批量生产的演进，人们正不断开发出一些全新的现代制造技术和生产系统，如柔性制造系统（FMS）、计算机集成制造系统（CIMS）、精良生产（LP）、并行工程（CE）、敏捷制造（AM）、智能制造（IM）和虚拟制造（VM）等。这些新技术和生产系统的不断推广和发展，使制造业的面貌发生了巨大的变化。

1.3.4　机械制造企业的成本构成

机械制造企业的成本一般由投资成本、生产成本、管理成本三部分构成。

投资成本主要是修建厂房和基础设施、购买设备的费用，这部分成本是以折旧的形式计入产品中。一方面，投资需要收回；另一方面，厂房、设备在使用中也会磨损、老化，经过一段时间以后需要更新。

生产成本主要包括原材料、辅助材料、能源、水、工人工资等费用。原材料一般只用于某一种产品的生产，在一种产品生产完成后，为该产品生产购置但又没有全部使用因此剩余的原材料就失去了使用价值。辅助材料、能源、水是生产必需的，这一部分成本往往以平摊的形式计入成本。工人劳动要有报酬，其费用以工时费的形式计入成本。此外，在生产中不可避免加工出废品，其成本也需要计入生产成本，因此废品率高也会造成产品生产成本的增加。

管理成本包括企业的办公费用、市场营销费用和职工福利等。随着企业生产规模的不断扩大，在企业中从事技术支持、日常管理、市场营销的人员数量也相应增加，这部分以管理费的形式摊入成本。

投资成本和管理成本是以分摊的形式计入产品成本的，产品中这一部分成本的高低与该产品的产量有直接的关系，产量越高，分摊的成本越低。而生产成本是直接计入产品成本的，与产量无关，要想降低这一部分成本，必须通过技术创新来节约原材料、能源和劳动的消耗。

1.4 机械加工的工艺过程

机械产品的生产过程是指将原材料转变为成品（可以是一台机器、一个部件，也可以是某种零件）的所有劳动过程，其加工工艺路线包括：①原材料、半成品和成品的运输和保存；②生产和技术准备工作，如产品的开发和设计、工艺及工艺装备的设计与制造、各种生产资料的准备以及生产组织；③毛坯制造和处理；④零件的机械加工、热处理及其他表面处理；⑤部件或产品的装配、检验、调试、油漆和包装等。

1.4.1 机械加工一般工艺过程

机械加工工艺过程是指用机械加工的方法直接改变毛坯的形状、尺寸和表面质量，使之成为零件或部件的生产过程，它包括机械加工工艺过程和机器装配工艺过程。在机械加工工艺过程中，针对零件的结构特点和技术要求，要选用不同的加工方法和装备，按照一定的顺序进行加工，才能完成由毛坯到零件的过程。

一个或一组工人，在一个工作地点对同一个或同时对几个工件进行加工所连续完成的工艺过程称为工序。工序是工艺过程的基本组成部分，是生产计划的基本单元。划分工序的依据是工作地点是否变化和工作是否连续。工序又由安装、工位、工步和走刀等组成。

在加工前，应先使工件在机床上或夹具中占有正确的位置，这一过程称为定位；工件定位后，将其固定，使其在加工过程中保持定位位置不变的操作称为夹紧；将工件在机床或夹具中每定位、夹紧一次所完成的那一部分工序内容称为安装。一道工序中，工件可能被安装一次或多次，应尽量减少装夹次数，因为多一次装夹，就多一次误差，而且增加装卸工件的辅助时间。

为了完成一定的工序内容，一次安装工件后，工件与夹具或设备的可动部分一起相对刀具或设备的固定部分所占据的每一个位置称为工位。为了减少由于多次安装带来的误差和时间损失，加工中常采用回转工作台、回转夹具或移动夹具，使工件在一次安装中，先后处于几个不同的位置进行加工，称为多工位加工。采用多工位加工方法，既可以减少安装次数，提高加工精度，又可以使各工位的加工与工件的装卸同时进行，提高劳动生产率，减轻工人的劳动强度。

工序又可分成若干工步。加工表面不变、切削刀具不变、切削用量中的进给量和切削速度基本保持不变的情况下所连续完成的那部分工序内容，称为工步。以上三个不变因素中只要有一个因素改变，即成为新的工步。一道工序包括一个或几个工步。

在一个工步中，若需切去的金属层很厚，则可分为几次切削，每进行一次切削就是一次走刀。一个工步可以包括一次或几次走刀。

1.4.2 生产纲领与生产类型

1. 生产纲领

生产纲领是指企业在计划期内应当生产的产品产量和进度计划。计划期通常为 1 年，所以生产纲领也称为年产量。对于零件而言，产品的产量除了制造机器所需要的数量之外，还要包括一定的备品和废品。

2. 生产类型

生产类型是指企业生产专业化程度的分类。人们按照产品的生产纲领、投入生产的批量，可将生产分为单件生产、大量生产和批量生产三种类型。

（1）**单件生产**　单个生产不同结构和尺寸的产品，很少重复甚至不重复，这种生产称为单件生产。如新产品试制、维修车间的配件制造和重型机械制造等都属于此种生产类型。其特点是：生产的产品种类较多，而同一产品的产量很小，工作地点的加工对象经常改变。

（2）**大量生产**　同一产品的生产数量很大，大多数工作地点经常按一定节奏重复进行某一零件的某一工序的加工，这种生产称为大量生产。如自行车制造和一些链条厂、轴承厂等专业化生产即属于此种生产类型。其特点是：同一产品的产量大，工作地点较少改变，加工过程重复。

（3）**批量生产**　一年中分批轮流制造几种不同的产品，每种产品均有一定的数量，工作地点的加工对象周期性地重复，这种生产称为批量生产。如一些通用机械厂、某些农业机械厂、陶瓷机械厂、造纸机械厂、烟草机械厂等的生产即属于这种生产类型。其特点是：产品的种类较少，有一定的生产数量，加工对象周期性地改变，加工过程周期性地重复。

同一产品（或零件）每批投入生产的数量称为批量。根据批量的大小又可分为大批量生产、中批量生产和小批量生产。小批量生产的工艺特征接近单件生产，大批量生产的工艺特征接近大量生产。

根据零件生产纲领，参考表1-1即可确定生产类型。不同生产类型的制造工艺有不同特征，各种生产类型的工艺特点见表1-2。

表 1-1　生产类型和生产纲领的关系

生产类型		生产纲领（件/年或台/年）		
		重型（30kg 以上）	中型（4～30kg）	轻型（4kg 以下）
单件生产		<5	<10	<100
批量生产	小批量生产	5～100	10～200	100～500
	中批量生产	100～300	200～500	500～5000
	大批量生产	300～1000	500～5000	5000～50000
大量生产		>1000	>5000	>50000

表 1-2　各种生产类型的工艺特点

工艺特点	单件生产	批量生产	大量生产
毛坯的制造方法	铸件用木模手工造型，锻件用自由锻	铸件用金属模造型，部分锻件用模锻	铸件广泛用金属模机器造型，锻件用模锻
零件互换性	无需互换、互配零件可成对制造，广泛用修配法装配	大部分零件有互换性，少数用修配法装配	全部零件有互换性，某些要求精度高的配合，采用分组装配
机床设备及其布置	采用通用机床；按机床类别和规格采用"机群式"排列	部分采用通用机床，部分采用专用机床；按零件加工分"工段"排列	广泛采用生产率高的专用机床和自动机床；按流水线形式排列

(续)

工艺特点	单件生产	批量生产	大量生产
夹具	很少用专用夹具,由画线和试切法达到设计要求	广泛采用专用夹具,部分用划线法进行加工	广泛用专用夹具,用调整法达到精度要求
刀具和量具	采用通用刀具和万能量具	较多采用专用刀具和专用量具	广泛采用高生产率的刀具和量具
对技术工人要求	需要技术熟练的工人	各工种需要一定熟练程度的技术工人	对机床调整工人技术要求高,对机床操作工人技术要求低
对工艺文件的要求	只有简单的工艺过程卡	有详细的工艺过程卡或工艺卡,零件的关键工序有详细的工序卡	有工艺过程卡、工艺卡和工序卡等详细的工艺文件

1.4.3 加工设备与工艺装备

1. 加工设备

加工装备是采用机械制造方法制造机器零件或毛坯的机器设备,又称为机床或工作母机,是机械制造装备的主体和核心。机床的类型很多,除了金属切削机床之外,还有锻压机床、冲压机床、注塑机、快速成型机、焊接设备和铸造设备等。

2. 工艺装备

工艺装备是产品制造过程中所用各种工具的总称,包括刀具、夹具、模具、量具和辅具等。它们是贯彻工艺规程、保证产品质量和提高生产率等的重要技术手段。

刀具是指能从工件上切除多余材料或切断材料的带刃工具。刀具类型很多,每一种机床都有其代表性的一类刀具。标准刀具是按国家或有关部门制定的"标准"或"规范"制造的刀具,由专业化的工具厂集中大批大量生产,占所用刀具的绝大部分。非标准刀具是根据工件与具体加工的特殊要求设计制造的,也可将标准刀具加以改制而得到。

夹具是机床上用以装夹工件以及引导刀具的装置。该装置对于贯彻工艺规程、保证加工质量和提高生产率起着决定性的作用。

量具是以直接或间接方法测出被测对象量值的工具、仪器及仪表等。通用量具是标准化、系列化的量具,专用量具是专门用于特定零件的特定尺寸而设计的。

模具是用以限定生产对象的形状和尺寸的装置。按填充方法和填充材料的不同,可分为粉末冶金模具、塑料模具、压铸模具、冲压模具和锻压模具等。

1.4.4 机械零件的公差、配合与技术测量

1. 互换性

互换性是指机械产品在装配时,同一规格的零件或部件,不需要经过任何选择、调整或修配,就能装配到机器上,并能满足使用性能要求的一种特性。在日常生活中,经常看到这样的情况:自行车、手表的某个零件坏了,只要换一个相同规格的零件,就能照常使用;家用电器上的螺钉掉了,换一个相同规格的螺钉即可。这些现象都说明零部件具有互换性。按照互换的程度,互换性可以分为完全互换和不完全互换两种。

2. 公差与配合

任何一台机器,无论结构复杂与简单,都是由最基本的若干个零件所构成的。这些具有

一定尺寸、形状和相互位置关系的零件，装配在一起时，必须满足一定的尺寸关系和松紧程度，这在机械制造中称为"配合"。在零件加工过程中，无论设备的精度和操作工人的技术水平多么高，零件的加工都会产生误差。要将加工零件的尺寸、形状和位置做得绝对准确，不但不可能，而且也没有必要。只要将零件加工后各几何参数所产生的误差控制在一定的范围内，就可以保证零件的使用功能和实现互换。零件几何参数允许的变动量称为公差。它包括尺寸公差、形状公差和位置公差等。公差标准用来控制零件加工中的误差，以保证互换性的实现。

3. 测量和检验

测量是指以确定被测对象量值为目的的全部操作。它实质上是将被测几何量与作为计量单位的标准量进行比较，从而确定被测几何量是计量单位的倍数还是分数的过程。一个完整的测量过程应包括测量对象、计量单位、测量方法和测量精度 4 个方面。

（1）测量对象　测量对象指几何量，即长度、角度、形状和位置误差以及表面粗糙度等。

（2）计量单位　计量单位（简称单位）是以定量表示同种量的量值而约定采用的特定量。对计量单位的要求是：统一稳定、能够复现、便于应用。

（3）测量方法　测量方法指测量时所采用的测量原理、测量器具和测量条件的总和。

（4）测量精度　测量精度指测量结果与零件真值的接近程度。不考虑测量精度而得到的测量结果是没有任何意义的。另外，由于测量会受到许多因素的影响，任何测量都不可能没有误差。

检验是指确定被测几何量是否在规定的范围之内，从而判断产品是否合格（不一定得出具体的量值）的过程。通过测量分析零件的加工工艺，积极采取预防措施，可以避免废品的产生。

1.4.5　产品的质量控制

产品质量是指产品适合一定用途，满足社会和人们一定需要所必备的特性。它包括产品结构、性能、精度、纯度、物理性能和化学成分等内在的质量特性，也包括产品外观、形状、色泽、气味、包装等外在的质量特性。同时，还包括经济特性（如成本、价格、维修时间和费用等）、商业特性（如交货期、保修期等）以及其他方面的特性（如安全、环保、美观等）。

一般将产品质量特性应达到的要求规定在产品质量标准中。产品质量标准按其颁发单位和适用范围不同，又分国际标准、国家标准、行业标准、企业标准等。产品质量标准是进行产品生产和质量检验的依据。

产品质量控制是企业生产合格产品、提供顾客满意的服务和减少无效劳动的重要保证。在市场经济条件下，产品的质量控制则应达到两个基本要求：一是产品达到质量标准，二是以最低的成本生产出符合市场质量需求的产品。

企业进行产品质量控制，必须掌握并坚持全面质量管理方法。全面质量管理的内容主要包括两个方面：一是全员参与质量管理，二是全过程质量管理，即企业内部的全体员工都参与到企业产品质量和工作质量过程中，把企业的经营管理理念、专业操作和开发技术、各种统计与会计手段方法等结合起来，在企业中普遍建立从研究开发、新产品设计、外购原材料、生产加工，到产品销售、售后服务等环节的贯穿企业生产经营活动全过程的质量管理体系。

全面质量管理体现了全新的质量控制观念。质量不仅是企业产品的性能，还包括企业的服务质量、企业的管理质量、企业的成本控制质量、企业内部不同部门之间相互服务和协作的质量等。

全面质量管理强调了动态的过程控制。质量管理的范围不能局限在某一个或者某几个环节和阶段，必须贯穿包括市场调查、研究开发、产品设计、加工制造、产品检验、仓储管理、途中运输、销售安装和维修调换等的整个过程。

1.5 智能制造

1.5.1 智能制造的概念

制造活动伴随着人类的生产生活不断发展，从手工生产、机械化生产、电气化生产、自动化生产到智能制造，必将深刻影响人们工作和生活。工业化水平随着科学技术的发展经历了四个过程，如图1-11所示，制造技术的发展变迁见表1-3。

智能制造是先进信息技术与先进制造技术的深度融合，贯穿于产品设计、制造、服务等全生命周期的各个环节及相应系统的优化集成，旨在不断提升企业的产品质量、效益、服务水平，减少资源消耗，推动制造业创新、绿色、协调、开放、共享发展。

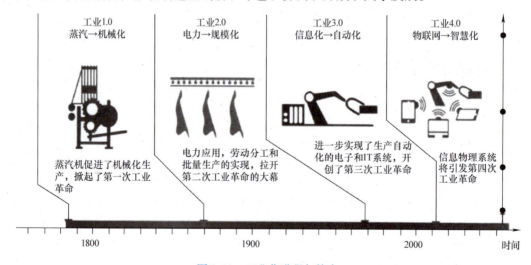

图1-11 工业化进程与特点

表1-3 制造技术的发展变迁

工业化进程	时代划分	主要标志	生产模式	制造技术特点	制造装备及系统
工业1.0	蒸汽时代	蒸汽机动力应用	单件小批量	机械化	集中动力源的机床
工业2.0	电气时代	电能和电力驱动	大规模生产	标准化、刚性自动化	普通机床、组合机床刚性生产线

（续）

工业化进程	时代划分	主要标志	生产模式	制造技术特点	制造装备及系统
工业 3.0	信息化时代	数字化信息技术	柔性化生产	柔性自动化、数字化、网络化	数控机床、复合机床柔性制造系统（FMS）、计算机集成制造系统（CIMS）
工业 4.0	智能化时代	新一代信息技术（物联网、人工智能等）	网络化协同、大规模个性化定制	人–机–物互联、自感知、自分析、自决策、自执行	智能化装备、增材制造、混合制造、云制造、信息物理系统（CPS）

1.5.2 智能制造的三个基本范式

智能制造的发展伴随着信息化的进步，结合信息化与制造业在不同阶段的融合特征，可以总结、归纳和提升出三个智能制造的基本范式：数字化制造、数字化网络化制造、数字化网络化智能化制造，如图 1-12 所示，这也是智能制造发展的三个阶段。

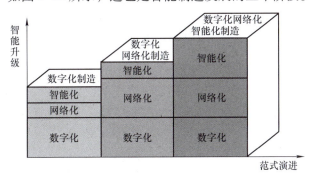

图 1-12　智能制造的三个基本范式

数字化制造是智能制造的第一个基本范式，也可称为第一代智能制造。智能制造的概念最早出现于 20 世纪 80 年代，但是由于当时应用的第一代人工智能技术还难以解决工程实践问题，因而其主体是数字化制造。数字化制造的主要特征表现为：①数字技术在产品中得到普遍应用，形成"数字一代"，包括产品和工艺的数字化，制造装备/设备的数字化，材料、元器件、被加工零部件、模具/夹具/刀具等的数字化；②广泛应用数字化设计，建模仿真、数字化装备、信息化管理，包括各类计算机辅助设计、优化软件和各类信息管理软件；③实现生产过程的集成优化，包括网络通信系统构建、数据的互联互通，其目的是要利用这些数据实现整个制造过程各环节的协同，具体体现在产品数据管理（Product Data Management，PDM）、制造执行系统（Manufacturing Execution System，MES）和企业资源计划系统（Enterprise Resource Planning System，ERP）等管理系统的协同功能。

数字化网络化制造是智能制造的第二个基本范式，也可称为"互联网+制造"，或第二代智能制造。主要是指 20 世纪末互联网逐步普及应用开始，网络将人、流程、数据和事物连接起来，智能制造进入了以万物互联为主要特征的数字化网络化阶段。数字化网络化阶段在产品、制造、服务具有三方面的特点：①在产品方面，数字技术、网络技术得到普遍应用，产品实现网络连接，设计、研发实现协同与共享，实现了生产过程的去中心化；②在制造方面，实现企业间横向集成、企业内部纵向集成和产品流程端到端集成，打通整个制造系统的数据流、信息流；③在服务方面，企业与用户通过网络平台实现连接和交互，企业生产开始从以产品为中心向以用户为中心转型，通过远程运维，为用户提供更多的增值服务，例如智能服务和大规模个性化定制等。

数字化网络化智能化制造是智能制造的第三个基本范式，也可称为新一代智能制造。新一代人工智能技术与先进制造技术深度融合，将重塑设计、制造、服务等产品全生命周期的各环节及其集成，催生新技术、新产品、新业态、新模式，深刻影响和改变人类的生产结构、生产方式、生活方式和思维模式，给制造业带来革命性的变化，成为制造业未来发展的核心驱动力，实现社会生产力的整体跃升。

智能制造的三个基本范式体现了智能制造发展的内在规律：一方面，三个基本范式依次展开，各有自身阶段的特点和需要重点解决的问题，体现着先进信息技术与制造技术融合发展的阶段性特征；另一方面，三个基本范式在技术上并不是决然分离的，而是相互交织、迭代升级，体现着智能制造发展的融合性特征。对中国等新兴工业国家而言，应发挥后发优势，采取三个基本范式"并行推进、融合发展"的技术路线。

1.5.3 新一代智能制造——数字化网络化智能化制造

21世纪以来，新一代信息技术呈现爆发式增长，数字化网络化智能化技术在制造业广泛应用，制造系统集成式创新不断发展，形成了新一轮工业革命的主要驱动力。新一代智能制造作为新一轮工业革命的核心技术，正在引发制造业在发展理念、制造模式等方面重大而深刻的变革，正在重塑制造业的发展路径、技术体系以及产业生态，从而推动全球制造业发展步入新阶段。

新一代智能制造系统最本质的特征是其信息系统增加了认知和学习的功能，信息系统不仅具有强大的感知、计算分析与控制能力，更具有学习提升、产生知识的能力，如图1-13所示。

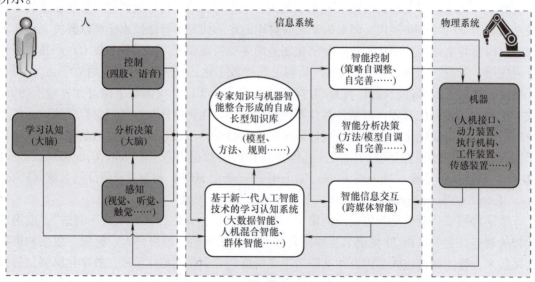

图1-13 新一代智能制造系统的基本机理

新一代人工智能技术将使"人—信息系统—物理系统"发生质的变化，如图 1-14 所示，主要有：①人将部分认知与学习型的脑力劳动转移给信息系统，因而信息系统具有了"认知和学习"的能力，人和信息系统的关系发生了根本性的变化，即从"授之以鱼"发展到"授之以渔"；②通过"人在回路"的混合增强智能，人机深度融合将从本质上提高制造系统处理复杂性、不确定性问题的能力，极大地优化制造系统的性能。新一代人工智能呈现出深度学习、跨界融合、人机协同、群体智能等新特征，大数据智能、跨媒体智能、人机混合增强智能、群体集成智能和自主智能装备正在成为发展重点。

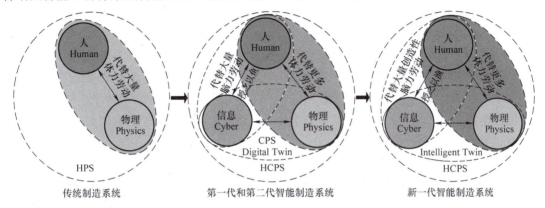

图 1-14　不同制造系统"人—信息系统—物理系统"对比

新一代智能制造是一个大系统，主要是由智能产品与制造装备、智能生产和智能服务三大功能系统，以及智能制造云和工业智联网两大支撑系统集合而成，如图 1-15 所示。

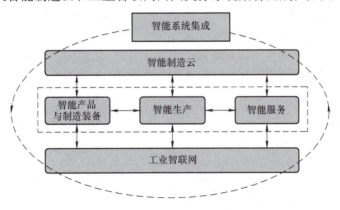

图 1-15　新一代智能制造的系统集成

新一代智能制造技术是一种核心使能技术，可广泛应用于离散型制造和流程型制造的产品创新、生产创新、服务创新等制造价值链全过程的创新与优化。

（1）智能产品与制造装备　智能产品与制造装备是新一代智能制造系统的主体，产品是智能制造的价值载体，制造装备是实施智能制造的前提和基础。新一代人工智能的融入给产品与制造装备创新带来无限空间，使得产品和装备发生革命性变化。例如手机搭载了人工智能芯片实现更多场景应用，无人机、无人驾驶汽车技术突飞猛进，可以想象未来智能产品和装备的广阔发展前景。

（2）**智能生产**　智能生产是新一代智能制造的主线。智能生产线、智能车间、智能工厂是智能生产的主要载体。新一代智能制造将解决复杂系统的精确建模、实时优化决策等关键问题，形成自学习、自感知、自适应、自控制的智能生产线、智能车间和智能工厂，实现产品制造的高质、柔性、高效、安全与绿色。

（3）**智能服务**　以智能服务为核心的产业模式变革是新一代智能制造的主题。在智能时代，市场、销售、供应、运营维护等产品全生命周期服务，均因物联网、大数据、人工智能等新技术而被赋予了全新的内容。新一代人工智能技术的应用将使制造业产业模式实现从以产品为中心向以用户为中心的根本性转变，完成深刻的供给侧结构性改革，并将催生制造业新模式、新业态：①从大规模流水线生产转向规模化定制生产；②从生产型制造向服务型制造转变，推动服务型制造业与生产性服务业大发展，共同形成大制造新业态。

（4）**智能制造云与工业智联网**　随着5G、云技术和人工智能的发展和应用，智能制造云和工业智联网将实现质的飞跃。智能制造云和工业智联网是支撑新一代智能制造的基础，由智能网络体系、智能平台体系和智能安全体系组成，为新一代智能制造生产力和生产方式变革提供发展的空间和可靠的保障。

（5）**智能系统集成**　新一代智能制造内部和外部均呈现出前所未有的系统"大集成"特征。一方面是制造系统内部的"大集成"。企业内部设计、生产、销售、服务和管理过程等实现动态智能集成，即纵向集成；企业与企业之间基于工业智联网与智能云平台，实现集成、共享、协作和优化，即横向集成。另一方面是制造系统外部的"大集成"。制造业与金融业、上下游产业的深度融合形成服务型制造业和生产型服务业共同发展的新业态。智能制造与智能城市、智能农业、智能医疗等交融集成，共同形成智能生态大系统——智能社会。新一代智能制造系统大集成具有大开放的显著特征，具有集中与分布、统筹与精准、包容与共享的特性，具有广阔的发展前景。

新一代智能制造系统最本质的特征是通过深度学习、迁移学习和增强学习等技术的应用，使信息系统增加了认知和学习的功能，从而使得人类从繁重的体力劳动和简单重复的脑力劳动当中解放出来，可以从事更有意义的创造性工作。

1.6　工匠精神

党的十九大报告号召全社会都要"弘扬劳模精神和工匠精神，营造劳动光荣的社会风尚和精益求精的敬业风气"，并逐渐形成我国"知识型、技能型、创新型"人才培养的指导思想。

1.6.1　工匠精神的含义

《汉语大字典》中"工"是象形字，本意是工具，引申为持工具的人，后引申为手工劳动（者），现在泛指生产劳动。"匠"是会意字，本意是指木工，泛指以某种手艺为业的人，引申为在某领域卓有成就的人。自古以来，三百六十行，行行出状元，涌现出鲁班、庖丁、黄道婆等能工巧匠，也留下了气壮山河的万里长城、鬼斧神工的都江堰、举世闻名的四大发明等物质文化遗产。

"工匠"不是与生俱来的，而是经历了相似的成长过程：首先拜师学艺，到制造出第一个合格产品，再到提升技艺打造出精美产品，最终将自己的"匠心"体现到创造的产品上，这是一个"从无到有、从有到优，传承发展"的螺旋上升过程，凝结着工匠的工作态度和精神品质：爱岗敬业、精益求精、求实创新、尊师重道。爱岗是敬业的前提，只有热爱自己的本职工作，才能全心全意做好工作，获得成就感。精益求精是工匠精神的核心，产品符合国家标准、做事符合规范是工匠精神的最低要求，追求极致、严谨细致是工匠精神的标准。作品是匠人完成制造过程的最终产物，是工匠精神"求实"的体现，对现有技术的改进、对新产品的研发，凝聚着匠人们不断的探索与钻研，赋予工匠精神"创新"的时代特征，凝结着"匠心"。尊师重道是徒弟成长为工匠的必然过程，徒弟通过观察、模仿、实践等过程学习师傅的技艺，从而掌握技艺的基本规律，师傅的言传身教不仅传授技术要领，还包括为人处世的道理，以期达到德艺双馨的境界，是工匠精神传承和发展的行动指南。

1.6.2　工匠精神的历史传承

马克思主义的观点：劳动创造了人本身。在人类的创造性劳动不断推进科技进步和推动社会的发展的过程中，工匠精神经历了三个阶段：产生与发展、断裂、回归。

随着社会分工的日益细化，我国西周时期就设立了"百工制度"，对工匠的技术和修行都提出更高的要求，"德艺兼修"成为古代工匠精神的具体体现，这个阶段以"子承父业"的家族式技艺传承为主。封建社会以后，工匠的社会地位得到了认可，也形成了"良田百顷，不如薄艺在身"的工匠文化，以"艺徒制度"为核心的职业教育突破了原有家族式技艺传承的方式，在师徒共同的工作和生活中切磋技艺，使工匠精神不断发展壮大，代代相传。

18 世纪 60 年代以来的近代工业革命，机械化生产大幅度提高了生产率，并带来了生产关系的大变革，手工业的竞争力下降，甚至成为落后生产力的代表，在全世界范围内工匠的基本生活得不到保障，随之技艺被埋没甚至失传，工匠精神也一度走向衰败。

但是，随着新时代的中国进入经济高质量发展的重要阶段，无论是制造业还是服务业的转型升级都在呼唤着工匠精神的回归。当然，人工智能时代背景下工匠精神的回归并不是片面地恢复低效率的手工技术，而是注重创新的高品质制造。黄旭华扛起核潜艇事业迈步向前、南仁东的一生为"天眼"尽忠、宁允展打破高铁转向架生产瓶颈等都是典型代表。

1.6.3　工匠精神的时代价值

在"中国制造 2025"的新阶段，时代赋予了工匠精神新的内涵。要实现从"中国制造"到"中国智造"的跨越，需要成千上万的新工匠携手创造，大力弘扬和培育工匠精神，营造精益求精的社会氛围，推进制造强国和产业转型升级，形成社会主义道德新风尚，实现个人人生价值是当代的必然选择。

新时代弘扬工匠精神，就是要传承历史优秀的匠人文化，借鉴国际先进的工业文化，弘扬乐于奉献的"铁人精神"、坚定信念的"天眼精神"、攻坚克难的"珠港澳大桥精神"、赶超一流的"高铁精神"，引领全面的工业文化，形成社会主义道德新风尚。

个人价值的体现从原来的机械作业转向自我价值实现阶段，一方面，在"学中做、做中创"的环境下，个人专业知识和技术能力不断提升；另一方面，社会和企业的认可度不断提升，有助于形成"有业－敬业－乐业"的良性循环。

1.6.4 工匠精神的培育路径

工匠精神纳入人才培养的全过程，要从培养方案、课程设置、实践训练、营造氛围等多方面进行改革实践。

在制定人才培养目标中，纳入工匠精神的具体要求，指导学生在学习知识的同时，养成严谨、专注、精雕细琢、追求卓越的专业素养，锻炼不畏困难、敢于挑战的意志品质。落实本科生导师制，建立新型"师徒"关系，通过在学业计划、人生规划和职业态度等方面言传身教，推进学生工匠精神的培养。

将工匠精神融入思政课、专业课等教学环节，构建立体的课程体系，不断更新教学内容、改进教学方法，提升工匠意识。一是将思政教育与工匠精神相结合，从意识形态方面着手，以爱国主义教育为价值导向，培育大学生对工匠精神的基本认知；二是将专业课程与工匠精神相结合，以专业岗位为突破口，提升大学生对工匠精神的职业追求；三是多用案例式、问答式、讨论式的教学方法引导学生体验工匠精神，例如通过播放《大国工匠》视频，用鲜活的案例讲述大国工匠的感人故事；通过研讨分析安全事故产生的原因、强化安全生产意识等。

实践教学是培养工匠精神的重要环节，通过"学中做、做中学"引导学生感悟工匠精神。一方面在校内将理论与实践相结合，改变以验证性为主的实验，转变为以工程为背景的综合实践；另一方面与校外企业实行产教融合，利用真实的实践平台，形成教师、师傅共同指导的实践模式，真题真做。引导学生参加大学生创新创业大赛，通过以赛促学、以学促用的"双创"活动，提升学生的综合素质，营造出开拓创新的氛围。

校园文化是凝心聚力的重要载体，利用融媒体平台传播工匠精神，通过榜样的力量宣讲工匠精神，通过学生社团开展以弘扬工匠精神为主题的活动，将工匠精神内化于心、外化于行。

1.7 工程训练文化

工程训练以技能操作为主，既有传统技能训练，也有现代技术传授，其与理论教学不同，有特定的内涵和鲜明的主题特色。工程训练文化就是将专业技能与人文精神融入实践育人环节，形成风格独特且具有强大生命力的劳动教育，以及为广大学生所认同的理想信念和价值取向，并在实践教学过程中起到潜移默化、润物无声的作用。

1.7.1 工程训练文化的特征

工程训练文化是在自身历史发展和长期教学实践中逐步形成和发展起来的，是技能训练与实习育人融合的产物，具有自身的优势和特点。

1. 品位要高，意境要深，要富有凝聚力

富有凝聚力的实习文化在培养学生高尚情操和职业道德方面起着引领和导向作用。对联"锻精品铸辉煌燃烧激情千锤百炼匠心妙手成佳作 兴特色创品牌施展宏图细刻精雕领异标新

塑金工"，旨在昭示师生共同追求的工程训练教学理念，从实习工种技能的特点中凝练出意蕴深刻、品位高尚、富有哲理的格言警句，全面塑造了工程训练文化，是其最突出的特色。整副对联既是对传统制造技术（铸、锻、焊、车、铣、钳等）的高度概括和凝练，同时也寓意着激励学生要在人生成长的道路上燃烧起岁月的激情经过锤炼把自己锻造成为社会的"精品"，创造出对社会有用的"佳作"；下联昭示着整个工程训练要有鲜明的特色，树立品牌意识，努力施展和实现自己的宏图志向，勇于标新立异塑造工程训练的品牌形象。

2. 立意要好，学味要浓，要富有感染力

实习文化内容的内涵要丰富，要有浓郁的人文精神内涵，要适合当代大学生的心理特色，并能够产生共鸣。为每一个实习工种（科目）量身定制一副对联，使学生每到一个实习现场都能受到工程训练文化的感染。例如，"锻造实习：金相玉质炉火纯青做学问 铁骨钢筋千锤百炼成高才"，寓意着人生只有经过千锤百炼，才能成为对国家、对社会有用的高素质人才。再如，"数控电火花加工实习：真心描绘理想宏图 激情闪耀智慧火花"，旨在激励学生要像在实习中设计绘图一样，用心去描绘自己的人生蓝图，在求知成长的人生旅途中迸发出智慧的火花。

3. 语言要实，用词要准，要富有亲和力

当代大学生思想活跃，思维敏捷，但他们在成才的道路上也会遇到各种各样的困惑，渴望得到调解。在构建工程训练文化中，用词要贴切、精练、恰到好处，语言要亲切平实、不似说教，用恳切的语言打动人，使学生感受到亲和力，从而产生内生动力。例如，钳工实习是一项完全手工操作的训练，也是一项具有丰富技巧的实习科目。"钳工实习：细作精工只在匠心技艺 严丝合缝全凭手上功夫"，这使学生在工程实践中领悟到难者不会、会者不难的朴实道理。再如，数控车实习是一门效率高、质量精、程序多、难掌握的现代制造技术。"数控实习：精湛技艺来自勤学苦练 优良品质源于细刻精车"，这副对联揭示做人和做事的同样道理，成才靠勤学苦练，做事要精益求精，不能粗制滥造。

4. 形式要新，设计要精，要富有吸引力

实习文化不能简单套用一般性标语口号式的形式和内容，内容上应当新颖、别致、耐人寻味；形式上要别具一格，不落俗套。对联是中国传统文化的精髓之一，它讲究内容与形式的和谐统一。充分运用对联这个古朴、优雅的表现形式，将工程训练技艺文化与中国传统文化精髓完美结合，赋予它特定的内容和丰富的内涵，使它成为传递人文精神的载体和润饰实习环境的一个亮点。先进制造技术训练是实习的重点和难点之一，对联"先进技术手脑并用 现代制造软硬兼施"，通过内容的构建和形式的塑造，给人以美的享受和理性思考。

1.7.2　工程训练文化的功能

构建工程训练文化的目的是力求以正确的思想引导学生，以精湛的技艺传授学生，以美好的心灵感召学生，以严谨的作风塑造学生，以公正的尺度评价学生，以高尚的情操陶冶学生，充分发挥工程训练文化在培养学生励志成才中的导向功能、教育功能和激励功能。

1. 潜移默化，润物无声的导向功能

工程训练文化具有较强的思想性、丰富的知识性和浓厚的趣味性，容易被学生所接受。铸造实习是一项比较枯燥的工种，学生容易感到乏味。对联"用汗水浇注事业硕果 以勤奋铸造人生辉煌"，把铸造技术中的专用名词铸造和浇注巧妙地嵌入在其中，使学生在实习过程中产生联想，不断激励自己，起到潜移默化、润物无声的效果。

2. 凝心聚力，开启明智的教育功能

文化的功能就是教育人、塑造人、鼓舞人。工程训练文化注重用丰富的哲理开启学生的心智。车削实习是一项内容丰富、技术性较强的工种。对联"推陈出新规矩能成方圆器 去粗存精曲直雕就栋梁才"，规矩既指实习用的量具，也寓意做人的基本准则，意喻无论做人做事，没有规矩不成方圆。同样，曲直既指车削运动的轨迹，也寓意人生需要经过困难曲折的磨炼，才能成为栋梁之才。

3. 陶冶情操，修身励志的激励功能

工程训练文化就是要通过传统文化的熏陶，引导学生立志奋进、树立积极向上的人生目标。同时，通过工程训练文化的展示，营造和谐的人文环境，引领学生在轻松愉悦的气氛中完成实习任务。结合数控加工复杂、精细的特点，对联"数控铣削：聚精会神校正人生坐标 披坚执锐开拓事业征程""数控雕铣：一丝不苟精雕细刻出佳作 独运匠心领异标新创名牌"，寓意着作为未来事业建设者的当代大学生，要集中精力努力学习，在成长的道路上不断校正自己的人生坐标。同时，在技术上要精雕细刻、精益求精，要有开拓创新精神、认真设计和实践好自己的人生"程序"。

1.7.3 工程训练文化的价值塑造

1. 教学改革，育人为本

大学是传承文化和创新文化的场所，是培养高素质人才的基地。大学文化建设的根本目的是培养人、塑造人。要坚持用大学文化所蕴含的人生信仰、道德观念、审美情趣等丰富多彩的文化因素，引导师生员工去润饰精神家园，使他们在大学文化的熏陶下实现自己的发展目标。塑造和发展工程训练文化与为党育人、为国育才的培养目标是一致的。

2. 教学育人，思想为先

大学作为思想宝库、培养人才的摇篮、文化的中心和社会的精神先驱，存在的本质要义，就是不断地探索和创造，不断地追求更高层次的理性精神。在人才培养的过程中，无论是理论教学，还是实习实训，通过崇高的理想、坚定的信念和执着的精神去塑造学生，是学校每一个教职员工的责任。因此，实习育人是我们首要的责任。只有思想先行，才能激发起学生实习的兴趣，点燃求知的激情。

3. 实践教学，素质为重

工程训练是工科院校十分重要的实践环节，是最基础的实践课程之一。由于课时的局限，加上不同专业培养目标的差异，工程训练在指导和培养学生掌握基本操作技能的过程中，更应注重对学生工程素质的培养。通过完整系统的工程基础训练，使学生初步建立起技术与经济、质量与成本、安全环保与可持续发展等大工程意识，逐步培养严谨、科学、规范、精细的工程师素养。

图 1-16 所示的是工程训练文化墙。

图 1-16　工程训练文化墙

第2章 工程材料及金属的热处理

【实训目的与要求】

1）了解工程材料的概念及分类。

2）了解金属材料的分类、特点及用途。

3）了解常用金属热处理工艺的知识。

4）了解常用热处理设备。

5）了解非金属材料基本知识及其应用。

【安全实习注意事项】

1）按照有关规定穿戴好防护用品。

2）操作前，应熟悉零件的工艺要求及相关设备的使用方法，严格按照工艺规程操作。

3）所用加热炉在使用时，一律不允许超过额定的使用范围，注意工件的进炉或出炉操作。

4）不要触摸出炉后尚处于高温状态的热处理工件，以防烫伤。

5）不要随意触摸或乱动车间内的化学药品、油类和处理液等。

2.1 工程材料概述

材料是人类文明生活的物质基础，是组成所有物体的基本要素。人类生活、生产的过程是使用材料和将材料加工成成品的过程。材料使用的能力和水平标志着人类的文明和进步程度。因此，材料对国民经济和社会发展有着重要而深远的影响。20 世纪 70 年代人们把信息、材料和能源誉为当代文明的三大支柱，80 年代以高技术为代表的新技术革命，又把新材料、信息技术和生物技术并列为新技术革命的重要标志。科学技术进步是材料工业发展的强大动力，推动着新材料的不断创新和发展。材料具有显著的多样性，分类方法也很多。例如按用途分类，可分为电子材料、航空航天材料、核材料、建筑材料、能源材料和生物材料。

工程材料是指用于机械、车辆、船舶、建筑化工、能源、仪器仪表、航空航天等工程领域的材料。工程材料按化学成分的不同又分为金属材料、无机非金属材料、高分子材料和复合材料四大类。

2.1.1　金属材料

金属材料因其特有的力学性能、物理性能、化学性能和工艺性能，并能采用比较简单和经济的方法将其制造成零件，因此成为现代工业、农业、国防及制造业等领域应用最广泛的材料。金属材料包括金属和以金属为基体的合金。

1. 金属材料的分类

工业上把金属及其合金分为黑色金属材料和有色金属材料两大部分。

（1）黑色金属材料　黑色金属材料包括铁和以铁为基体的合金材料（如钢、铸铁和铁合金材料）。

钢铁材料的资源充足、工程性能优越、价格较低、应用广泛；以铁为基体的合金材料占整个结构材料和工具材料的 90% 以上。按碳的质量分数 [w（C），俗称碳含量] 的不同，可将常用的黑色金属材料分为钢和铸铁。

1）钢是指碳的质量分数为 0.0218% ~ 2% 的铁碳合金。钢的种类繁多，按化学成分分类，可分为碳素钢和合金钢两大类；按用途分类，可以分为结构钢、工具钢和特殊钢等；按产品质量分类，可分为普通钢、优质钢、高级优质钢等。

2）铸铁是指碳的质量分数大于 2%（一般为 2.5% ~ 4.0%）的铁碳合金。铸铁根据铸铁中碳的存在形式不同，可分为灰铸铁、可锻铸铁、球墨铸铁、蠕墨铸铁和特殊性能铸铁等。

常用黑色金属材料举例见表 2-1。

表 2-1　常用黑色金属材料举例

类别	名称	材料牌号说明		用途
		牌号举例	主要特点	
碳素钢	碳素结构钢	Q235—AF	屈服点为 235MPa、质量为 A 级的沸腾钢	一般以型材制作的工程结构件、制造不太重要的机械零件、焊接件等
	优质碳素结构钢	45	表示平均 w（C）为 0.45% 的优质碳素结构钢	制造曲轴、传动轴、齿轮、连杆、联轴器等重要零件
	碳素工具钢	T8 T8A	表示平均 w（C）为 0.8% 的碳素工具钢，A 为高级优质	制造有较高硬度和耐磨性，又能承受一定冲击力的工具，如锤子、冲头等
	铸造碳钢	ZG200—400	屈服强度为 200MPa、抗拉强度为 400MPa 的碳素铸钢	机座、电器吸盘等受力不大，但具有一定韧性的零件
合金钢	低合金高强度结构钢	Q390A	屈服点为 390MPa、质量为 A 级	大量用于桥梁、船舶、车辆、高压容器、管道、建筑材料等
	合金结构钢	60Si2Mn	表示平均 w(C) 为 0.6%、平均 w(Si) = 2%、平均 w(Mn) < 1.5%（<1.5% 不标）的锰钢	制造重要的机器零件，如齿轮、活塞、压力容器等
	高速工具钢	W18Cr4V	表示平均 w(C)≥1.0%、平均 w(W) = 18%、平均 w(Cr) = 4%、平均 w(V) < 1.5% 的合金工具钢	制造各种刃具、量具、模具等，如钻头、铰刀、量块和冲模等

（续）

类别	名称	材料牌号说明		用途
		牌号举例	主要特点	
铸铁	灰铸铁	HT200	较高强度铸铁，强度、耐磨性、耐热性均较好，铸造性能好，需进行人工时效处理 10mm 厚度铸件，平均抗拉强度≥195MPa	承受较大载荷和较重要的零件，如气缸、机座、齿轮、机床床身及床面等气缸体、气缸盖、活塞及活塞环；测量平面的检验工具，如划线平板、V 形垫铁、水平仪框架等
	可锻铸铁	KTZ450—06	韧性较低、强度大、硬度高、耐磨性好、切削性良好，平均抗拉强度≥450MPa，伸长率≥6% 的可锻铸铁	制造负荷较高的耐磨零件，如曲轴、连杆、齿轮、凸轮轴、万向接头、轴套
	球墨铸铁	QT450—10	平均抗拉强度≥450MPa，伸长率≥10% 的球墨铸铁	制造承受冲击、振动的零件，如曲轴、蜗杆等
	蠕墨铸铁	RuT340	强度和硬度较高，具有较高耐磨性和导热率，平均抗拉强度≥340MPa，伸长率 ≥1% 的蠕墨铸铁	带导轨面的重型机床件、大型龙门铣横梁以及大型齿轮箱体、盖、座、制动鼓等

（2）有色金属材料　有色金属材料是指黑色金属以外的金属及其合金材料。有色金属材料按金属性能分类，可分为有色轻金属（密度小于或等于 4.5g/cm^3 的金属，如铝、镁、钛、钾、钠、钙等）、有色重金属（密度大于 4.5g/cm^3 的金属，如铜、锌、镍、锡、钴等）、重金属（金、银和铂族元素）、稀有金属、半金属（硅、硼、硒等）等。常见的有铝及其合金、铜及其合金、锌及其合金、镁及其合金、钛及其合金等。常用有色金属材料举例见表 2-2。

表 2-2　常用有色金属材料举例

类别	名称	材料代号说明		用途
		代号举例	主要特点	
铜及铜合金	纯铜	T2	高的导电、导热、耐蚀和加工性能，含降低导电导热性的杂质较少，不能在高温还原气氛中应用	制成各种板材、带、管、条、箔材，用作导电、导热、耐蚀器材
	黄铜	H96	塑性好，易于冷热加工，易焊接、锻接和镀锡，在大气和海水中优良的耐蚀性，无应力破坏倾向	导管、冷凝管、散热管、散热片及导电零件
	青铜	QAl5 QAl7	高的强度、弹性和耐磨性，在大气、海水和淡水中耐腐蚀，可焊接和钎焊	弹簧和弹性元件，齿轮、摩擦轮

（续）

类别	名称	材料代号说明		用途
		代号举例	主要特点	
铝及铝合金	纯铝	1060	高的导电性和导热性，耐腐蚀，塑性好，强度低，切削性能不好，各种压力加工较容易	电容器、电子管元件、导电体、电缆和铝箔
	防锈铝	5A02	以镁为主要合金元素，退火后塑性好，不能进行热处理强化，疲劳强度高，耐腐蚀，退火状态下切削性能好	油箱、汽油和润滑油导管、中载荷零件和焊接件、低压容器、铆钉和焊条
	硬铝	2A11	以铜为主要合金元素，塑性尚可，能热处理强化，点焊性能好，耐蚀性差	中等强度的构件，骨架螺旋桨叶片、螺栓、铆钉等
	超硬铝	7A04	以锌为主要合金元素，强度高，淬火塑性尚好，可以热处理强化，点焊性能好，气焊不良，切削性能尚好	主要受力结构件，飞机大梁、加强框、蒙皮、起落架等
	铸造铝合金	ZL102	铝硅合金，耐蚀性和铸造工艺性能良好，易气焊，强度低，不能热处理强化，在铸件厚壁处易出现气孔	形状复杂的砂型、金属型和压力铸造零件，如仪器壳体等零件

2. 金属材料的性能

机械零件在使用过程中，要受到拉伸、压缩、弯曲、扭转、剪切、摩擦、冲击以及环境、温度和化学介质的作用，并且还要传递力和能量等。作为构成零件的金属材料必须具备良好的工艺性能保证零件的加工制造，具有良好的物理、化学性能及力学性能保证零件的使用寿命。

（1）力学性能　金属的力学性能是指在力的作用下，材料所表现出来的一系列力学性能指标，反映了金属材料在各种形式外力作用下抵抗变形或破坏的某些能力。它是设计零件选择材料和产品验收、鉴定的重要依据。力学性能常用指标有强度、硬度、塑性、冲击韧度、疲劳强度以及刚度和弹性等。

1）强度是指材料抵抗永久性变形和断裂的能力，常用的强度指标有屈服强度和抗拉强度，还有抗压强度、抗弯强度和抗剪强度等。

2）塑性是指在外力作用下，材料产生永久性变形而不发生破坏的能力。工程上常将伸长率大于或等于5%的材料称为塑性材料，如常温静载下的低碳钢、铝、铜等；而把伸长率小于5%的材料称为脆性材料，如常温静载下的铸铁、玻璃、陶瓷等。

3）硬度是指材料抵抗局部变形，特别是塑性变形、压痕、划痕的能力，即金属软硬的判别指标。常用的硬度测定方法有布氏硬度（HBW）、洛氏硬度（HR）和维氏硬度（HV）等。

4）冲击韧度是评定材料抵抗大能量冲击载荷能力的指标，常用一次摆锤冲击弯曲试验来测定金属材料的冲击韧度。

5）疲劳强度是指材料在承受重复或交变载荷时，不被破坏的最大应力，是设计时比较重要的一项指标。

（2）物理、化学性能　金属的物理、化学性能包括密度、熔点、导电性、导热性、磁性、热膨胀性、耐热性、耐蚀性等。零件的用途不同，对材料的物理、化学性能要求不同，对制造工艺也有较大影响。例如，对导热性差的材料进行切削时，刀具易发热，使用寿命降低；再如，钢和铝合金的熔点不同、氧化速度不同，其熔炼工艺有很大差别。

（3）工艺性能　金属材料对于某种加工制造工艺所表现的适应性称为金属的工艺性能。金属材料制造机器零件主要采用铸造、压力加工、切削、焊接、特种加工等制造工艺，其相应的金属材料工艺性能则有铸造性能、锻压性能、焊接性能、切削性能、电加工性能、热处理和表面处理性能等。在零件设计、选材和选择工艺方法时，必须考虑金属材料的工艺性能。例如，灰铸铁的铸造性能优良，这是其广泛用来制造铸件的重要原因，但其可锻性很差，不能进行锻造，其焊接性能也较差。

2.1.2　无机非金属材料

无机非金属材料是以某些元素的氧化物、碳化物、氮化物、卤素化合物、硼化物以及硅酸盐、铝酸盐、磷酸盐、硼酸盐等物质组成的材料。通常把它们分为普通的（传统的）和先进的（新型的）无机非金属材料两大类。传统的无机非金属材料是工业和基本建设所必需的基础材料，其特点是耐压强度高、硬度高、耐高温、耐腐蚀。此外，水泥在胶凝性能上，玻璃在光学性能上，陶瓷在耐蚀性、介电性能上，耐火材料在防热隔热性能上都有其优异的特性，为金属材料和高分子材料所不及。新型无机非金属材料是20世纪中期以后发展起来的，具有特殊性能和用途的材料，主要有先进陶瓷非晶态材料、人工晶体、无机涂层、无机纤维等。新型无机非金属材料除具有传统无机非金属材料的优点外，还具有强度高以及具有电学、光学特性和生物功能等特征。

2.1.3　高分子材料

高分子材料也称为聚合物材料，是以高分子化合物为基体，再配有其他添加剂所构成的材料。高分子化合物是由一种或几种结构单元多次重复连接起来的化合物，它们的组成元素不多，主要是碳、氢、氧、氮等，但是相对分子质量很大，一般在10000以上，甚至可高达几百万。高分子化合物的基本结构特征，使它们具有跟低分子化合物不同的许多宝贵性能，例如机械强度大、弹性高、可塑性强、硬度大、耐磨、耐腐蚀、耐溶剂、电绝缘性强、气密性好等，缺点是易老化、强度和硬度比金属低、导热和耐热性较差。有机高分子材料具有非常广泛的用途。塑料和橡胶是两种重要的有机高分子材料。

塑料由合成树脂再加入适量的添加剂制成，品种很多。按使用性能可分为通用塑料和工程塑料；按受热时的性能可分为热塑性塑料和热固性塑料。常用有机高分子材料及其性能和用途见表2-3。

橡胶也是常用的高分子聚合物，它在很宽的温度范围内具有高弹性，并具有良好的耐磨性和绝缘性，但容易老化，常用来制造轮胎、传送带、密封圈及绝缘体等。橡胶按原料来源可分为天然橡胶和合成橡胶；按用途可分为通用橡胶和特种橡胶。

表 2-3　常用有机高分子材料及其性能和用途

名称	代号	性能简述	用途
聚乙烯	PE	耐蚀性、电绝缘性优良；低压 PE 熔点、刚性、硬度和强度较高，吸水性小，有突出的电气性能和良好的耐辐射性；高压 PE 柔软性、伸长率、冲击强度和透明性较好；超高分子量 PE 冲击强度高，耐疲劳、耐磨	软制品作为高频电绝缘材料使用，硬制品用作电线、电缆、吹塑薄膜、防油纸、涂覆纸
聚丙烯	PP	密度小，强度、刚度、耐热性均优于低压 PE，可在 100℃ 左右使用，具有优良的耐蚀性、良好的高频绝缘性，不受湿度影响，表面硬度和耐热性较好，但成形收缩率大，低温易变脆，不耐磨，易老化	机械零件、耐腐蚀零件、绝缘零件
聚氯乙烯	PVC	硬聚氯乙烯机械强度颇高，坚韧，电气性能优良，耐酸碱力极强，化学性能稳定，但成型比较困难，耐热性不高；软聚氯乙烯除伸长率较高外，其他各性能均低于硬聚氯乙烯	硬质：棒、管、板、各种型材；软质：压延薄膜、吹塑制品、电线、电缆
丙烯腈 - 丁二烯 - 苯乙烯共聚物	ABS	综合性能较好，冲击韧性，机械强度较高，尺寸稳定，耐化学性、电性能良好，易于成型和机械加工，其弯曲强度和压缩强度及表面强度较差、耐热、耐低温	常用来制造齿轮、泵叶轮、轴承、管道、电机外壳、仪表板、加热器、盖板、水箱、冰箱衬里等
聚乳酸（聚丙交酯）	PLA	使用可再生的植物资源（如玉米）所提取的淀粉原料制成，具有良好的生物可降解性，生物相容性、光泽度、透明性、手感和耐热性好	在挤出、注塑、拉膜、纺丝等多领域应用，如服装（内衣、外衣）、产业（建筑、农业、林业、造纸）和医疗卫生等
聚甲基丙烯酸甲酯（有机玻璃）	PMMA	透明性极好，机械强度较高，耐蚀性、绝缘性良好，综合性能较好，但质脆，易溶于有机溶剂，缺口冲击强度低，易产生应力开裂	软制品：制造铭牌、度盘、油标、油杯；硬制品：适应于要求透明且有一定强度的防爆、防振的零部件
聚甲醛	POM	有优异的力学性能，尤其是弹性模量、刚度和表面硬度都很高，是其他塑料所不能比拟的；冲击强度及疲劳强度都十分突出，为所有塑料之冠；具有卓越的耐磨性和自润滑性，仅次于尼龙；耐有机溶剂；但收缩率大，热稳定性差，易分解老化	减摩零件、传动零件、管件、骨架、仪器仪表外壳
聚酰胺（尼龙）	PA	坚硬、耐磨、耐疲劳、耐油、耐水、结晶性能很高，具有优良的力学性能，刚度逊于金属，冲击强度良好，但热稳定性差，制品一般只能在 100℃ 下使用	软制品：电仪器、骨架线圈、支架轴承、齿轮；硬制品：机械零件、减摩耐磨零件、传动零件、化工电器仪表等零件

（续）

名称	代号	性能简述	用途
聚碳酸酯	PC	突出的冲击强度，较高的弹性模量和尺寸稳定性；无色透明，着色性好，耐热性比尼龙、聚甲醛高，抗蠕变和电绝缘性较好，耐蚀性好，但耐磨性欠佳，自润滑性差，不耐碱、酮、胺，疲劳强度低，较易产生应力开裂，其制品可在 $-100 \sim 130℃$ 内使用	齿轮、齿条、螺杆、插件、线圈架、端子、传动件、机壳安全帽、防护罩、风窗玻璃
聚苯乙烯	PS	它是目前理想的高频绝缘材料，透光率仅次于有机玻璃，着色性、耐水性、化学稳定性良好，机械强度一般，但性脆，易产生应力脆裂，不耐有机溶剂，耐热性不高，耐磨性较差	软制品：高频插座、骨架、电容器、微波元件、包装用的泡沫塑料等；硬制品：透明绝缘件、装饰件、化学仪器、光学仪器
聚四氟乙烯（塑料王、特氟隆）	（F-4）PTFE	可长期在 $-200 \sim 260℃$ 使用，卓越的耐化学腐蚀性能，摩擦系数极低，绝缘性能不受温度影响，呈透明或半透明状	用于制作耐腐蚀、减摩耐磨件、绝缘件和医疗器械零件。如阀门、泵、垫圈、阀座、轴承、活塞环等
酚醛塑料	PF	强度高、坚韧耐磨，尺寸稳定性好，耐蚀性好，电绝缘性优异，成型性较好	用来制作机械结构件，电器、仪表的绝缘机构件，如日常生活的电木制品
环氧塑料	EP	优良的力学性能，良好的电绝缘性，优良的耐碱性、耐溶剂性及耐霉菌性，对金属、塑料、玻璃、陶瓷能进行良好地黏结	适于制作塑料模具、精密量具、抗振护衬和电工、电子元件及线圈的灌封与固定
有机硅塑料	IS	热稳定性高，耐热性好，在高温下电绝缘性优良，耐稀酸、稀碱和耐有机溶剂	用于制作电工电子元件及线圈的封灌与固定

2.1.4 复合材料

复合材料是由两种或两种以上物理和化学性质不同的物质组合而成的一种多相固体材料。复合材料的各组分材料虽然保持其相对独立性，但在性能上互相取长补短，产生协同效应，使复合材料的综合性能优于原组成材料而满足各种不同的要求。在复合材料中，通常有一相为连续相，称为基体；另一相为分散相，称为增强体。

1）按基体材料类型分类：①聚合物基复合材料，即以有机聚合物（主要为热固性树脂、热塑性树脂及橡胶）为基体制成的复合材料；②金属基复合材料，即以金属为基体制成的复合材料，如铝基复合材料、铁基复合材料等；③无机非金属基复合材料，即以陶瓷材料（也包括玻璃和水泥）为基体制成的复合材料。

2）按增强材料种类分类：①玻璃纤维复合材料；②碳纤维复合材料；③有机纤维（芳香族聚酰胺纤维、芳香族聚酯纤维、高强度聚烯烃纤维等）复合材料；④金属纤维（如钨丝、不锈钢丝等）复合材料；⑤陶瓷纤维（如氧化铝纤维、碳化硅纤维等）复合材料。若用两种或两种以上的纤维增强同一基体制成的复合材料称为"混杂复合材料"，可以看成对两种或多种单一纤维复合材料的相互复合，即"复合材料的复合材料"。

现代高科技的发展离不开复合材料，复合材料的主要应用领域有：①航空航天领域。由于复合材料热稳定性好，比强度、比刚度高，可用于制造飞机机翼和前机身、卫星天线及其支承结构、太阳电池翼和外壳、大型运载火箭的壳体、发动机壳体、航天飞机结构件等；②汽车工业。由于复合材料具有特殊的振动阻尼特性，可减振和降低噪声，疲劳强度高，损伤后易修理，便于整体成形，故可用于制造汽车车身、受力构件、传动轴、发动机架及其内部构件；③化工、纺织和机械制造领域。有良好耐蚀性的碳纤维与树脂基体复合而成的材料，可用于制造化工设备、纺织机、造纸机、复印机、高速机床、精密仪器等。④医学领域。碳纤维复合材料具有优异的力学性能和不吸收 X 射线特性，可用于制造医用 X 光机和矫形支架等。碳纤维复合材料还具有生物组织相容性和血液相容性，生物环境下稳定性好，也用作生物医学材料。此外，复合材料还用于制造体育运动器件和用作建筑材料等。

2.1.5　工程材料的发展趋势

随着社会的发展和科学的进步，新的工程材料的研制和应用不断涌现。工程材料目前朝着高比强度（单位密度的强度）、高比模量（单位密度的模量）、耐高温、耐腐蚀的方向发展。新型工程材料在以下几个方面获得较快的发展：

1）先进复合材料由新的基体材料（高分子材料、金属或陶瓷）和新的增强材料（纤维、晶须、颗粒）复合而成的具有优异性能的新型材料。

2）光电子信息材料是指包括量子材料、生物光电子材料、非线性光电子材料等。

3）低维材料是指超微粒子（零维）、纤维（一维）、薄膜（二维）材料，这是近年来发展较快的领域。

4）新型金属材料如镍基高温合金、非晶态合金、Al – Li 合金等金属间化合物。

5）形状记忆材料和智能材料。形状记忆合金主要有镍基，铜基和铁基合金。目前已获得应用，如制造月面天线，这种月面天线是用处于马氏体状态的 Ti – Ni 丝焊接成半环状天线，然后压缩成小团。在月面上，小团被太阳光晒热后又恢复原状，即可用于通信。对于体积大而难以运输的物体也可以用这种材料及方法制造。由于此类材料具有自我感知和驱动智能，可以模仿生物体的自增值性、自修复性、自诊断性、自学习性和环境适应性，因此通常被列为智能材料。

6）纳米材料又称为超微粒材料，是 20 世纪 80 年代发展起来的新材料，其粒子直径为 $1 \sim 10 \mathrm{nm}$（$1 \mathrm{nm} = 10^{-9} \mathrm{m}$）。研究发现，随着物质的超微化，其表面电子结构和晶体结构发生很大变化，产生宏观物体没有的表面效应和物理、化学性质。超微粒材料具有一系列优异的电、磁、光、力学、化学等宏观特性，使其在电子、冶金、航天、化工、生物和医学领域展现出广阔的应用前景。

2.2　金属的热处理

2.2.1　金属热处理的基本概念

通过生产实践和科学研究发现，将金属材料在固态下加热到适当的温度，保温一段时间后，以一定的冷却速度将其冷至室温，就可以使其内部的组织结构和性能发生变化。如果改变加热和冷却的条件，则金属材料的性能也可以随之发生改变。利用这种加热、保温和冷却的方法来使金属材料获得所需性能的工艺过程，就是金属的热处理。热处理是机械产品制造中的重要工艺，许多的机器零件和工具、模具在制造过程中，往往需要经过多次热处理。例如，车床尾座上的顶尖必须具有高的硬度和耐磨性，才能保证其顺利工作和具有较长的使用寿命，但是在加工制作顶尖零件时，其材料的硬度却应该低一些，以便具有较好的加工性能，这也必须通过适当的热处理来实现。

金属热处理是机械制造中的重要工艺之一。与其他加工工艺相比，热处理一般不改变工件的形状和整体的化学成分，而是通过改变工件内部显微组织或工件表面的化学性能，从而改善工件的内在质量和力学性能。例如，齿轮采用正确的热处理工艺，使用寿命明显延长；普通碳钢通过渗入某些合金元素就具有某些合金钢性能，可以代替某些耐热钢、不锈钢等；工模具则几乎全部需要经过热处理后方可使用。

热处理的工艺方法很多，按照国家标准，可以将它们分为三大类：①整体热处理，如退火、正火、淬火、回火等；②表面热处理，如表面淬火、表面气相沉积等；③化学热处理，如渗碳、渗氮、氮碳共渗等。

2.2.2　金属热处理的一般工艺过程

热处理工艺一般包括加热、保温、冷却三个过程，特殊的只有加热和冷却两个过程。这些过程互相衔接，连续而不可间断，如图2-1所示。

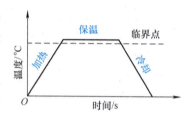

图 2-1　金属热处理过程

金属加热时，由于工件暴露在空气中，常常发生氧化、脱碳现象（即钢铁零件表面碳含量降低），这对于热处理后零件的表面性能有不利影响。因而，金属通常应在可控气氛或保护气氛、熔融盐和真空中加热，也可用涂料或包装方法进行保护加热。

加热温度是热处理工艺的重要参数之一，正确选择和控制加热温度，是保证热处理质量的关键。加热温度随被处理的金属材料和热处理的目的不同而异，但一般都是加热到相变温度以上，以获得高温组织。另外，金相组织转变需要一定的时间。当金属工件表面达到要求的加热温度时，还必须在此温度保持一定时间，以使工件内外温度趋于一致，使显微组织转变完全，这段时间称为保温时间。采用高能密度加热和表面热处理时，加热速度很快，一般就没有保温时间，而化学热处理的保温时间往往较长。

冷却也是热处理工艺过程中十分重要的步骤。冷却方法因工艺不同而异，主要是控制冷却速度。一般退火的冷却速度较慢，正火的冷却速度较快，淬火的冷却速度更快。

2.2.3　钢的热处理工艺

1. 钢的整体热处理

整体热处理是指通过加热使工件在达到加热温度时里外透热，经冷却后实现改善工件整体组织和性能的目的。钢的整体热处理主要包括退火、正火、淬火和回火等。

2. 钢的表面热处理和化学热处理

表面热处理是指仅对工件的表层进行热处理，以改变其组织和性能。化学热处理是指将待渗元素的活性原子渗入工件表层，改变其表面的化学成分、组织与性能的热处理方法。

表面热处理和化学热处理都是仅对工件表层进行的热处理，其作用主要是强化零件的表面。按照表面处理的用途，可将其分为三类，即表面强化处理、表面防护处理和表面装饰加工。

钢的常用热处理的方法和目的见表2-4。

表 2-4　钢的常用热处理方法和目的

热处理方法		热处理过程简述	目的
名称	代号		
退火	Th	将钢件加热到 Ac_1 或 Ac_3 以上（45 钢为 800~840℃），保温一段时间，再慢慢冷却（一般为炉冷）；退火有完全退火、等温退火、球化退火等	①降低硬度，提高塑性；②改善切削加工和压力加工性能，消除铸、锻、焊、轧和冷加工产生的内应力；③改善内部组织、细化晶粒，为淬火做准备
正火	Z	将钢件加热到 Ac_1 或 Ac_3 以上（45 钢为 840~870℃），保温一段时间，然后在空气中冷却，冷却速度比退火稍快	①得到细密的结构组织；②改善加工性能（低碳钢）；③提高硬度、强度等力学性能。
淬火	C	将钢件加热到相变温度以上（45 钢为 820~860℃），保温一段时间，然后在水、盐水、油中急冷下来，得到高硬度的马氏体和（或）贝氏体组织	①提高硬度和强度；②增强耐磨性；③淬火再回火可获得良好的综合力学性能
回火	Hh	将淬硬的钢件加热到 Ac_1（45 钢为 724℃）以下某一温度，保温一段时间，然后冷却至室温	①降低脆性，消除内应力，减少变形和开裂；②调整硬度，提高塑性和韧性；③获得力学性能，稳定金相组织、工件尺寸
表面淬火	Y	将钢件的表面淬硬到一定深度，而心部还保持未淬火的状态的局部淬火方法	①使零件表面获得高的硬度和耐磨性；②提高动载荷下和摩擦条件下工作的零件（如齿轮、曲轴、凸轮等）的力学性能；③高频感应淬火速度快，零件不易氧化、脱碳和变形
高频感应淬火	G	将钢件放入感应器（线圈）中，利用高频感应电流，使工件表面快速加热到淬火温度后，立即喷水冷却，而获得细针状马氏体组织	
调质	T	淬火后再高温回火的复合热处理工艺，称为调质	①在塑性、韧性和强度方面获得较好的综合力学性能；②获得细致均匀的组织
渗碳	S	把钢件置于含碳的介质中加热保温，使钢表面渗入碳原子	①渗碳可以提高钢件表面层的硬度和耐磨性，且心部原有强度、韧性不变；②渗氮后不再进行热处理，用于含铬、钼、铝等特种钢，提高表面热硬性和耐蚀性；③碳氮共渗渗层具有高硬度、耐蚀性、耐磨性和疲劳强度，常用来处理齿轮、蜗杆和轴以及模具、量具、高速钢工具
渗氮	D	向钢件表面渗入氮原子的过程，常用气体氮化法，即氨加热分解，使活性氮原子被钢件表面吸收	
碳氮共渗	Q	向钢件表面同时渗入碳、氮原子的过程	

（续）

热处理方法		热处理过程简述	目的
名称	代号		
时效	RS	合金经固溶热处理或冷塑性变形后，在室温或稍高于室温下保持较长时间，其性能随时间而变化的现象	① 使铸件或淬火后的钢件慢慢消除内力，稳定其形状和尺寸；② 对于特殊钢或有色金属，可以提高硬度、强度
发蓝 （发黑）		钢件表面形成氧化膜；常在沸腾的浓碱溶液（亚硝酸钠和硝酸钠）中处理，温度为 130～152℃，生成 1.5μm 的 Fe_3O_4 薄膜，钢种不同其颜色不同	① 提高钢件表面耐蚀性；② 使零件外形美观

2.2.4 常用热处理设备

常用的热处理设备主要包括热处理加热设备、冷却设备、辅助设备和质量检验设备。

1. 热处理加热设备

加热炉是热处理的主要设备，按工作温度分为高温炉（＞1000℃）、中温炉（650～1000℃）、低温炉（＜650℃）；按形状结构分为箱式炉、井式炉等。常用的热处理加热炉有电阻炉和盐浴炉。

（1）箱式电阻炉　箱式电阻炉是由耐火砖砌成的炉膛及侧面和底面布置的电热元件组成的。通电后，电能转化为热能，通过热传导、热对流、热辐射等方式对工件加热。中温箱式电阻炉应用最为广泛，常用于碳素钢、合金钢零件的退火、正火、淬火及渗碳等。图 2-2 所示为中温箱式电阻炉的结构。

（2）井式电阻炉　井式电阻炉的特点是炉身如井状置于地面以下。炉口向上，特别适宜于长轴类零件的垂直悬挂加热，可以减少弯曲变形。另外，井式电阻炉可用起重机装卸工件，故应用较为广泛。图 2-3 所示为井式电阻炉的结构。

（3）盐浴炉　盐浴炉是用液态的熔盐作为加热介质对工件进行加热，其特点是加热速度快而均匀，工件氧化、脱碳少，适宜于细长工件悬挂加热或局部加热，可以减少变形。图 2-4 所示为插入式电极盐浴炉的结构。

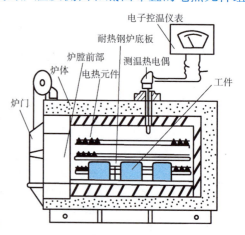

图 2-2　中温箱式电阻炉的结构

2. 冷却设备

退火时的工件是随炉冷却，正火和回火的工件一般都是在空气中冷却，所以热处理冷却设备主要是指用于淬火的水槽和油槽等。其结构一般为上口敞开的箱形或圆筒形槽体，内盛水或油等淬火冷却介质，常附有冷却系统或搅拌装置，以保持槽内淬火冷却介质温度的稳定和均匀。

3. 辅助设备

热处理辅助设备主要包括：用于清除工件表面氧化皮的清理设备，如清理滚筒、喷砂机、酸洗槽等；用于清洗工件表面黏附的盐、油等污物的清洗设备，如清洗槽、精洗机等；用于校正热处理工件变形的校正设备，如手动压力机、液压校正机等；用于搬运工件的起重运输设备等。

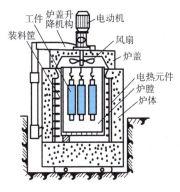

图 2-3　井式电阻炉的结构

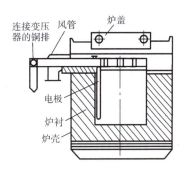

图 2-4　插入式电极盐浴炉的结构

4. 质量检验设备

热处理质量检验设备通常有检验硬度的硬度试验机、检验裂纹的磁粉无损检测机、检验材料内部组织的金相检验设备等。

延伸阅读

新能源材料及应用

新能源材料是指实现新能源的转化和利用以及发展新能源技术中所要用到的关键材料，它是发展新能源技术的核心和新能源应用的基础，是现代功能材料的一个重要研究分支。新能源材料一般包括超级电容器材料、锂离子电池材料、超导材料、光伏材料、磁性材料、纳米材料和核材料等。目前，新能源材料研究的热点集中在电池材料，关键是储能技术。

1. 锂离子电池材料

锂离子电池具有工作电压高、比容量大、循环寿命长、对环境无污染、无记忆效应及使用安全等优点，广泛应用于便携式计算机、手机等便携式电器，并逐步进入电动汽车、航天和储能领域。

锂离子电池由正极、负极、隔膜、电解液等组成，锂离子以电解液为介质在正负极之间运动，实现蓄电池的充放电，如图 2-5 所示。为避免正负极通过电解液发生蓄电池内部短路，需要用隔膜将正负极分隔，隔膜一般具有优异的离子导电能力和良好的电子绝缘性能。锂离子电池充电时，锂离子从正极脱嵌，向负极移动，嵌入负极；锂离子放电时，锂离子从负极脱嵌，向正极移动，嵌入正极。嵌入的锂离子越多，充电容量越高。研发提高锂离子电池容量及快速充电性能的新型材料成为当下热点。

锂离子电池按正极材料的不同，可以分为磷酸铁锂、锰酸锂、钴酸锂及三元材料。其中

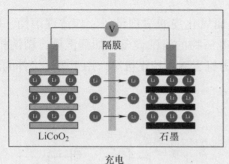
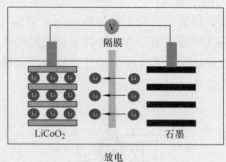

图 2-5　锂离子电池充放电示意图

磷酸铁锂安全性能好，循环寿命长，原材料资源丰富，但其能量密度低，低温性能差。锰酸锂资源丰富，成本相对较低，但其高温循环性能及电化学稳定性差。钴酸锂是最早实现商业化的锂离子电池正极材料，但其缺点是比容量太低、安全性差，成本也较高。三元材料分为镍钴锰（NCM，以蔚来为代表）和镍钴铝（NCA，以特斯拉为代表）两种；钴是三元锂离子电池必不可少的材料，但因为钴本身是有毒性的，因此"少钴化"也是目前三元锂离子电池领域研究的一个课题。从成本、安全、性能等综合因素考量，目前市场上的锂离子电池主要以磷酸铁锂及三元锂离子电池为主。

2. 光伏电池材料

光伏电池是利用太阳光与材料的相互作用直接产生电能的，是对环境无污染的可再生能源。光伏材料能产生电流是因为存在光伏效应，其原理如图 2-6 所示。太阳光照射在光伏电池上并且光在界面层被吸收，具有足够能量的光子能够在 P 型硅和 N 型硅中将电子从共价键中激发出来，以致产生电子—空穴对。界面层附近的电子和空穴在复合之前，通过空间电荷的电场作用被相互分离。电子向带正电的 N 区运动，空穴向带负电的 P 区运动。通过界面层的电荷分离，将在 P 区和 N 区之间产生一个向外的可测试的电压。通过光照在界面层吸收的光量越

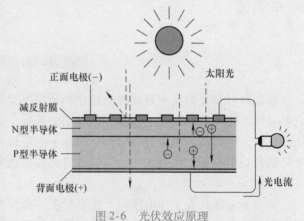

图 2-6　光伏效应原理

多，则产生的电子—空穴对越多，在光伏电池中形成的电流也越大。光伏电池材料主要包括产生光伏效应的半导体材料、薄膜用衬底材料、减反射膜材料、电极与导线材料、组件封装材料等。

光伏电池材料大致可按其材料结构分为以下三类。

（1）硅基光伏电池　硅基光伏电池以硅材料为基础，主要包括单晶硅光伏电池和多晶硅光伏电池。单晶硅光伏电池具有使用寿命长、制备工艺完善以及转化效率高（可达26.7%）的优点，是光伏市场的主导产品，但是单晶硅成本较高。多晶硅是单质硅的一种形

态，熔融的单质硅在过冷条件下凝固时，硅原子以金刚石晶格形态排列成许多晶核，这些晶核长成晶面取向不同的晶粒结合起来，就结晶成多晶硅。多晶硅光伏电池虽然制作成本较低，但是电池转化效率较低（18% 左右），性价比不足。因此，如何增加电池对光的吸收率、减小电池表面复合、简化制备工艺降低成本等都是硅基光伏电池新的研究方向。

（2）薄膜光伏电池。　薄膜光伏电池可以使用价格低廉的陶瓷、石墨、金属片等材料制造基板，减少晶体硅的使用，有效地降低制造成本。特别是在国际市场硅原材料持续紧张的背景下，薄膜光伏电池已成为国际光伏市场发展的新趋势和新热点。薄膜光伏电池具有半透明和柔性的特点，能够很好地满足光伏建筑的需求，在"双碳"愿景下，是光伏建筑一体化的重要应用。目前，薄膜光伏电池主要包括：碲化镉薄膜光伏电池（CdTe）、铜铟镓硒薄膜光伏电池（CIGS）、砷化镓光伏电池（GaAs）等。苏州同里湖嘉苑汉瓦光伏屋顶项目（见图 2-7）就采用了 CIGS，该建筑应用光伏技术、储能技术以及智能家居系统实现了"零能耗"。

图 2-7　苏州同里湖嘉苑汉瓦光伏屋顶项目

（3）新型光伏电池　新型光伏电池是指具有理论高转化效率以及低成本优势的新概念电池，主要有染料敏化光伏电池、钙钛矿光伏电池、有机太阳电池以及量子点太阳电池等。钙钛矿光伏电池转化效率已经可以媲美传统硅基光伏电池，其制备成本远低于传统的硅基光伏电池，具有诱人的发展前景，目前主要是稳定性较差，未来可将钙钛矿材料与多种材料如石墨烯、多孔碳等进行复合，或尝试不同的材料形态，以提高电池的稳定性。

第3章 铸造成形技术

【实训目的与要求】

1）了解铸造的工艺过程、特点和应用。
2）了解常用砂型铸造工艺、设备和工具。
3）掌握手工两箱造型（整模、分模、挖砂造型等）的操作技能。
4）了解特种铸造方法。
5）了解铸造熔炼和浇注工艺过程及铸造缺陷分析。

【安全实习注意事项】

1）必须穿戴好工作服、帽、鞋等防护用品。
2）造型时，不要用嘴吹型（芯）砂；造型工具应正确使用，用完后不要乱放；翻转和搬动砂箱时要小心，防止压伤手脚；砂箱垒放要整齐、牢固，避免倾倒伤人。
3）浇注前，浇注工具必须烘干；浇注时，浇包内的金属液不可过满，搬运浇包和浇注过程中要保持平稳，严防发生倾翻和飞溅事故；操作者与金属液保持一定的距离，且不能位于熔液易飞溅的方向，不操作浇注者应远离浇包；多余的金属液应妥善处理，严禁乱倒乱放。
4）铸件在铸型中应保持足够的冷却时间，禁止触碰未冷却的铸件。
5）清理铸件时，应注意周围环境，正确使用清理工具，合理掌握用力大小和方向，防止飞出的清理物伤人。

3.1 概述

　　铸造是指熔炼金属，制造铸型，并将熔融金属浇入铸型，使熔融金属在重力、压力、离心力或其他外力作用下充满铸型，凝固后获得具有一定形状、尺寸和性能的金属零件毛坯的成形方法。用铸造的方法得到一定形状和性能的金属工件称为铸件。大多数铸件还需要经过机械加工后才能使用，故铸件一般为机械零件的毛坯。它是金属材料液态成形的一种重要方法。铸造是人类掌握比较早的一种金属热加工工艺，已有约6000年的历史，出土文物中大量的古代生产工具和生活用品就是用铸造方法制成的。铸造毛坯因近乎成形，达到减免机械加工的目的，缩短了制造周期，节约了生产成本，是制造工业的基础工艺之一。铸造广泛应用于工业生产的很多领域，特别是机械工业，以及日常生活用品、公用设施、工艺品等的制造和生产中。

铸造生产具有以下特点：

1）铸造可以生产出外形尺寸从几毫米到几十米、质量从几克到几百吨、结构从简单到复杂的各种铸件，尤其是可以成形具有复杂形状内腔的铸件。

2）铸造基本不受生产批量的限制，可以用于单件生产，也可用于成批生产；生产方式比较灵活，生产准备过程比较简单。

3）铸造使用的材料来源非常广泛，可大量利用废旧材料和再生资源，铸件的尺寸、形状与零件相近，后续加工余量小，节省了大量的材料和加工费用，经济性好。

4）铸造生产工艺过程复杂，有些工序难以控制，铸件易产生气孔、缩孔、砂眼、裂纹等缺陷，铸件力学性能较差。

随着现代铸造技术的发展以及新材料、新技术、新工艺的应用，铸造的加工精度越来越高，表面粗糙度值也随之降低，有些铸造方法实现了少切削甚至无切削；铸件材料的性能有了较大改善；铸造生产自动化程度越来越高，生产效率显著提高，铸件质量更容易控制，劳动强度大大降低，劳动环境大为改善。

铸造主要有砂型铸造和特种铸造两大类。砂型铸造，利用砂作为铸模材料，好处是成本较低，缺点是铸模制作耗时，铸模本身不能被重复使用。特种铸造，按造型材料又可分为以天然矿产砂石为主要造型材料的特种铸造（如熔模铸造、泥型铸造、壳型铸造、负压铸造、实型铸造、陶瓷型铸造等）和以金属为主要铸型材料的特种铸造（如金属型铸造、压力铸造、连续铸造、低压铸造、离心铸造等）两类。

3.2　砂型铸造

砂型铸造是以砂为主要造型材料制备铸型的一种铸造方法，其过程是将铸造模样放进砂箱，用造型砂紧实后再取出模样形成型腔，将融化的金属液浇注填满型腔，冷却后凝固成形，从而获得与模样一致的零件。铸型是指按铸件形状和性能要求预先制备，用以注入熔融金属，冷却后形成铸件的工艺装备。铸型由上砂型、下砂型、型芯、型腔和浇注系统等部分组成，上砂型和下砂型的结合面称为分型面，如图 3-1 所示。

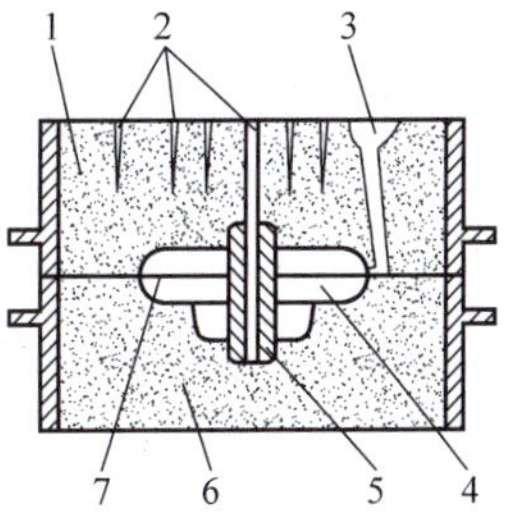

图 3-1　铸型的组成
1—上砂型　2—通气孔　3—浇注系统
4—型腔　5—型芯　6—下砂型　7—分型面

3.2.1　砂型铸造的工艺流程

砂型铸造的主要工序有制造模样和芯盒、制备型砂和芯砂、合型、熔融金属、浇注、落砂、清砂等，如图 3-2a 所示。砂型铸造的工艺流程如图 3-2b 所示。

3.2.2　型（芯）砂、模样、芯盒

1. 型砂与芯砂

砂型铸造的造型材料由原砂、黏结剂、附加物等按一定比例和制备工艺混合而成。制造

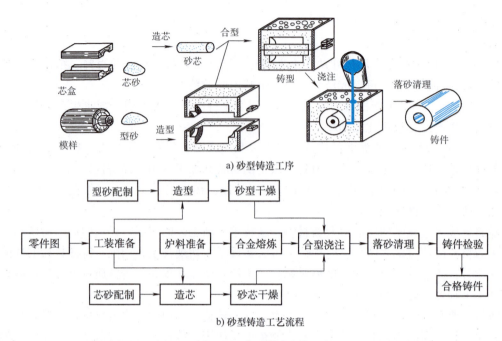

图 3-2 砂型铸造工艺

铸型的造型材料称为型砂，制造型芯的造型材料称为芯砂。型砂和芯砂性能的优劣直接关系到铸件质量的好坏和成本的高低。

（1）型砂和芯砂的组成

1）原砂。符合一定技术要求的天然矿砂才能作为铸造用砂，这种天然矿砂称为原砂。天然硅砂是铸造生产中应用最广的原砂，资源丰富，价格便宜。原砂的粒度一般为50～140目。

2）黏结剂。在铸造生产过程中用黏结剂将松散的砂粒黏结在一起形成一定形状的砂型或型芯。铸造用黏结剂种类较多，按照其组成可分为有机黏结剂（如植物油类、合脂类、合成树脂类黏结剂等）和无机黏结剂（如黏土、水玻璃、水泥等）两大类。由于黏结剂的不同而形成不同的型（芯）砂，例如用黏土作为黏结剂的型（芯）砂称为黏土砂（见图3-3），还有水玻璃砂、油砂、合脂砂和树脂砂

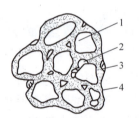

图 3-3　黏土砂的结构
1—砂粒　2—空隙
3—附加物　4—黏结剂

等。黏土砂适应性很强，铸铁、铸钢及铝、铜合金等铸件均适宜，而且不受铸件的大小、重量、形状和批量的限制，是目前铸造生产中应用最广泛的砂种。

3）涂料。对于干砂型和型芯，常把一些防粘砂材料制成悬浊液，涂刷在型腔或型芯的表面上，对于湿型砂，可直接把涂料粉（如石墨粉）喷撒在砂型或型芯表面上，以提高铸件表面质量。

铸型所用材料除了原砂、黏结剂、涂料外，还加入某些附加物，如煤粉、重油、锯木屑等，以增加砂型或型芯的透气性和提高铸件的表面质量。

（2）型砂和芯砂的性能要求

1）强度。型（芯）砂抵抗外力破坏的能力称为强度。型（芯）砂的强度不够，则在生产过程中铸型（芯）易损坏，会使铸件产生砂眼、冲砂、夹砂等缺陷。型（芯）砂的强度

过高，则会使型（芯）砂的透气性和退让性降低。型砂中黏土的含量越高强度就越高，含水量过多或过少均使强度降低。

2）透气性。型（芯）砂使气体通过或顺利逸出的能力称为透气性。型砂透气性不好，则易在铸件内形成气孔，甚至出现浇不足现象。黏土含量的增加，型砂的透气性通常会降低；型砂紧实度增大，砂粒间孔隙就减少，型砂透气性降低；含水量适当时，型砂的透气性才能达到最佳。

3）耐火性。型砂在高温作用下具有不熔化、不烧结、保持原有性能的耐高温性能。耐热性差的型砂易被高温熔化而破坏，产生粘砂等缺陷。由于型芯多置于铸型型腔内部，浇注后周围被熔融金属所包围，因此芯砂的耐火性比型砂更高。

4）可塑性。可塑性是在外力作用下变形，外力去除后仍保持这种变形的能力。可塑性好，便于制作形状复杂的砂型，容易起模，铸件表面质量高。

5）退让性。冷却收缩时型砂能不阻碍铸件收缩的性能称为型砂的退让性。型砂的退让性差，易使铸件产生内应力、变形或裂纹等缺陷。

型（芯）砂还应具有较好的流动性、耐用性等。芯砂在浇注后处于金属液的包围中，工作条件差，还必须有较低的吸湿性、良好的落砂性等。

2. 模样、芯盒和砂箱

砂型在铸造造型时用到的主要工艺装备是模样、芯盒与砂箱。

（1）模样 模样是与铸件外形相似，在造型时形成铸型型腔的工艺装备。模样的尺寸和形状由零件图和铸造工艺参数得出，如图 3-4 所示。设计模样时一定要考虑的铸造工艺参数有收缩率、加工余量、起模斜度、铸造圆角等。铸件有内孔时还要设计芯座，用以安放砂芯。

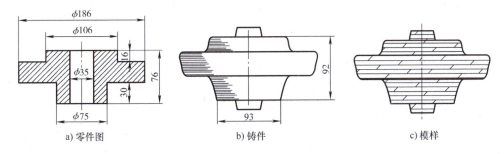

a) 零件图   b) 铸件   c) 模样

图 3-4 零件图、铸件和模样外形及尺寸对比

根据制造模样材料的不同，模样可分为用木材制作的木模、用金属制作的金属模、用塑料制作的塑料模、用石膏制作的石膏模等。

（2）芯盒 芯盒是制芯的模具。制芯的目的是利用制造的型芯形成铸件的内部形状。在铸型中，型芯按照规定的空间位置安放在砂型的型腔中，浇注时型芯被金属液体包围，凝固后去掉型芯形成铸件的内腔。型芯的结构主要由芯体、芯头、芯骨、通气孔等部分组成。一般单件、小批量生产中，广泛采用木材制造芯盒；大量生产中，常用铸造铝合金、塑料制造芯盒。

（3）砂箱 砂箱是铸造生产常用的工艺装备，造型时用来容纳和支承砂型，浇注时对砂型起固定作用。合理选用砂箱可以提高铸件质量和劳动生产率，减轻劳动强度。

3.2.3　造型方法

用造型材料和模样等工艺装备制造铸型的过程称为造型。造型是砂型铸造的最主要工序之一，造型的方法主要有手工造型和机器造型两类。

1. 手工造型

使用手工工具进行造型的方法统称为手工造型。手工造型的工艺装备简单，操作灵活方便，但生产效率低，劳动强度大，铸件精度和表面质量不高。铸件质量受操作者技能水平影响大，多用于单件、小批量生产。手工造型的常用工具如图3-5所示。常用的造型方法有整模造型、分模造型、活块造型、挖砂造型和三箱造型等。

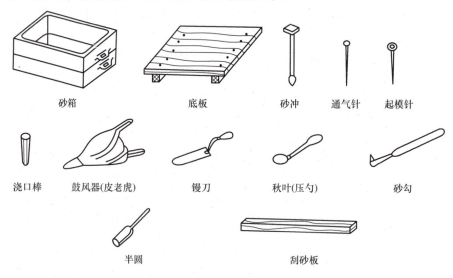

砂箱　　　底板　　　砂冲　通气针　起模针

浇口棒　鼓风器(皮老虎)　镘刀　　秋叶(压勺)　　砂勾

半圆　　　　　刮砂板

图 3-5　手工造型的常用工具

（1）整模造型　整模造型即用整体模样制作的砂型，它所用的模样是一个整体且型腔全部位于一个砂型中，适用于最大截面在端面且沿此端部平面的垂线方向上所有横截面依次减小的零件。整模造型分型面为模样最大截面所在的端面，该方法操作最简便，不会发生错型，形状和尺寸精度较好，其造型基本过程如图3-6所示。

（2）分模造型　当铸件的最大截面不在铸件的端面，可采用分模造型，即将模样沿最大截面处分成两部分或多部分进行造型。造型时，通常将分模面与分型面置于同一平面内，各分模依靠销钉等定位，先后在各砂箱完成舂砂紧实操作，然后从分型面将各分模分别起模，最后合箱形成完整的铸型空腔。分模造型方法操作简便，但要求合型时定位准确，否则会发生错型。图3-7所示为分模造型的基本过程。

（3）活块造型　所谓活块就是当铸件中包含有碍起模的凹凸部位时，在模样上制成可拆卸或者能活动的部件。起模时，先取出模样主体，再取出活块。图3-8所示为活块造型的基本过程。

（4）挖砂造型　有些铸件的最大截面是较复杂的曲面或模样不宜分模，为了制造模样的方便，常把模样做成整体，造型时挖掉妨碍起模的砂子，使模样顺利取出，这种方法称为挖砂造型。图3-9所示为挖砂造型的基本过程。每次造型后都要挖掉妨碍起模的砂子，一般

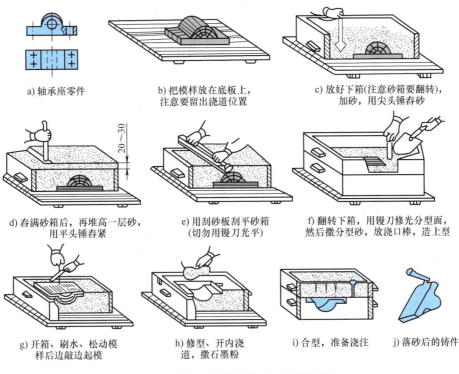

a) 轴承座零件

b) 把模样放在底板上，注意要留出浇道位置

c) 放好下箱(注意砂箱要翻转)，加砂，用尖头锤舂砂

d) 舂满砂箱后，再堆高一层砂，用平头锤舂紧

e) 用刮砂板刮平砂箱(切勿用镘刀光平)

f) 翻转下箱，用镘刀修光分型面，然后撒分型砂，放浇口棒，造上型

g) 开箱、刷水、松动模样后边敲边起模

h) 修型、开内浇道，撒石墨粉

i) 合型，准备浇注

j) 落砂后的铸件

图 3-6　轴承座铸件整模造型基本过程

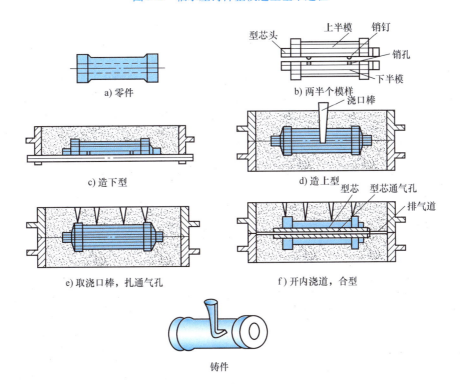

a) 零件

b) 两半个模样

c) 造下型

d) 造上型

e) 取浇口棒，扎通气孔

f) 开内浇道，合型

铸件

图 3-7　分模造型的基本过程

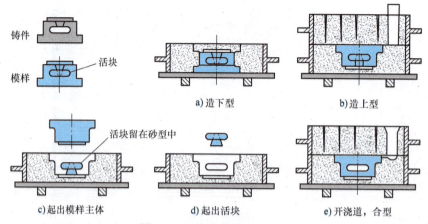

图 3-8 活块造型的基本过程

情况下都是手工操作，生产效率低，并且对操作者操作技术水平要求较高。

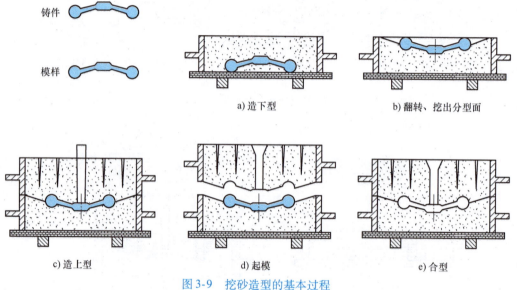

图 3-9 挖砂造型的基本过程

（5）三箱造型 对一些形状复杂的铸件，只用一个分型面的两箱造型难以正常取出型砂中的模样，必须采用三箱或多箱造型的方法。三箱造型有两个分型面，操作过程比两箱造型复杂，生产效率低，只适用于单件小批量生产，其工艺过程如图 3-10 所示。

2. 机器造型

机器造型是以机器全部或部分代替手工填砂、紧砂和起模等造型工序的一种工艺。机器造型与机械化砂处理、浇注和落砂等工序共同组成流水线生产，大大提高铸件的质量和生产效率，改善劳动条件，是现代化砂型铸造生产的基本方式。机器造型必须使用模板造型，且只能使用两箱造型方式。

机器造型按紧砂方式不同，可分为振压造型、压实造型、抛砂造型、射砂造型等。其中，振压造型在国内中、小型铸造工厂的应用最广泛，其工作原理如图 3-11 所示，其工作过程如下：

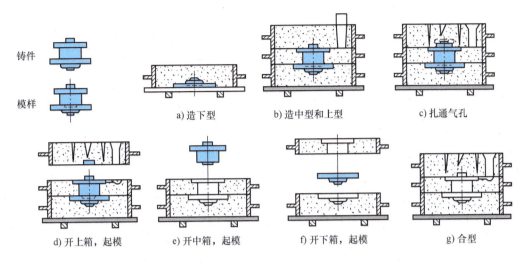

a) 造下型　　b) 造中型和上型　　c) 扎通气孔

d) 开上箱，起模　　e) 开中箱，起模　　f) 开下箱，起模　　g) 合型

图 3-10　三箱造型的基本过程

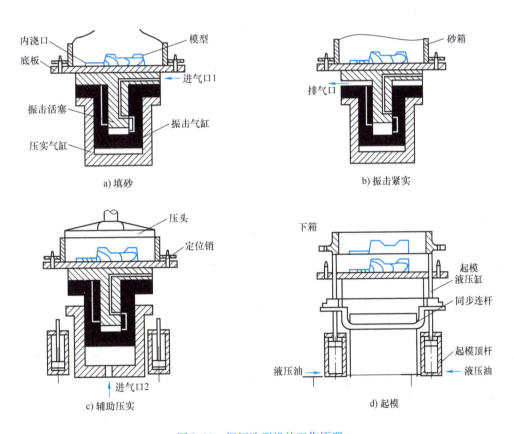

a) 填砂　　　　　　　　　b) 振击紧实

c) 辅助压实　　　　　　　d) 起模

图 3-11　振压造型机的工作原理

（1）填砂　将砂箱放在模板上，打开定量砂斗门，型砂从上方填入砂箱内。

（2）振实　先使压缩空气进入振击活塞底部，顶起振击活塞、模板和砂箱。活塞上升至出气孔位置时，压缩空气排出，振击活塞、模板和砂箱下落并与压实活塞顶部撞击。如此多次循环，使砂箱下部型砂振实。

（3）压实　用压缩空气顶起压实活塞、振击活塞、模板、砂型等，在压头压板的压力作用下，将砂箱上部型砂压实。

（4）起模　在压缩空气及液压油的作用下，推动起模顶杆平稳顶起砂型脱离模板。

3.2.4　铸造工艺设计

（1）分型面　分型面是指砂型与砂型之间的分界面，是为了造型时能顺利从砂型中取出模样而设置的，应设在模样的最大截面处。砂型铸造时，一般情况下至少有上下两个砂型，两箱造型有一个分型面，三箱造型有两个分型面。分型面的选择应根据铸件的结构特点来确定，并尽量满足浇注位置的要求，同时还要考虑便于造型和起模、合理设置浇注系统和冒口、正确安装型芯、提高劳动生产率和保证铸件质量等各方面的因素。

（2）浇注位置　浇注位置是指浇注时铸件在砂型中的空间位置。合理选择浇注位置与分型面可大幅提高铸件质量和生产率。铸件浇注位置的选择，应保证造型工艺和浇注工艺的合理性，确保铸件质量符合规定要求，减少铸件清理的工作量，其主要内容包括：铸件上的重要表面和较大的平面应放置于型腔的下方，以保证其性能和表面质量；应保证金属液能顺利进入型腔并且能充满型腔，避免产生浇不足、冷隔等现象；应保证型腔中的金属液凝固顺序为自下而上，以便于补缩。例如，车床床身的导轨面是关键部分，要求组织致密且不允许有任何铸造缺陷，因此床身浇注时通常采用导轨面朝下的浇注位置。

（3）工艺参数的选择　铸件主要工艺参数有机械加工余量、最小铸出孔槽、拔模斜度、铸造圆角、收缩率和型芯固定等。合理的工艺参数选择是保证合格铸件产生的先决条件。例如，机械加工余量过大，浪费金属和加工工时，增加成本；加工余量过小，降低刀具寿命，不能完全去除铸件表面缺陷，达不到设计要求。准确恰当选择工艺参数，是保证铸件尺寸精度、方便造型操作的工艺措施，也是制造模样和芯盒的尺寸依据。

3.2.5　浇注系统、冒口与冷铁

1. 浇注系统

为保证铸件质量，金属液必须按一定的通道进入型腔，金属液流入型腔的通道称为浇注系统。典型的砂型铸造浇注系统包括浇口杯、直浇道、横浇道和内浇道等，如图 3-12 所示。

（1）浇口杯　浇口杯是与直浇道顶端连接，用以承接和导入液态金属的装置，其主要作用是便于浇注，缓和来自浇包的金属液压力，使之平稳地流入直浇道。

（2）直浇道　直浇道是浇注系统中垂直于水平面的通道，其主要作用是对型腔中的金属液产生一定的压力，使金属液更容易充满型腔。

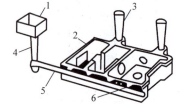

图 3-12　浇注系统示意图
1—浇口杯　2—铸件　3—冒口　4—直浇道
5—横浇道　6—内浇道

（3）横浇道　横浇道是浇注系统中连接直浇道和内浇道的水平部分，一般开挖在上型的分型面之处，截面呈梯形，其主要作用是把直浇道流过来的金属液送到内浇道，并且起挡渣和减缓金属液流动的作用。

（4）内浇道　内浇道是浇注系统中引导金属液直接进入型腔的通道部分，其截面一般呈扁梯形或三角形，其主要作用是控制液态金属流入型腔的速度和方向。

因浇注系统设置不当而造成的废品率可高达 30%。好的浇注系统应能将金属液平稳地导入型腔，以获得轮廓清晰完整的铸件；能隔渣，阻止金属液中的杂质和熔渣进入型腔；能有效控制金属液流入型腔的速度和方向；能调节铸件的凝固顺序。

2. 冒口

液态金属在冷凝过程中，体积会产生收缩，在最后凝固的地方很容易产生缩孔和缩松。为了避免铸件出现这类缺陷，一般增设若干个铸型空腔，用于容纳一部分多余金属，在凝固时补充收缩的金属量，这个铸型空腔称为冒口。冒口的主要作用是防止缩孔、缩松，还具有排气、集渣和观察型腔的作用。在铸件形成后，冒口和浇注系统等多余金属部分将一同除去。

3. 冷铁

冷铁是为了增加铸件局部冷却速度，在铸型型腔或型芯中的相应部位安放用金属制成的激冷物。它可以加快铸件厚壁处的冷却速度，调节铸件的冷却顺序；可以与冒口相配合，扩大冒口的有效补缩距离，减少冒口数量和尺寸；可以提高铸件局部的硬度和耐磨性。冷铁分为内冷铁和外冷铁两大类。冷铁常用的材料有铸铁、钢、铝合金、铜合金等。

3.2.6　手工造型的基本操作

1. 造型材料和工具的准备

按要求制备型砂和芯砂。准备好底板、砂箱、模样、芯盒和必要的造型工具（如舂砂锤、馒刀、压勺、刮板、半圆刀、砂钩、通气针和起模针等）。

2. 手工造型的基本过程（两箱分模造型）

1）模样、底板、砂箱按一定空间位置放置好后，填入型砂并舂紧。注意：①用手把模样周围的型砂压紧；②每加入一次砂，这层砂都应舂紧，然后才能再次加砂，依此类推，直至把砂箱填满紧实；③舂砂用力大小应适当，因为用力过大，砂型太紧，型腔内气体无法排出；用力过小，砂粒之间黏结不紧，砂型太松易塌箱。此外，应注意同一砂型各处舂实度是不同的，靠近砂箱内壁应舂紧，以防塌箱；靠近型腔部分型砂应较紧，使其具有一定强度；其余部分砂层不宜过紧，以利于透气。

2）下型造好后，连同底板一起小心翻转 180°放到预先清理好的平整场地，慢慢去掉底板，并撒上干燥的分型砂。

3）在翻转后的下型上安放上型砂箱，放好上型模样，插上定位销，填砂舂紧型砂。注意要同时在适当位置放上浇口、冒口棒，设置合适的浇冒口。

4）上型造好后，必须插上砂箱定位销，在上下砂箱分型处做上标记，保证下次合型时不会错位。在上型顶面扎适量透气孔，慢慢取出冒口棒，并开好浇口杯，撒上分型砂，去掉定位销，将上型砂箱也翻转 180°，放在清理过的平整场地。

5）起模、修整型腔，起模前用毛笔蘸些水，刷在模样周围以增强强度。使用起模针，小心取出上下箱中的模样，可先轻轻敲击模样使其略松动。模样取出后在上箱分型面的直浇口与型腔之间开设横浇道。最后用工具清理掉在上下型腔中的砂子，再撒上一些分型砂。起模后，型腔如有损坏，可用工具修复。

6）合型，将上箱翻转与下箱合起来，对齐定位销和做好的标记，防止错型。至此，砂型制作完成，经过适当处理后等待浇注。

图3-13所示为两箱分模造型的主要过程。

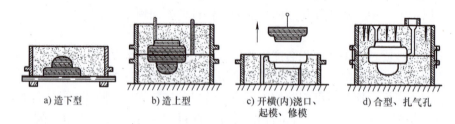

a) 造下型　　　b) 造上型　　　c) 开横(内)浇口、　　　d) 合型、扎气孔
　　　　　　　　　　　　　　起模、修模

图 3-13　两箱分模造型的主要过程

3.3 特种铸造

随着科学技术的发展，人们对铸造提出了更高的要求，即要生产出更加精确、性能更好、成本更低的铸件。人们通过改变造型材料或方法，以及改变浇注方法和凝固条件等，发明了许多区别于砂型铸造的新方法，这些方法统称为特种铸造。常用的特种铸造方法有熔模精密铸造、石膏型精密铸造、陶瓷型精密铸造、消失模铸造、金属型铸造、压力铸造、低压铸造、真空吸铸、挤压铸造、离心铸造、连续铸造、半连续铸造、壳型铸造、石墨型铸造和电渣熔铸等。

3.3.1 熔模铸造

熔模铸造是指在易熔材料制成的模样表面包覆若干层耐火材料，待其干燥后制成型壳，加热型壳将模样熔化排出型壳，从而获得无分型面的铸型，经高温焙烧形成耐火的型壳，用以浇注为铸件的方法。由于模样广泛采用蜡质材料，故常将熔模铸造称为"失蜡铸造"。熔模铸造的主要工艺过程如图3-14所示。

熔模铸造的优点是铸造出的铸件有很高的尺寸精度和表面质量，机械加工余量小，可以铸造各种复杂的合金铸件，特别是可以铸造高温合金铸件。熔模铸造的缺点是工艺复杂、铸件不宜太大、成本较高等。熔模铸造主要用在使用高熔点合金精密铸件的批量生产以及形状复杂、难切削加工的小零件（如汽轮机叶片、切削刀具、车刀柄、风动工具、枪支零件以及工艺品等）生产中，广泛应用于航空、汽车、纺织机械、机床、仪表、电信等工业部门。

3.3.2 金属型铸造

将金属液浇注到金属材料制成的铸型中而获得铸件的方法，称为金属型铸造。由于金属铸型能重复使用成百上千次，甚至上万次，故又称其为永久型铸造。金属铸型一旦做好，则铸造的工艺过程实际上就是浇注、冷却、取出和清理铸件，从而大大地提高了生产率，也不占用太多的生产场地，并且易于实现机械化和自动化生产。

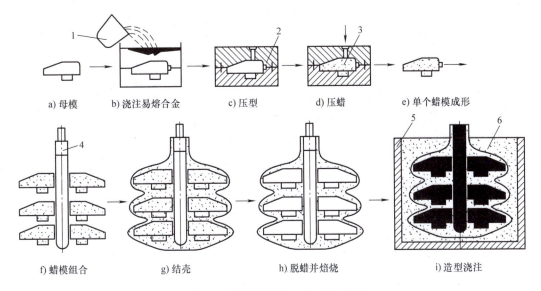

图 3-14　熔模铸造的主要工艺过程

a) 母模　b) 浇注易熔合金　c) 压型　d) 压蜡　e) 单个蜡模成形
f) 蜡模组合　g) 结壳　h) 脱蜡并熔烧　i) 造型浇注

1—浇包　2—内浇道　3—蜡料　4—浇道棒　5—砂箱　6—填砂

制作金属铸型的材料一般为铸铁和钢。与砂型铸件相比,金属型铸件尺寸精确、表面光洁、加工余量小且组织细密,提高了铸件的强度和硬度。金属铸型在浇注前先要预热,还必须在型腔和浇道中喷刷涂料,以有效保护金属型铸件表面,因而铸件表面质量高。由于金属铸型导热速度快且无退让性,因此容易产生浇不足、裂纹等缺陷。金属型铸造适用于大批量生产非铁合金铸件,有时也用于铸铁和铸钢件,如活塞、缸体、液压泵壳体、轴瓦和轴套等,一般不用于大型、薄壁和较复杂铸件的生产。

3.3.3　压力铸造

压力铸造是在高压作用下,将液态或半液态金属快速注入铸模型腔,并在压力下快速凝固的铸造方法,简称压铸。压铸工艺则是将压铸机、压铸合金和压铸型三大要素加以综合运用的过程,使各种工艺参数满足铸型的需要。

压力铸造的铸件尺寸精度高,表面质量好,加工余量小,可铸出薄壁、带有小孔的复杂铸件,铸件组织细密,强度较高。高压高速浇注,铸件冷却快,具有更高的生产率,主要用于各类非铁合金中、小型铸件的大批量生产,如电表骨架、车门、喇叭、减压阀、飞机零件等,在汽车、仪表、电器、无线电、航空以及日用品制造中获得广泛的应用。

3.3.4　离心铸造

离心铸造是将金属液浇入旋转的铸型中,在离心力的作用下使金属熔液填充铸型并凝固成形的一种铸造方法。根据旋转轴在空间的位置,离心铸造可分为卧式离心铸造和立式离心铸造两种,其工作原理如图 3-15 所示。

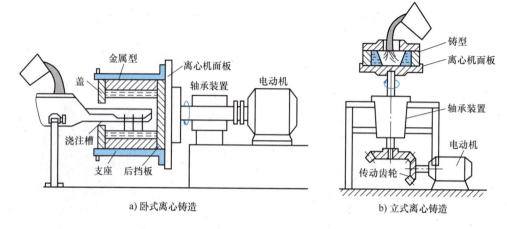

a) 卧式离心铸造   b) 立式离心铸造

图 3-15 离心铸造工作原理

由于离心力作用使金属液体凝固时仍保持较高压力，所以组织致密，极少有气孔、夹渣、缩孔等缺陷。离心铸造可以生产流动性较低的合金铸件、双金属层铸件和薄壁铸件等，尤其是各种管类、套类铸件等均普遍使用离心铸造进行生产。

3.3.5　消失模铸造

消失模铸造是将与铸件尺寸形状相似的石蜡或泡沫模型黏结组合成模型簇，刷涂耐火涂料并烘干后，埋在干石英砂中振动造型，在负压下浇注，使模型气化，液体金属占据模型位置，凝固冷却后形成铸件的铸造方法。消失模铸造不需要起模，不使用型芯，不必合型，大大简化了造型工艺，并避免了因下芯、起模、合型等引起的铸件尺寸误差和缺陷；由于采用干砂造型，节省了大量黏结剂，型砂回用方便，铸件极易落砂，劳动条件得到改善；由于不分型，铸件无飞边、飞翅，使清理打磨的工作量得以减轻。

消失模铸造可用于各类铸造合金，适合于生产结构复杂、难以起模以及活块和外型芯较多的铸件，如模具、气缸头、管件、曲轴、叶轮、壳体、艺术品、床身和机座等。

3.3.6　连续铸造

连续铸造是将金属液体连续通过水冷式金属型（结晶器），不断凝固成金属型材的浇注方法。结晶器内腔的形状决定金属型材断面的形状。连续铸造生产效率很高，铸件组织致密、力学性能好，铸件不用设置浇冒口，故铸锭轧制时不必斩头去尾，金属利用率高。连续铸造一般只能铸造等截面的长形铸件，因此被广泛应用于连续铸锭和连续铸管。图 3-16 所示为卧式连续铸造机的工作原理。

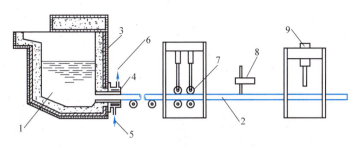

图 3-16　卧式连续铸造机的工作原理

1—金属液　2—铸锭　3—保温炉　4—结晶器　5—冷却水进
6—冷却水出　7—输送导轮　8—切断砂轮　9—剪床

3.4　金属的熔炼与浇注

3.4.1　熔炼

金属的熔炼是为了获得符合要求的金属溶液。熔炼是一个比较复杂的物理化学过程，熔炼时，既要控制金属液体的温度，又要控制其化学成分；还要在保证质量的前提下，尽量减少能源和原材料的消耗，减轻劳动强度，降低环境污染。不同类型的金属，应采用不同的熔炼方法和设备。

熔炼铸铁的主要设备是电炉（感应电炉、电弧炉等）和冲天炉。使用冲天炉来熔炼铁液，具有制造成本低、操作和维护简单方便、可连续熔炼及生产效率高等特点，但随着生产环保的要求日益提高，已有更多的企业采用感应电炉作为铸铁的熔炼装置。感应电炉熔炼基本操作过程是：烘炉→加炉料→通电熔化→炉前质量检查→铁液出炉。冲天炉的基本操作过程是：炉料准备→烘干→加底焦→加料（溶剂、金属料、层焦）→送风熔化→出渣和出铁液→停风打炉。

熔炼铸钢的主要设备是利用电极与金属料之间的放电发热来熔化金属的电弧炉，其优点是熔化速度快、钢液温度高、易控制，而且有良好的脱磷、脱硫条件。

熔炼有色金属主要是铸造铜合金和铝合金，常用的设备是坩埚炉、反射炉、感应电炉等，图 3-17 所示为电阻坩埚炉示意。

3.4.2　浇注

浇注是将熔化的金属液体浇入铸型的过程，浇注工艺不当会引起浇不到、冷隔、跑火、夹渣和缩孔等缺陷。

（1）浇注前的准备工作　准备浇包、清理通道、烘干用具。浇包是在浇注过程中盛装金属液体的工具，浇包的容量大小不一，常用的有手提浇包、抬包和吊包。浇注时走的通道不能有杂物阻挡，更不能有积水。工具潮湿可能引起金属液体飞溅。

（2）浇注时要控制浇注温度和浇注速度

1）浇注温度一般根据铸造工艺综合考虑来选择。浇注温度过低，金属液体的流动性

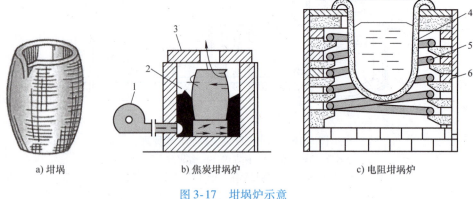

a) 坩埚   b) 焦炭坩埚炉   c) 电阻坩埚炉

图 3-17 坩埚炉示意

1—鼓风机 2—焦炭 3—盖 4—坩埚 5—电阻丝 6—耐火砖

差，易产生浇不到、冷隔、气孔等缺陷；浇注温度过高，金属液体的收缩量增加，易产生缩孔、裂纹及粘砂等缺陷。浇注温度主要由铸件的材质和温度决定，一般来说，HT200 的壁厚为 8 ~ 15mm 的铸铁浇注温度控制在 1360 ~ 1440℃，铝合金的浇注温度控制在 720 ~ 760℃。

2）浇注速度可通过控制浇包和布置浇注系统等进行控制。浇注速度太慢，金属液体降温过多，易产生浇不到、冷隔、夹渣等缺陷；浇注速度太快，型腔中的气体排不出来，产生气孔缺陷；动力和压力过大易造成冲砂、抬箱、跑火等缺陷。

3.4.3　落砂和清理

浇注及冷却后的铸件必须经过落砂和清理，才能进行机械加工或使用。

1. 落砂

砂型浇注后用手工或机械使铸件、型砂和砂箱分开的工序叫作落砂。落砂时应注意开型时的温度。温度过高，铸件未凝固，会发生烫伤事故。即使铸件已凝固，急冷也会使铸件产生表面硬皮，增加机械加工的困难，或使铸件产生变形和裂纹等缺陷。落砂过晚，又影响生产率。在保证铸件质量的前提下应尽早落砂，一般铸铁件的落砂温度在 400 ~ 500℃；形状复杂、易裂的铸铁件应在 200℃ 以下落砂。铸件在砂型中保留的时间与铸件的形状、大小和壁厚等有关，一般 10kg 以下的铸铁件，在车间地面冷却 1h 左右就可落砂；50 ~ 100kg 的铸铁件冷却 1.5 ~ 4h 就可落砂。

人工落砂通常在浇注场地进行，用大锤、铁钩、钢钎等工具敲击砂箱或捅落型砂，但不能直接敲击铸件本身以免发生损坏。人工落砂工具简单、适应性广，但生产率低、作业环境恶劣、劳动条件很差，适用于单件生产。机械落砂是利用落砂机使铸件从砂型中分离出来，其生产率高，劳动强度低，适用于大量生产。

2. 清理

铸件清理包括：切除浇冒口、清除型芯、清除内外表面黏砂、铲除毛刺和飞边、表面精整等。

（1）切除浇冒口　切除浇冒口的方法，不仅受铸件材质的限制，而且还受到浇冒口的位置及其与铸件连接处尺寸大小的影响。应根据生产的具体情况，选用不同的切割方法，主要有敲击法、锯割、气割、等离子弧切割等。

（2）清除型芯　铸件内腔的型芯及芯骨一般用手工清除，也可用振动的清砂机或水力清砂装置清除，但后者多用于中大型铸件的批量生产。

（3）清除内外表面黏砂　铸件内外表面往往黏结一层被烧结的砂子，需要清除干净。可用钢丝刷、锉刀、手持砂轮机等工具进行清理，也常采用滚筒、喷砂及抛丸机清理。

（4）铲除毛刺和飞边　铸件上的毛刺、飞边和浇冒口残迹要铲除干净，使铸件外形轮廓清晰，以提高表面质量。铲除时，可用錾子、风铲、砂轮等工具进行。

许多重要铸件在清理后还需进行消除内应力的退火，以提高铸件形状和尺寸的稳定性。有的铸件表面还需精整，以提高铸件表面质量。

3.4.4　铸件缺陷及原因分析

铸造工艺复杂，容易产生各种缺陷，从而降低了铸件的质量和成品率。为了防止和减少缺陷，首先应确定缺陷的种类，分析其产生的原因，然后找出解决问题的最佳方案。常见铸造缺陷及其产生的原因见表 3-1。

表 3-1　常见铸造缺陷特征及其产生的原因

缺陷名称	图例	缺陷特征及其产生的原因
缩孔		由于金属液凝固时没有得到足够的金属液补偿所产生的孔洞。其孔壁粗糙，形状不规则，常出现在铸件最后凝固的厚大部位
气孔		由于金属液冷却凝固时，侵入或析出铸型内的气体来不及逸出所形成的孔洞。气孔壁光滑，呈圆形或梨形，出现在铸件表面或砂芯、冷铁及浇冒口附近
错型		铸件在分型面处相互错开而造成的形状和尺寸的不合格。主要是由于造型时上下模错动或合型时上下型错位引起
浇不足		浇注过程中由于金属液未完全充满型腔，铸件产生局部边角圆滑光亮的部位。浇注温度过低、速度过慢或内浇道截面积过小等易产生这类现象
冷隔		铸型中金属流交汇处，由于熔合不好而产生的接缝。其边缘圆滑，多数出现在远离浇道的宽大的上表面或薄壁上。原因与"浇不到"相同

（续）

缺陷名称	图例	缺陷特征及其产生的原因
黏砂	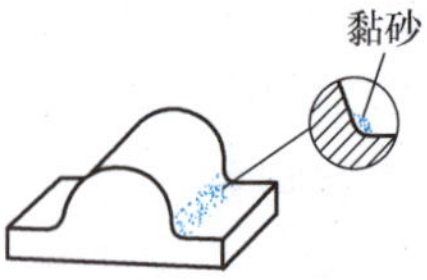 黏砂	铸件表面黏附着难以清除的砂粒，多发生在铸件厚壁处或浇冒口附近。型腔表面不紧实或浇注温度过高是产生该缺陷的主要原因
夹砂	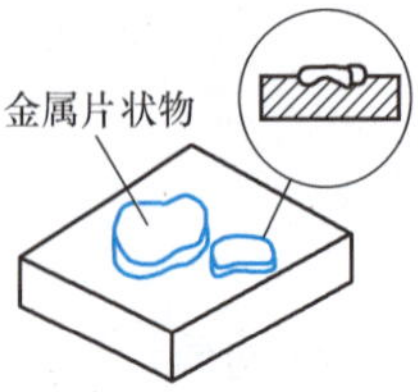 金属片状物	铸件表面一种凸起的金属疤片，表面粗糙，边缘锐利并与铸件本体夹有砂层。在铸件大平面上或浇注时因液流大造成局部过热，型腔表面易鼓胀开裂而形成夹砂结疤
裂纹	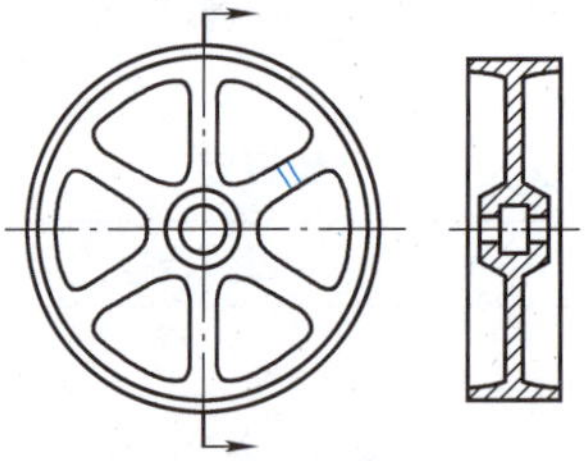	铸件设计不合理，厚薄差别过大。型砂、芯砂退让性差，阻碍铸件收缩。浇注系统设计不合理，使铸件各部分冷却及收缩不均匀，造成了过大内应力。合金含磷、硫较高

延伸阅读

大国重器中的铸造技术

科技创新铸就大国重器。每一台大国重器的问世，都是国家科技实力和综合国力的象征，都是国人的骄傲，都凝聚着成千上万人的汗水与智慧。铸造是装备制造业的基础，大国重器的背后，更有铸造人的骄傲。

2021 年 1 月 30 日，"华龙一号"核电机组在福建投入商业运行，标志着我国成为继美国、法国、俄罗斯等国家之后真正掌握自主三代核电技术的国家。"华龙一号"核电机组大型缸体铸件主要应用在核电站关键设备——汽轮机部分，以保证设备不受干扰正常运转，包括高中压外缸、中压排气缸等。华龙一号核电站如图 3-18 所示。

2021 年 3 月 16 日，"奋斗者"号全海深载人潜水器在三亚正式交付，如图 3-19 所示。"奋斗者"号载人舱球壳采用了新型钛合金——Ti62A，先制备成铸锭再通过加工完成。

白鹤滩水电站（见图 3-20）是实施"西电东送"的国家重大工程之一，实现了全球单机容量最大的百万千瓦水轮发电机组的自主研制。其中，水电站核心装备水轮机的"心脏"——转轮，由上冠、下环和叶片三部分组成，都是铸造而成。全球首台抗台风型漂浮式海上风电机组与漂浮式海上风电平台组成"三峡引领号"，如图 3-21 所示，在广东阳江海上风电场成功并网发电，标志着我国在全球率先具备大容量抗台风型漂浮式海上风电机组自主研发、制造、安装及运营能力。其中，海上风电机组部件中是铸件的有轮毂、转子等。

图 3-18　华龙一号核电站

图 3-19　"奋斗者"号全海深载人潜水器

图 3-20　白鹤滩水电站

图 3-21　三峡引领号

第4章 锻压成形技术

【实训目的与要求】

1）了解锻压成形技术在机械制造中的应用范围。

2）了解锻压生产的加工原理和工艺过程。

3）了解锻压常用设备的结构和使用方法。

4）掌握手工自由锻基本工序，能对简单锻件进行工艺分析和实践操作。

5）了解坯料加热和锻件冷却的方法。

【安全实习注意事项】

1）穿戴好工作服等防护用品。

2）检查所用的工具是否安全、可靠，特别是注意检查锤头是否有松动。

3）钳口形状必须与坯料断面形状、尺寸相符，并在下砧铁中央放平、放正、放稳坯料，先轻打后重打。

4）手钳等工具的柄部应靠近身体的侧旁，不许将手指放在钳柄之间，以免伤害身体。

5）踩踏杆时，脚跟不许悬空，以便稳定地操纵踏杆，保证操作安全。

6）锤头应做到"三不打"，即工模具或锻坯未放稳不打，过烧或已冷的锻坯不打，砧上没有锻坯不打。

7）锻锤工作时，严禁将手伸入锤头行程中。砧座上的氧化皮必须及时清除干净。

8）不要在锻造时易飞出飞边、料头、火星、铁渣的危险区停留，不要直接用手触摸锻件和钳口。

9）两人或多人配合操作时，应分工明确，要听从掌钳者的统一指挥。

4.1 压力加工概述

压力加工是指对毛坯材料施加外力，使其产生塑性变形，改变形状、尺寸和力学性能，以制造机械零件、工件或使毛坯成形的加工方法。压力加工的主要类型有轧制、锻造、挤压、拉拔、锻造、冲压、旋压等。轧制主要用于生产板材、型材和无缝管材等；挤压主要用于生产低碳钢、非铁金属及其合金的型材或零件；拉拔主要用于生产低碳钢、非铁金属及其合金的细线材、薄壁管或特殊截面形状的型材等；锻造主要用来制作力学性能要求较高的各种机器零件的毛坯或成品；冲压则主要用来制取各类薄板结构零件。图 4-1 所示为常用的压力加工方法。压力加工中作用在金属坯料上的外力主要有两种性质：冲击力和压力。锤类设备产生冲击力使金属变形。轧机与压力机对金属坯料施加静压力使之变形。

锻压是锻造和冲压的总称，它是金属压力加工的主要方式，也是机械制造中毛坯和零件生产的主要方法。用于锻压的材料必须具有良好的塑性，以免加工时破裂。各种钢材和大多数非铁金属及其合金都具有一定的塑性，可以用于锻压，如低碳钢、铜和铝及其合金；而铸铁等脆性材料，不能锻压。

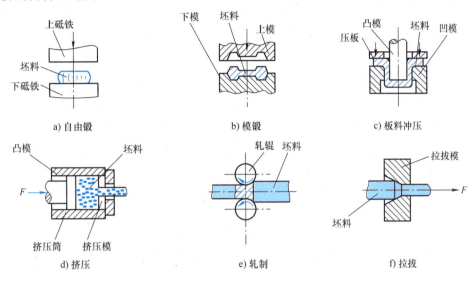

a) 自由锻　　　　　　　　b) 模锻　　　　　　　　c) 板料冲压

d) 挤压　　　　　　　　e) 轧制　　　　　　　　f) 拉拔

图 4-1　常用的压力加工方法

4.2　锻造

锻造是在加压设备及工模具的作用下，使金属坯料或铸锭产生局部或全部的塑性变形，以获得一定形状、尺寸和质量的锻件的加工方法。锻造一般是将圆钢、方钢（中小锻件）或钢锭（大锻件）加热到一定温度后进行锻打加工。锻造能改善铸态组织、锻合铸造缺陷（缩孔、气孔等），使锻件组织紧密、晶粒细化、成分均匀，从而显著提高锻件的力学性能。因此，锻造主要用于制造承受重载、冲击载荷和交变载荷的重要机械零件或毛坯，如各类机床的主轴和齿轮、汽车发动机的曲轴和连杆、起重机吊钩及各种刀具、模具等。一般锻件的生产工艺过程是：下料→加热→锻造→冷却→热处理→清理→检验。锻造的基本方法有自由锻和模锻，以及两者结合派生的胎模锻。

4.2.1　坯料的加热和锻件的冷却

1. 坯料的加热

将金属加热，降低其变形抗力，提高其塑性，并能使内部组织均匀，以达到用较小的锻造力来获得较大的塑性变形而不被破坏的目的。除少数塑性优良的金属可以在常温下锻造外，大多数金属都是在加热后锻造成形的。

金属锻造时，允许加热的最高温度称为始锻温度，随着锻造过程的进行，锻件温度逐步下降，锻造性能也逐渐降低，当温度下降到一定程度时，就不能再进行锻造，需要再加热，这时的温度称为终锻温度。常用金属材料的锻造温度范围见表4-1。在保证不出现加热缺陷的前提下，始锻温度应取得高一些，以便获得更多的锻造成形时间，减少加热次数。在保证坯料还有足够塑性的前提下，终锻温度应取得低一些，以便获得内部组织细密、力学性能较好的锻件，同时也可延长锻造时间，减少加热次数。锻件加热的温度可用相关仪表来测量，在实际生产中，一般根据经验，通过观察被加热锻件的火色进行判断，碳钢火色与加热温度的对应关系见表4-2。

表4-1　常用金属材料的锻造温度范围

材料种类	牌号举例	始锻温度/℃	终锻温度/℃
低碳钢	20，Q235A	1200～1250	800
中碳钢	35，45	1150～1200	800
高速工具钢	T8，T10A	1100～1150	900
合金结构钢	30Mn2，40Cr	1200	850
铝合金	2A12	450～500	350～380
铜合金	HPb59 –1	800～900	650

表4-2　碳钢火色与加热温度的对应关系

火色	黄白	淡黄	黄	淡红	樱红	暗红	赤褐
温度/℃	1300	1200	1100	900	800	700	600

锻造的加热设备根据热源的不同，可分为火焰加热设备和电加热设备两类。火焰加热是采用烟煤、重油或煤气作为燃料，在燃烧时产生的高温火焰直接加热金属，常用的有明火炉、反射炉、室式炉等，图4-2a所示是明火炉结构。电加热炉是利用电能转化为热能加热金属，常用的设备是电阻炉感应加热装置，图4-2b所示是箱式电阻炉结构，这种电阻炉的

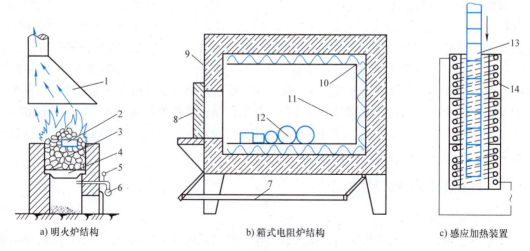

a) 明火炉结构　　　　　　b) 箱式电阻炉结构　　　　　　c) 感应加热装置

图4-2　锻造加热设备

1—排烟筒　2、12、13—坯料　3—炉膛　4—炉箅　5—风门　6—风管　7—踏杆
8—炉门　9—炉身　10—电阻丝　11—炉膛　14—线圈

结构简单，操作方便，炉内有热电偶用以精确控制加热温度，广泛用于各类金属毛坯材料的加热。感应加热装置是用交流电流通过感应线圈产生交变磁场，使置于线圈中的坯料内部产生涡流而升温加热，如图 4-2c 所示，其加热速度快、质量好、温度易控制，适用于现代化的大批量生产。

碳钢加热时可能出现的缺陷有氧化、脱碳、过热、过烧和内部裂纹等，其产生原因、危害和防止（减少）措施见表 4-3。

表 4-3　碳钢加热时常见缺陷及其产生原因、危害和防止（减少）措施

名称	产生原因	危害	防止（减少）措施
氧化	坯料表面铁元素氧化	烧损材料；降低锻件精度和表面质量；减少模具寿命	在高温区减少加热时间；控制炉气成分中的氧化性气体；在钢材表面涂保护层
脱碳	坯料表层被烧损使含碳量减少	降低锻件表面硬度，使锻件变脆，严重时锻件边角处会产生裂纹	
过热	加热温度过高，停留时间长造成晶粒粗大	锻件力学性能降低，必须再经过锻造或热处理才能改善	过热的坯料通过多次锻打或锻后正火处理消除
过烧	加热温度接近材料熔化温度，造成晶粒界面杂质氧化	坯料一锻即碎，只得报废	正确地控制加热温度和保温时间
裂纹	坯料内外温差太大，组织变化不匀造成材料内应力过大	坯料产生内部裂纹，并进一步扩展，导致报废	某些高碳或大型坯料，开始加热时应缓慢升温

2. 锻件的冷却

热态锻件的冷却是保证锻件质量的重要环节。通常，锻件中的碳及合金元素含量越多，锻件体积越大，形状越复杂，冷却速度应当越缓慢，否则会造成表面过硬不易切削加工、变形甚至开裂等缺陷。常用的冷却方法有空冷、坑冷、炉冷三种，其特点和适用场合见表 4-4。

表 4-4　锻件常用冷却方式的特点和适用场合

方式	特点	适用场合
空冷	锻后置于空气中散放，冷速快，晶粒细化	低碳、低合金钢小件或锻后不直接切削加工件
坑冷	锻后置于干沙坑内或箱内堆在一起，冷速稍慢	一般锻件，锻后可直接进行切削加工
炉冷	锻后置于原加热炉中，随炉冷却，冷速很慢	含碳或含合金成分较高的中、大型锻件，锻后可进行切削加工

4.2.2　自由锻

只用简单、通用的工具，在锻造设备的上下砧铁间使坯料产生塑性变形而获得锻件的方法称为自由锻。自由锻使用工具简单，操作灵活，但锻件精度较低，生产率不高，劳动强度较大，适合于单件小批量生产以及大型锻件的生产。自由锻又可分为手工自由锻和机器自由锻。

1. 自由锻设备与工具

（1）自由锻设备　自由锻设备分为两类：一类是以冲击力使金属材料产生塑性变形的

锻锤，如空气锤、蒸气－空气自由锻锤等；另一类是以静压力使金属材料产生塑性变形的液压机，如水压机、油压机等。

空气锤是生产小型锻件的通用设备，其结构和工作原理如图4-3所示。其主要工作原理是：由电动机驱动，带动连杆和活塞上下运动，压缩气缸的活塞将空气压入工作缸的上部，使工作活塞带动锤头和上砧铁下落，击打坯料使其变形，压缩活塞下降时，又把空气压入工作活塞的下部，使工作活塞上升复位，始复往返，完成锻造。空气锤是以落下部分（包括工作活塞、锤杆和上砧铁等部分）的总质量来表示其规格的大小。例如型号为C41－65的空气锤，落下部分的质量为65kg，能锻工件尺寸为方截面65mm、圆截面φ85mm，能锻工件的质量最大为2kg，平均0.5kg，电动机功率为7kW；型号为C41－750的空气锤，落下部分的质量为750kg，能锻工件尺寸为方截面270mm、圆截面φ300mm，能锻工件的质量最大为40kg，平均12kg，电动机功率为55kW。锻锤产生的冲击力（N）与落下部分质量（kg）在数值上的比值可达10000。

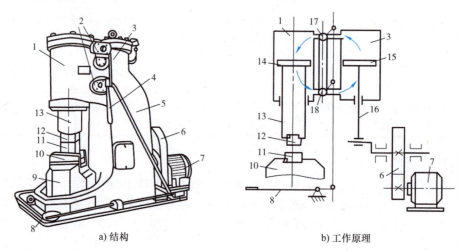

a) 结构　　　　　　　　　　b) 工作原理

图4-3　空气锤的结构和工作原理

1—工作缸　2—旋阀　3—压缩缸　4—手柄　5—锤身　6—减速机构　7—电动机　8—脚踏杆　9—砧座　10—砧垫　11—下砧铁　12—上砧铁　13—锤杆　14—工作活塞　15—压缩活塞　16—连杆　17—上旋阀　18—下旋阀

操作空气锤前，应检查锤杆、砧铁、砧垫等有无损伤、裂纹或松动。锻造过程中，锻件、冲子等工具必须放平放正，以防飞出伤人。空气锤的基本操作是，接通电源后，通过脚踏杆8或手柄4操纵上、下旋阀，可使空气锤实现空转、锤头上悬、锤头下压、连续打击和单次打击五种动作，适应不同生产需要：①空转，操纵手柄4，使锤头靠自重停在下砧铁上，此时电动机及传动部分空转，锻锤不工作；②锤头上悬，改变手柄4的位置，使锤头保持在上悬位置，这时可做辅助性工作，如放置锻件、检查锻件尺寸、清除氧化皮等；③锤头下压，操纵手柄4，使锤头向下压紧锻件，这时可进行弯曲或扭转等操作；④连续打击，先使手柄4处于锤头上悬位置，踩下脚踏杆8，使锤头做上下往复运动，进行连续锻打；⑤单次打击，操纵脚踏杆8，使锤头由上悬位置进到连续打击位置，再迅速退回到上悬位置，使锤头打击后又迅速回到上悬位置，形成单次打击。连续打击力和单次打击力的大小，是通过改变脚踏杆转角大小来控制的。

（2）自由锻工具　自由锻常用的工具按其用途可分为支持工具（如砧铁）、打击工具

（大锤、锤子）、成形工具（冲子、平锤、摔锤等）、夹持工具（手钳等）、割切工具（錾子、切刀）和勘测工具（钢直尺、内外卡钳）等。图 4-4 所示为常用打击工具，图 4-5 所示为常用夹持工具。

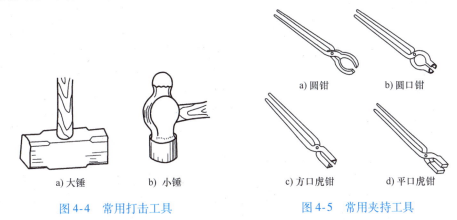

| a) 大锤 | b) 小锤 | a) 圆钳 | b) 圆口钳 |
| | | c) 方口虎钳 | d) 平口虎钳 |

图 4-4　常用打击工具　　　　图 4-5　常用夹持工具

（3）手工自由锻的基本操作　手工自由锻是靠人力和手工工具使金属变形，它所需的工具和设备简单，工作场地灵活机动，常用于零星的小件生产。

手工自由锻由掌钳工和打锤工配合完成。掌钳工左手握钳，夹持、移动、翻转工件；右手用小锤子指挥打锤工操作。掌钳工在变形量小时也可用小锤直接锻打工件。打锤工站在铁砧外侧，按指挥用大锤，打击工件。打锤工的位置不能正对工件的轴线，以免工件、工具等意外飞出受伤。掌钳工与打锤工必须密切配合，掌钳工夹牢放稳工件后提起小锤，表示要打锤工做好准备；掌钳工要求大锤在工件某部位轻打或重打，就用小锤在工件某部位轻打（或重打）；掌钳工不要打锤工锻打，就将小锤平放在砧面，这时打锤工应立即停止锻打。

2. 自由锻的工序

自由锻的工序包括基本工序、辅助工序和修整工序。自由锻的基本工序是指锻造过程中直接改变坯料形状和尺寸的工艺过程，可分为镦粗、拔长、冲孔、弯曲、扭转、错移、切割（下料）等，其中最常用的是镦粗、拔长和冲孔；辅助工序是为基本工序操作方便而进行的预先变形，如压钳把、倒棱、压肩（压痕）等；修整工序是用以精整锻件外形尺寸、减小或消除外观缺陷的工序，如滚圆、平整等。

（1）镦粗　镦粗是使坯料整体或一部分高度减少、横截面增大的工序。镦粗的种类分为完全镦粗、局部镦粗和垫环镦粗等，如图 4-6 所示。镦粗适合制造高度小、截面积较大的盘类工件，如齿轮、圆盘等，作为冲孔前的准备工序，以减小冲孔深度。

镦粗操作要点：坯料的高径比 $h/d \leqslant 2.5$，以免镦弯；镦粗部分要加热均匀，以免产生畸形；坯料两端面要平整且垂直于轴线，以免墩歪；打击力要重而正，经常绕自身轴线旋转，以使变形均匀，并及时纠正镦偏。

（2）拔长　拔长是减小坯料截面积、增加其长度的工序。拔长的基本规则：$L < a$，$L = (0.4 \sim 0.8)\,b$；$a/h \leqslant 2.5$，反复翻转拔长（注：L 为送进坯料长度，a 为坯料宽度，h 为坯料高度，b 为平砧的宽度）。拔长主要用于锻造轴类和杆类锻件，如轴、拉杆、曲轴、套筒以及大直径的圆环等。

拔长的操作要点：圆坯拔长时，应先锻成方坯，当拔长其方形边长接近工件要求的直径时，将方形锻成八角形，最后倒棱滚打成圆形，如图4-7所示。

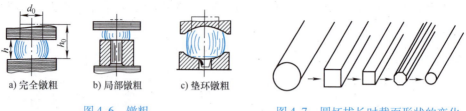

图4-6　镦粗　　　　　　　　　图4-7　圆坯拔长时截面形状的变化

（3）冲孔　冲孔是在实心坯料上冲出通孔或盲孔的工序。常用的冲孔方法有单面冲孔和双面冲孔，前者主要用于薄形板料冲孔，双面冲孔常用于较厚板料的冲孔，如图4-8所示。

（4）弯曲　弯曲是指采用一定方法将坯料弯成所规定的外形的锻造工序。弯曲时，只需加热坯料的待弯曲部分。在空气锤上进行弯曲时，用锤的上砧铁将工件压在锤的下砧铁上，将欲弯曲的部分露出，然后由人工用锤子将工件打弯，如图4-9所示。

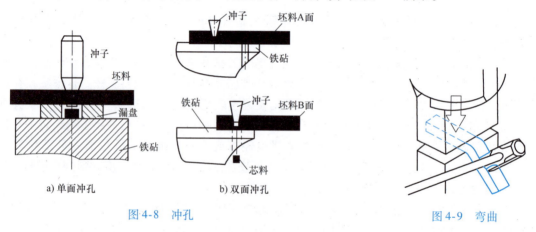

图4-8　冲孔　　　　　　　　　　　　　图4-9　弯曲

（5）扭转　使坯料一部分对另一部分绕着轴线旋转一定角度的锻造工序称为扭转。

（6）错移　将坯料的一部分相对另一部分错开，但两部分轴线仍保持平行的锻造工序。

（7）切割　将坯料切断或劈开的锻造工序称为切割。

4.2.3　模锻

模锻是指在专用模锻设备上利用模具使毛坯成形而获得锻件的锻造方法。模锻工艺生产率高、劳动强度低、尺寸精确、加工余量小，并可锻制形状复杂的锻件，适用于批量生产，但模具成本高，需要专用的模锻设备，不适合于单件或小批量生产。生产中常用的模锻设备有模锻锤、热模锻压力机、摩擦压力机和平锻机等。

形状复杂的锻件，往往需要经过多个模膛逐步变形，才能获得锻件的最终形状。根据模膛的用途不同可分为制坯模膛和模锻模膛。制坯模膛有拔长模膛、滚压模膛、弯曲模膛等，模锻模膛有预锻模膛和终锻模膛。实际生产中常在一副锻模上开设几个模膛，坯料在几个模膛内依次变形，最后在终锻模膛中得到最终尺寸和形状的锻件。图4-10所示为弯曲连杆多模膛工艺。坯料经拔长、滚压、弯曲三个制坯模膛的变形后，已初步接近锻件的形状，然后再经过预锻和终锻模膛制成带有飞边的锻件，最后在压力机上用切边模切除飞边，从而获得弯曲连杆的锻件。

4.2.4　胎模锻

　　胎模锻是介于自由锻和模锻之间在自由锻设备上使用可移动的简单模具生产锻件的一种锻造方法。胎模不固定在锤头或砧座上，而是根据加工的需要，可以随时放在下砧铁上进行锻造。胎模按其结构可以分为扣模、套模、合模和弯模等。

　　与自由锻比较，胎模锻生产率高，锻件加工余量小、精度高；与模锻相比，胎模制造简单，使用方便，成本较低。胎模锻曾广泛用于中小型锻件的中小批量生产。但是，由于胎模锻劳动强度大，辅助操作多，模具寿命低，因此在现代工业中已逐渐被模锻所代替。图 4-11 所示为锻造轴套的胎模锻造过程。

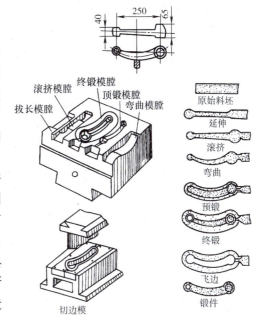

图 4-10　弯曲连杆多模膛工艺

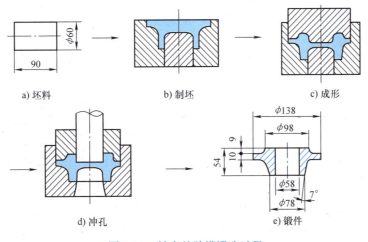

图 4-11　轴套的胎模锻造过程

4.3　板料成形加工

　　板料成形加工是通过模具或其他辅助手段对板料施加一定的作用力，使其在可控范围内产生相应的塑性变形，从而获得所需成形形状和性能零件的一种制造工艺。板料成形加工工艺主要包括冲裁、剪切、弯曲、翻边、卷边等，广泛应用于汽车、钢铁、电器、船舶、航空航天等各个领域，在金属塑性加工生产中占有十分重要的地位。

4.3.1 板料加工常用设备

冲压是利用安装在压力机上的模具对板料施加压力，使其产生塑性变形或分离的工艺。在常温下进行的冲压加工，称为冷冲压；当金属板料厚度较大需要对板料加热时，称为热冲压。冲床是冲压工艺的主要设备，如图 4-12a 所示。

剪板机（剪床）是用于剪切下料的设备，也用于将板料剪成一定宽度的条料，如图 4-12b 所示。

卷板机是利用旋转轴辊的作用，使板料产生弯曲的设备，可以将板料卷成圆管、圆柱面等单曲率制品，也可以弯曲半径较大的双曲面或多曲面，如图 4-12c 所示。

折弯机是完成板料折弯的通用设备，通过简单模具就可以将板料弯制成一定的几何形状，如图 4-12d 所示。

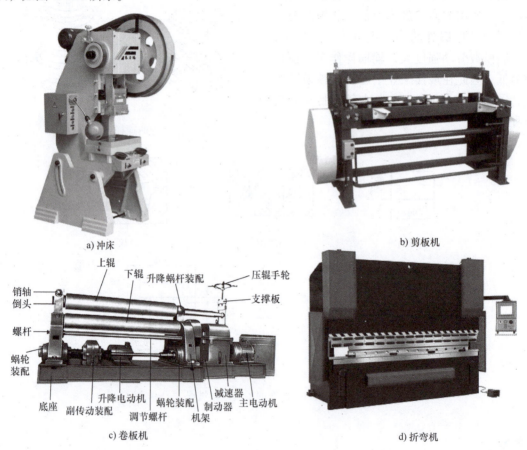

图 4-12　板料加工常用设备

4.3.2 冲压的分类与特性

板料冲压通常是在室温下进行，习惯称为冷冲压，简称冲压。当金属板料厚度大于 8 ~ 10mm 时，要对板料加热，此时称为热冲压。

用于冲压的材料必须具有良好的塑性。常用的有低碳钢、高塑性合金钢、铝及铝合金、铜及铜合金等金属材料以及皮革、塑料、胶木等非金属材料。冲压的优点是生产设备较简单、操作容易、生产率高、成本低；可生产形状较复杂产品，产品尺寸准确、表面质量好；产品结构刚性好、重量轻；无需切削加工等。

4.3.3　冲压的基本工序

板料冲压的基本工序可分为分离工序和成形工序两大类。前者包括剪切、冲裁和修整等；后者有拉深、弯曲和成形等。冲压的基本工序及其应用范围见表4-5。

表 4-5　冲压的基本工序及其应用范围

名称	定义	示意图	应用范围
冲孔或落料	将板料在冲模刃口作用下沿封闭轮廓分离的工序称为冲孔或落料。冲孔是在工件上冲出所需孔形；落料则是从坯料上冲出所需的板形		制作各种具有一定平面形状的产品或为后续工序准备毛坯
弯曲	将板料、型材或管材在弯矩作用下弯成具有一定曲率和角度制品的成形方法		制成各种形状的弯曲件
拉深	拉深是利用模具将平板毛坯变成杯形、盒形等开口空心制件（厚度基本不变）的方法		制造各种形状的中空制品

（续）

名称	定义	示意图	应用范围
翻边	在毛坯的平面或曲面部分的边缘，沿一定曲线，翻起竖立直边的成形方法	冲头(凸模)　工件　凹模 内孔翻边　　工件　上模　下模 外孔翻边	制造带凸缘或有翻边的制品，以增加产品的刚度或美观性
胀形	利用局部变形使半成品部分内径胀大的冲压成形工艺	F	可以采用橡皮胀形、机械胀形、气体胀形或液压胀形
起伏	利用局部变形使坯料压制出各种形状的凸起或凹陷的冲压工艺		薄板零件上制出筋条、文字、花纹等

延伸阅读

大国工匠 刘伯鸣：指挥钢铁合奏的锻造工

　　15000t 水压机（见图 4-13），名副其实的国之重器，几百吨重的大钢锭，在它的掌控下，乖顺地变形为轴、辊、筒、环各类大锻件，刘伯鸣就是这座万吨水压机的操作者。他是中国第一重型机械股份铸锻钢事业部水压机锻造厂副厂长，高级技师，获得了2019 年 "大国工匠年度人物" 的称号。他扎根锻造岗位32 年，用匠心匠艺锻造大国重器，先后攻克了 90 余项核电和石化等产品锻造工艺难关，填补行业空白 40 项，出色地完成了三代核电锥形筒体、水室封头、世界最大 715t核电常规岛转子等 20 余项超大、超难核电锻件的锻造任务，为促进核电、石化、专项产品国产化并替代进口，以及提升我国超大型铸锻件极端制造的核心竞争力做出了突出贡献。

图 4-13　15000t 水压机

第5章 焊接成形技术

【实训目的与要求】

1) 了解焊接的工艺过程、特点与应用。
2) 了解弧焊电源的性能、工作原理和主要技术参数及其对焊接质量的影响。
3) 熟悉焊条电弧焊焊接工艺,掌握焊条电弧焊方法并独立完成焊接操作。
4) 了解其他常用焊接与切割方法的特点和应用。
5) 了解典型焊接结构的生产工艺和常规的焊接缺陷及检测与控制措施。
6) 了解焊接生产的新技术和新工艺。
7) 掌握焊接与切割的安全防护知识。

【安全实习注意事项】

1) 焊接是一门特种作业,焊接时需要注意特殊防护。焊接工作中的有害因素主要有七大类,如弧光、焊接烟尘、有毒气体、射线、噪声、高频电磁场和热辐射等。这些有害因素往往与材料的化学成分、焊接方法、焊接工艺规范等有关。

2) 防止触电,防止弧光伤害和烫伤。操作前应检查焊机是否接地,焊钳、电缆和绝缘鞋是否绝缘良好,不得用手接触导电部分等;必须戴好手套、面罩、护脚套等防护用品。焊接时,不得用眼直接观察电弧。焊件完成后,应用手钳夹持,不准直接用手拿。清除焊渣时,应防止烫伤。

3) 保证设备安全。焊钳严禁放在工作台上,以免短路烧坏焊机。发现焊机或线路发热烫手时,应立即停止工作,并及时报告。焊接现场不得堆放易燃易爆物品。

5.1 焊接概述

焊接是通过加热、加压(或两者并用)且用或不用填充材料,使焊件形成原子间结合的一种加工方法。焊接的连接属于不可拆卸的连接,与铆接等其他连接方法相比,具有设备简单、操作方便、节省材料、生产效率高、适应范围广、连接性能良好、易于机械化和自动化等优点。与铸造、锻压成形相比,焊接可以以小拼大、以简拼繁,尤其适合制造大型或结构复杂的构件。焊接技术是车船、桥梁、航天、机电设备、电子元器件、家电制作等领域应用广泛,其中又以各种电弧焊方法在焊接生产中所占比例最大。

焊接的种类很多,按照焊接过程的工艺特点和母材金属所处的表面状态,通常把焊接方法分为熔焊、压焊、钎焊三大类，如图 5-1 所示。

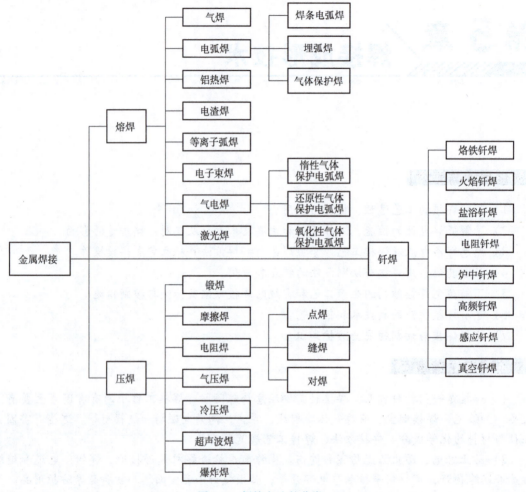

图 5-1 焊接方法的分类

（1）熔焊 通过一个集中的热源，产生足够高的温度，将焊件接合面局部加热到熔化状态，凝固冷却后形成焊缝而完成焊接的方法，包括气焊、电弧焊、电渣焊、等离子弧焊、电子束焊和激光焊等。

（2）压焊 焊接过程中不论对焊件加热与否，都必须通过对焊件施加一定的压力，使两个接合面紧密接触，促进原子间产生结合作用，以获得两个焊件牢固连接的焊接方法，包括电阻焊（点焊、缝焊、对焊）、摩擦焊、超声波焊、爆炸焊等。

（3）钎焊 采用比焊件熔点低的金属材料作钎料，将焊件和钎料加热到高于钎料熔点，且低于焊件熔点的温度，利用液态钎料润湿母材，填充接头间隙，并与母材相互扩散，实现连接焊件的方法，包括烙铁钎焊、火焰钎焊、电阻钎焊、感应钎焊和真空钎焊等。

5.2 电弧焊

电弧焊是利用电弧产生的热量使焊件接合处的金属熔化，互相融合，冷凝后结合在一起的焊接方法，包括焊条电弧焊、埋弧焊和气体保护焊。它所需设备简单，操作灵活，是生产中使用最广泛的焊接方法之一。

5.2.1　电弧焊原理与焊接过程

1. 电弧焊原理

焊接电弧是在具有一定电压的两电极间，在局部气体介质中产生强烈而持久的放电现象。产生电弧的电极可以是焊丝、焊条、钨棒、焊件等。焊接电弧由阴极区、弧柱区、阳极区组成，如图 5-2 所示。电弧中阳极区和阴极区的温度因电极材料性能不同而有所不同，例如用钢焊条焊接钢材时，阴极区是电子发射区，产生的热量较少，约占整个电弧的 36%，平均温度为 2400K；阳极区表面受高速电子撞击，产生较大能量，占电弧柱热量的 43%，平均温度 2600K；电弧中带电粒子相互摩擦产生的电弧热量占 21% 左右，电弧中心的温度可高达 6000 ~ 8000K。引燃电弧后，弧柱中就充满了高温电离气体，产生强烈的光，放出大量的热能。电弧的热量与焊接电流和电弧电压

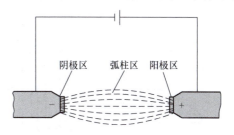

图 5-2　电弧的组成

的乘积成正比，焊接电流越大，电弧产生的总热量就越大。焊条电弧焊 65% ~ 85% 的热量用于加热和熔化金属，其余的热量则散失在电弧周围和飞溅的金属液滴中。

2. 电弧的引燃和电弧焊过程

焊条与焊件之间具有电压差，当电源短接时，短路电流很大，产生了大量热能，使金属熔化、气化。电压差引起强烈的电子发射和气体电离，将焊条与焊件之间拉开一点距离（3 ~ 4mm），形成很强的电场，促使产生电子发射，加速气体的电离，使带电粒子在电场作用下，向两极定向运动，电弧即被引燃。电弧焊电源不断地供给电能，新的带电粒子不断得到补充，形成连续燃烧的电弧，维持了焊接过程的稳定。电弧热使工件和焊芯发生熔化形成熔池，为了防止或减轻周围的有害气体或介质对熔池金属的侵害，必须对熔池进行保护。在焊条电弧焊中是通过焊条药皮的作用来实现的，在埋弧焊和气体保护焊中是采用焊剂和保护气体等来对熔池进行保护的。

焊条电弧焊的焊接过程如图 5-3 所示。用电源线分别将焊钳和焊件接到电源两极，焊钳夹持焊条。焊接时，在焊芯 7 和母材 1 间引燃电弧，电弧高温使焊条下端和焊件待焊处局部熔化形成熔池 10。手工操作焊条，使电弧沿 V_1 方向移动，同时调整 V_2，保持电弧的长度，使新的熔池不断形成，原来的熔池则不断冷却凝固，构成连续的焊缝。焊条上的药皮熔化时会产生保护气体 5 和液态熔渣 4，产生的气体能隔绝空气，液态熔渣浮在液态金属表面保护金属。此外，熔渣凝固的温度低于液态金属的结晶温度，焊接过程产生的杂质和气体能从熔池金属中不断排到熔渣和大气中，熔渣凝固后均匀覆盖在焊缝上面。

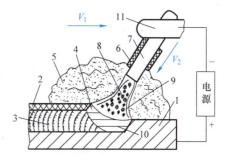

图 5-3　焊条电弧焊的焊接过程

1—母材　2—渣壳　3—焊缝　4—液态熔渣
5—保护气体　6—药皮　7—焊芯　8—熔滴
9—电弧　10—熔池　11—焊钳

5.2.2 焊接位置与焊接接头

1. 焊接位置

在实际实施焊接生产中，按照焊缝在空间所处的位置不同，可以分为平焊、立焊、横焊和仰焊，如图 5-4 所示。平焊操作方便，劳动条件好，生产率高、焊缝质量易保证，焊接位置最合适；立焊和横焊位置次之；仰焊位置最差。

2. 焊接接头形式

焊接接头的基本形式有对接接头、搭接接头、角接接头、T 形接头等，如图 5-5 所示。

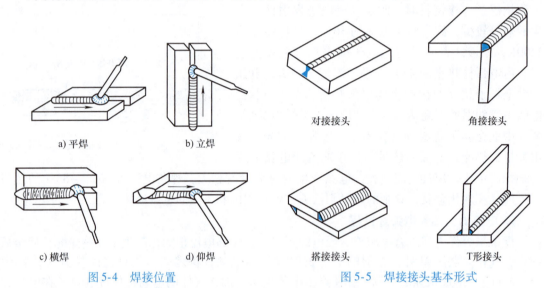

a) 平焊　　　　b) 立焊　　　　　　对接接头　　　　　角接接头

c) 横焊　　　　d) 仰焊　　　　　　搭接接头　　　　　T形接头

图 5-4　焊接位置　　　　　图 5-5　焊接接头基本形式

3. 坡口形式

焊件较厚时，为使焊件焊透、连接牢固，焊接前需要把待焊处加工成一定的几何形状，这类几何形状接口被称为坡口。对接焊接头常见的坡口形式有 I 形坡口、V 形坡口、X 形坡口、U 形坡口等，如图 5-6 所示。加工坡口时，常在厚度方向留有直边，也称为铣边，以防烧穿。

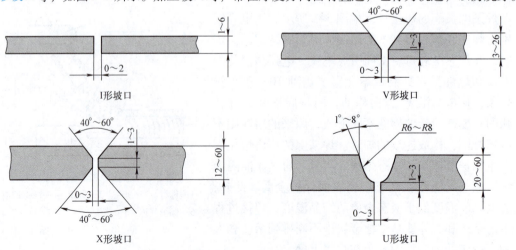

I形坡口　　　　　　　　　　V形坡口

X形坡口　　　　　　　　　　U形坡口

图 5-6　对接接头坡口形式

5.2.3　焊条电弧焊

焊条电弧焊是用手工操作焊条进行焊接的电弧焊方法。由于焊条电弧焊设备简单，维修容易，焊钳小，使用灵活，可以在室内外进行各种位置的焊接，应用最广泛。

1. 焊条电弧焊设备与工具

（1）弧焊电源的要求　焊条电弧焊的设备所用的焊接电源，必须具备特殊的电气性能：合适的外特性（外特性即电源输出电压和电流之间的关系）；适当的空载电压；良好的动特性（即焊接电流与电压随着电弧的长短变化而变化）；可以灵活调节焊接参数，输出电流可以在较宽范围内调节，且调节简单方便。图 5-7 所示为电焊机组成及使用方法。

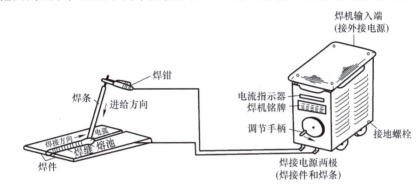

图 5-7　电焊机组成及使用方法

（2）弧焊电源分类　弧焊电源分为交流和直流两大类。

1）交流弧焊电源，是一种特殊的降压变压器，具有以下特性：引弧后，随着电流的增加，电压急剧下降；而当焊条与工件短路时，短路电流不会过大（一般不大于工作电流的1.5 倍）；它能提供很大的焊接电流，并可根据需要进行调节；空载时弧焊机的电压为 60 ~ 70V，电弧稳定，正常的工作电压范围为 20 ~ 30V。弧焊变压器具有结构简单、制造和维修方便、噪声小、价格低等优点，应用相当普遍，但缺点是电弧不够稳定。弧焊变压器有各种型号，如 BX1—160、BX3—500 等，其中 B 表示交流，X 表示降特性，1 和 3 分别表示动铁心式和动圈式，160 和 500 分别表示弧焊机额定电流为 160A 和 500A。

2）直流弧焊电源，主要包括弧焊发电机、弧焊整流器、弧焊逆变器等三种。

① 弧焊发电机实际上就是一种直流发电机，即在电动机或柴油机的驱动下，直接发出焊接所需的直流电。弧焊发电机结构复杂、生产率低、能耗高、噪声大，目前已逐渐被淘汰。

② 弧焊整流器是将交流电经过降压、整流、滤波后输出的直流弧焊电源。弧焊整流器具有结构简单、坚固耐用、工作可靠、噪声小、维修方便和生产率高等优点，已被大量应用。常用的弧焊整流器的型号有 ZX3—160、ZX5—250 等，其中 Z 表示直流，X 表示降特性，3 和 5 分别表示动圈式和晶闸管式，160 和 250 表示额定电流分别为 160A 和 250A。

③ 弧焊逆变器是一种新型、高效、节能的直流焊接电源。它将交流电整流后，又将直流电变成中频交流电，再经整流后，输出所需的焊接电流和电压。它具有电流波动小、电弧稳定、重量轻、体积小、能耗低等优点，得到了越来越广泛的应用。弧焊逆变器不仅可用于

焊条电弧焊，还可用于各种气体保护焊、等离子弧焊、埋弧焊等。弧焊逆变器型号有 ZX7—400 等，其中 Z 表示直流，X 表示降特性，7 表示逆变式，400 表示额定电流为 400A。

由于电弧中各区域温度不同，用直流电源施焊时有正反接法之分，如图 5-8 所示。工件接电焊机的正极，焊条接电焊机的负极的接法，称为正接法；反之，则为反接法。焊接薄件时，反接可有效防止烧穿。正常焊接时，为获得较大熔深，则采用正接法。在使用某些碱性焊条时只能反接。使用交流电源焊接时，由于电源周期性地改变极性，因此无正接或反接的区分，且焊条和工件上的温度及热量分布趋于一致。

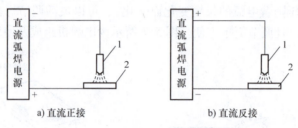

图 5-8 直流电焊机的正接与反接

1—焊条 2—焊件

焊接电弧开始引燃时的电压称为引弧电压（电焊机空载电压），一般为 50～90V，电弧稳定燃烧时的电压称为电弧电压（工作电压），一般为 15～35V。

（3）焊条电弧焊工具 焊条电弧焊工具主要有焊钳、面罩、护目眼镜等。焊钳用来夹持焊条和传导电流；面罩用来保护眼睛和面部，避免强光及有害紫外线的损害；护目镜用来防止飞溅物及焊渣伤眼。辅助工具有焊条保温桶、渣锤、钢丝刷等。

2. 焊条

焊条由焊芯、药皮、夹持和导电部分构成，如图 5-9 所示。

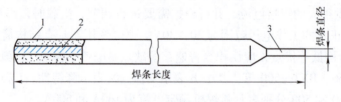

图 5-9 焊条的构成

1—药皮 2—焊芯 3—夹持和导电部分

（1）焊芯 焊芯是一根具有一定长度和直径的金属棒，由特殊冶炼的焊条钢拉拔制成，与普通钢材的主要区别在于控制了硫、磷等杂质的含量和严格限制了含碳量。它既作为焊接电极，又作为填充焊缝的金属。它的化学成分和非金属夹杂物的含量将直接影响焊缝的质量。焊芯的直径称为焊条直径，常用焊条的直径和长度规格见表 5-1。

表 5-1 常用焊条的直径和长度规格

焊条直径/mm	1.6	2.0～2.5	3.2～5.0	5.6～8
焊条长度/mm	200～250	250～350	350～400	450～700

（2）药皮 药皮是压涂在焊芯周围的涂料层，由矿物质、有机物和铁合金等粉末和黏合剂按一定比例配置而成的，其主要功能是便于引弧和稳定电弧、隔离空气保护熔池内金属

不被氧化、改善焊缝的力学性能和工艺性能等。

（3）焊条种类 根据被焊金属的不同，电焊条可分为碳钢焊条、不锈钢焊条、铸铁焊条、铜及铜合金焊条、铝及铝合金焊条等。按药皮的类型划分，焊条可分为酸性焊条和碱性焊条两大类。酸性焊条的药皮以酸性氧化物（SiO_2、TiO_2、Fe_2O_3）为主要成分，常用的酸性焊条包括钛钙型焊条等。酸性焊条电弧较稳定，适应性强，适用于交、直流焊机，但是焊缝的力学性能一般，抗裂性较差。碱性焊条的药皮以碱性氧化物（CaO、FeO、MnO、Na_2O）为主要成分，常用的碱性焊条是以碳酸盐和氟石为主的低氢型焊条。碱性焊条电弧不够稳定，适应性较差，仅适用于直流焊机，焊缝的力学性能和抗裂性能较好，适用于较重要或力学性能要求较高的工件的焊接。

（4）焊条的型号和牌号 根据 GB/T 5117—2012《非合金钢及细晶粒钢焊条》的规定，非合金钢焊条的型号由五位组成，如型号 E4303 和 E5015。其中第一部分用字母"E"表示焊条；第二部分为"E"后紧邻的两位数字，表示熔敷金属的最小抗拉强度代号，E4303 和 E5015 的抗拉强度最小值分别为 $43kgf^{\ominus}/mm^2$（420MPa）和 $50kgf/mm^2$（490MPa）；第三部分为字母"E"后的第 3 位和第 4 位数字，表示药皮类型、焊接位置和电流类型（例如，第 3 位数字"0"和"1"表示可以全位置焊接；"2"表示适用于平焊。第 4 位数字"3"表示钛型药皮，交流、直流两用；"5"表示碱性药皮，直流反接）。

焊条牌号将焊条分为 10 大类，第 1 类为结构钢焊条，如牌号 J422、J507。牌号中"J"表示结构钢焊条；前两位数字"42""50"分别表示焊缝金属抗拉强度不低于 420MPa 和 500MP；第 3 位数字表示药皮类型和焊接电源的种类，如"2"为钛钙型药皮，用于交流或直流，"7"为低氢钠型药皮，采用直流反接。可见，J422 符合 E4303，J507 符合 E5015。

3. 焊接工艺

为了获得质量优良的焊接接头，必须选择合理的焊接参数，主要包括焊条直径、焊接电流、焊接速度和电弧长度等。手工电弧焊工艺参考数据见表 5-2。

表 5-2　手工电弧焊工艺参考数据

焊条直径/mm	推荐焊接电流/A	推荐焊接电压/V
1.0	20 ~ 60	20 ~ 23
1.6	44 ~ 84	22 ~ 24
2.0	60 ~ 100	22 ~ 24
2.5	80 ~ 120	23 ~ 25
3.2	108 ~ 148	24 ~ 25
4.0	140 ~ 180	25 ~ 27
5.0	180 ~ 220	27 ~ 29
6.0	220 ~ 260	29 ~ 31

1）焊条直径主要取决于焊件的厚度，还取决于接头形式、焊接位置和焊接层数等因素。

2）焊接电流应根据焊条的直径来选择，有经验公式：$I = (25 \sim 55)d$（式中 I 为焊接电

$\ominus$　$1kgf \approx 9.806N$。——编者注。

流，单位为 A；d 为焊条直径，单位为 mm）。根据工件厚度、焊条种类、焊接位置等因素来调整焊接电流的大小，选择的原则是：在保证焊接质量的前提下，尽量采用较大的焊接电流，并配以较大的焊接速度，以提高生产率。焊接电流初步确定后，要经过试焊，检查焊缝质量和缺陷，才能最终确定。

3）焊接速度是单位时间内完成的焊缝长度。焊接时，焊接速度应该均匀适当，既要保证焊透，又不能烧穿，同时还要让焊缝尺寸符合图样设计要求。

4）电弧长度是指焊芯端部与熔池之间的距离，一般要求电弧长度不超过焊条直径。电弧过长时，燃烧不稳定，熔深减小，并且容易产生缺陷。

4. 焊条电弧焊的操作

平焊一般采用蹲式操作，焊工蹲下之后两膝盖与两腋下靠近，两脚离焊道的距离应使两眼对焊道俯视时基本能够正对平焊的焊道，如图 5-10 所示。

（1）引弧 焊接电弧的建立过程称为引弧，焊条电弧焊有两种引弧方式：直击法和划擦法，如图 5-11 所示。直击法是在焊机开启后，先将焊条末端对准焊缝，然后稍点一下手腕，使焊条轻轻撞击焊件，随即提起 2~4mm，就能使电弧引燃，开始焊接，这种方法不损坏焊件表面，但引弧的成功率较低；划擦法是在焊机电源开启后，将焊条末端对准焊缝，并保持两者的距离在 15mm 以内，依靠手腕的转动，使焊条在焊件表面轻划一下，并立即提起 2~4mm，电弧引燃，然后开始正常焊接，这种方法操作方便，引弧成功率高，但易损坏焊件表面。引弧前要将焊条端部的焊药皮敲去，引弧时若发生焊条与焊件粘在一起，可以左右摇动将焊条拉开。

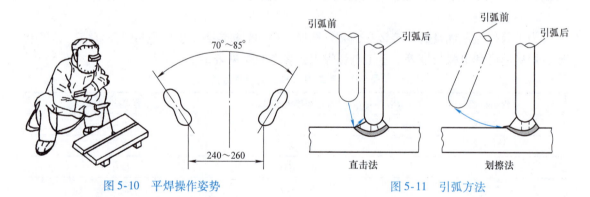

图 5-10　平焊操作姿势　　　　　　　　　　图 5-11　引弧方法

（2）焊条的运动操作 焊条电弧焊是依靠人手工操作焊条运动实现焊接的，此种操作也称为运条。运条包括控制焊条角度、焊条送进、焊条摆动和焊条前移，如图 5-12 所示。运条时，焊条有如图 5-12 所示的依次 2、4、1 三个动作，即向下送进、沿焊接方向移动、横向摆动，这三个动作，不能机械地分开，而应相互协调，才能焊出满意的焊缝。运条技术的具体运用根据零件材质、接头型式、焊接位置、焊件厚度等因素决定，常见的焊条电弧焊运条方法如图 5-13 所示，直线形运条方法适用于板厚为 3~5mm 的不开坡口对接平焊；锯齿形运条方法多用于厚板的焊接；月牙形运条方法对熔池加热时间长，容易使熔池中的气体和熔渣浮出，有利于得到高质量的焊缝；正三角形运条方法适用于不开坡口的对接接头和 T形接头的立焊；圆圈形运条方法适用于焊接较厚零件的平焊缝。

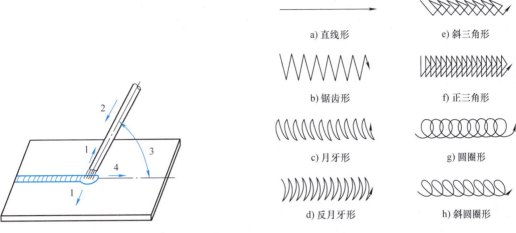

图 5-12　焊条运动和角度控制

1—横向摆动　2—送进

3—焊条与焊件夹角为 70°~80°　4—前移

图 5-13　常见的焊条电弧焊运条方法

（3）焊缝接头　焊接过程中，由于受焊条长度的限制或操作姿势的变换，焊缝接头不可避免。焊缝接头的好坏不仅影响焊缝成形，也影响着焊缝的质量。焊缝接头一般有中间接头（见图 5-14a）、相背接头（见图 5-14b）、相向接头（见图 5-14c）及分段退焊接头（见图 5-14d）四种方式。

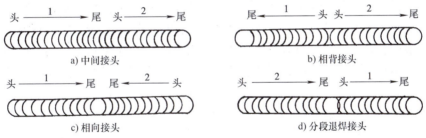

图 5-14　焊道的连接方式

1—先焊的焊道　2—后焊的焊道

接头的质量与接头处的温度有直接关系，温度越高，接头质量越好。因此，中间接头要求电弧中断时间越短越好；多层焊接时，层间接头要错开，可以提高焊缝的致密性。

（4）焊缝收尾　焊缝收尾时，焊缝末尾的弧坑应当填满。通常是将焊条压近弧坑，在弧坑上方停留片刻，弧坑填满后，逐渐抬高电弧，使熔池逐渐缩小，最后拉断电弧，常见焊缝收尾方法如图 5-15 所示。画圈收尾法是，手腕做圆周运动，直到弧坑填满断弧；反复断

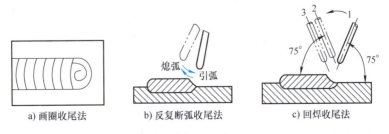

图 5-15　常见焊缝收尾方法

弧收尾法是，在弧坑处反复熄弧和引弧，直到填满弧坑；回焊收尾法是，焊条移到收尾处，即停止移动，但不熄弧，仅适当改变角度，待弧坑填满后断弧。

5.3 其他焊接方法

5.3.1 气焊

气焊是利用可燃气体与助燃气体混合后燃烧产生的火焰作为热源，将接头部位的母材和填充金属熔化，达到连接的目的，是一种将化学能转变为热能的熔化焊方法，气焊的可燃气体常选择乙炔（C_2H_2）、液化石油气等，助燃气体主要指氧气（O_2）。气焊所用设备主要有乙炔瓶、氧气瓶、减压器、回火防止器和焊炬等，其工作原理及设备连接如图5-16所示。O_2 与 C_2H_2 在焊炬中混合，点燃后产生高温火焰，熔化焊件连接处的金属和焊丝形成熔池，经过冷却凝固后形成焊缝，从而将焊件连接在一起。气焊时焊丝只作填充金属和熔化的母材一起组成焊缝，燃烧过程中产生的一氧化碳（CO）和二氧化碳（CO_2）等气体笼罩熔池，起保护作用。减压器是将氧气瓶和乙炔瓶内的高压气体变成低压气体的装置，用压力表来检测其压力。回火防止器的作用就是当焊嘴发生堵塞时，截住回火气体，防止乙炔瓶爆炸。

与电弧焊相比，气焊火焰温度易于控制，操作简便，灵活性强，不需要电能，但气焊热源的温度较低，热量分散，焊接热影响区较宽，焊接变形严重，接头质量不高，生产率低。随着焊接新技术的发展，时至今日，气焊只是在薄板和有色金属的焊接和钎焊中，以及在维修行业中有限地被采用，重要的结构件几乎都不用气焊。但利用气体火焰的气割和烘烤等工艺则不然，在钢材的下料、烘烤、矫正及钢件的局部热处理等方面均需要利用气焊的基本方法。

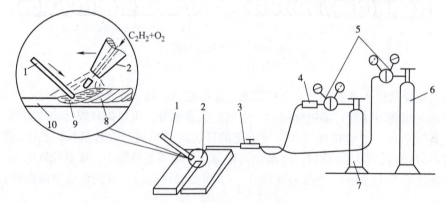

图5-16 气焊的工作原理及设备连接

1—焊丝 2—焊嘴 3—焊炬 4—回火防止器 5—减压器 6—氧气瓶 7—乙炔瓶 8—焊缝 9—熔池 10—焊件

5.3.2 二氧化碳气体保护焊

二氧化碳气体保护焊是以廉价的 CO_2 作为保护气体，焊丝作为电极和填充金属的焊接方法，既可以降低焊接成本，又能充分利用气体保护焊的优势。它主要由焊接电源、焊枪、供气系统、控制系统、送丝机构、焊丝等组成，其基本工作原理如图 5-17 所示。

　　CO_2 气体保护焊是用连续送进的焊丝为电极，按焊丝直径不同可分为细丝和粗丝两种，前者适用于焊接 0.8 ~ 4mm 薄板，后者适用于焊接 5 ~ 30mm 的中厚板。目前应用较多的是半自动 CO_2 保护气体焊。CO_2 保护气体焊接成本低、焊接质量好、生产率高、容易操作、易于自动化、可全位置焊接。CO_2 保护气体焊，具有一定的氧化作用，不适用焊接有色金属和高合金钢。另外 CO_2 对电弧有冷却作用，为保证电弧稳定，采用直流反接。CO_2 保护气体焊主要适用于焊接低碳钢和强度级别不高的普通低合金结构钢焊件，焊接厚度可达 50mm（对接形式）。

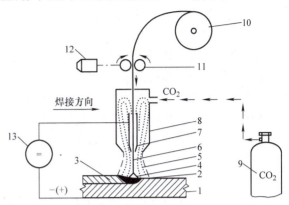

图 5-17　半自动 CO_2 气体保护焊接基本工作原理

1—母材　2—熔池　3—焊缝　4—电弧　5—CO_2 保护区
6—焊丝　7—导电嘴　8—喷嘴　9—CO_2 气瓶　10—焊丝盘
11—送丝滚轮　12—送丝电动机　13—直流电源

5.3.3　氩弧焊

　　氩弧焊是在普通电弧焊原理的基础上，利用氩气（Ar）对金属焊材进行保护，通过高电流使焊材在被焊基材上熔化形成熔池，使被焊金属和焊材达到冶金结合的一种焊接技术。氩弧焊按照电极的不同分为非熔化极氩弧焊和熔化极氩弧焊两种，如图 5-18 所示。

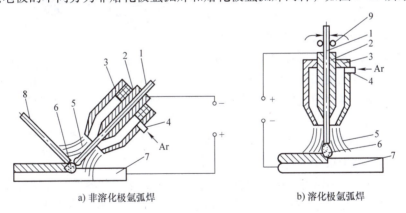

a) 非溶化极氩弧焊　　　　　　　　b) 溶化极氩弧焊

图 5-18　氩弧焊示意图

1—电极或焊丝　2—导电嘴　3—碰嘴　4—进气管　5—压气流　6—电弧　7—工件　8—填充焊丝　9—送丝辊轮

　　非熔化极氩弧焊一般用高熔点的铈钨棒作为电极，焊接时，钨极不熔化，只起导电和产生电弧的作用，故称钨极氩弧焊。焊接过程中需要填充焊丝。钨极氩弧焊的电源用直流正接法，使钨极处于温度较低的阴极以减少其熔化和烧损。当焊接铝镁及其合金时，则多用交流电源，工件处于负极的半周时，阴极（工件）受正离子撞击，使熔池表面的氧化膜破碎，即阴极破碎作用，以利于焊合。为防止钨极熔化，钨极氩弧焊焊接电流不能太大，一般适用于焊接小于 4mm 的薄板件和管子。

熔化极氩弧焊用焊丝作为电极并兼作填充金属。焊接电流较大,母材熔深大,生产率高,适用于焊接中厚板。焊接过程可以手工操作,也可以自动化或半自动化操作。

氩弧焊主要优点:①Ar保护可隔绝空气中O_2、N_2、H_2等对电弧和熔池产生的不良影响,减少合金元素的烧损,可以得到致密、无飞溅、质量高的焊接接头;②氩弧焊的电弧燃烧稳定,热量集中,弧柱温度高,焊接生产率高,热影响区窄,所焊的焊件应力、变形、裂纹倾向小;③氩弧焊为明弧施焊,操作及观察均方便;④电极损耗小,弧长容易保持,焊接时无熔剂、涂药层,所以容易实现机械化和自动化;⑤氩弧焊几乎能焊接所有金属,特别是一些难熔、易氧化金属,如镁、钛、钼、锆、铝等及其合金;⑥不受焊件位置限制,可进行全位置焊接。主要缺点是:①氩弧焊因为热影响区域大,工件在修补后常常会造成变形、硬度降低、砂眼、局部退火、开裂、针孔、磨损、划伤、咬边或者结合力不够及内应力损伤等;②氩弧焊与焊条电弧焊相比对人身体的伤害程度要高一些,电弧产生的紫外线辐射,一般为普通焊条电弧焊的5~30倍,焊接时产生的臭氧含量较高;③对于低熔点和易蒸发的金属(如铅、锡、锌),焊接较困难;④Ar价格较贵,焊接设备也较复杂,生产成本高。

综上所述,氩弧焊主要适用于焊接易氧化的有色金属和合金钢(主要用于铝、镁、钛及其合金和不锈钢的焊接);适用于单面焊双面成形,如打底焊和管子焊接;钨极氩弧焊还适用于薄板焊接。

5.3.4 埋弧焊

埋弧焊是一种电弧在焊剂层下燃烧进行焊接的方法。其焊接过程如图5-19所示,引弧后,电弧热使周围的焊剂熔化局部蒸发,产生的气体将电弧周围的熔渣排开,形成一个封闭的气室,气室被熔渣包围,有效地隔离了空气,使电弧更集中、弧光不再辐射出来。随着焊丝沿焊缝前行,熔池凝固成焊缝,密度小的熔渣结成渣壳。没有熔化的大部分焊剂回收后可重新使用。

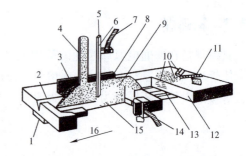

图5-19 埋弧焊的焊接过程
1—衬垫 2—坡口 3—焊剂挡板 4—给焊剂管
5—接送丝机 6—焊丝 7—电极电缆 8—颗粒状焊剂
9—已熔焊剂 10—渣壳 11—焊缝面 12—母材
13—焊缝金属 14—电极电缆 15—熔融焊缝金属
16—焊接方向

埋弧焊具有焊接质量稳定、焊接生产率高、无弧光辐射及烟尘很少等优点,可焊接的钢种包括碳素结构钢、不锈钢、耐热钢及其复合钢材等,是压力容器、管段制造、箱型梁柱等重要钢结构制作中的主要焊接方法。埋弧焊适应性较差,一般只适用于平焊位置的焊接、长焊缝的焊接;难以焊接铝、钛等氧化性强的金属及其合金;电弧稳定性不好,不适宜厚度为1mm以下薄板的焊接。

5.3.5 电渣焊

电渣焊是利用电流通过熔渣所产生的电阻热作为热源,将填充金属和母材熔化,凝固后形成金属原子间牢固连接的焊接方法。电渣焊主要有熔嘴电渣焊、非熔嘴电渣焊、丝极电渣焊和板极电渣焊等。图5-20所示为电渣焊的焊接过程,焊接前必须将工件垂直放好,在两工件间留20~40mm的间隙,在工件下端装有起焊槽,上端装引出板,并在工件两侧面装有强迫焊缝成形的水冷成形装置；焊接时，使焊丝与起焊槽起弧，不断加入少量固态焊剂并熔化，形成液态熔渣，待渣池达到一定深度，再增加焊丝进给速度、降低焊接电压，使焊丝插入渣池、电弧熄灭，开始电渣焊焊接过程。

电渣焊不易产生气孔、夹渣和淬火裂缝等现象，一般适于焊接厚度为 30mm 以上的钢材和铁基金属，焊后要进行正火或回火处理。它的缺点是输入的热量大，接头在高温下停留时间长、焊缝附近容易过热，焊缝金属呈粗大结晶的铸态组织，冲击韧性低，焊件在焊后一般需要进行正火和回火热处理。

5.3.6　电阻焊

电阻焊是利用强电流通过焊接接头的接触面及邻近区域的电阻热把焊件加热到塑性状态或局部熔化状态，再在压力作用下形成牢固接头的一种压焊方法。这种焊接方法中电阻热起着最主要的作用，根据焊接接头的形式不同可分为点焊、缝焊、凸焊和对焊 4 种，如图 5-21 所示。

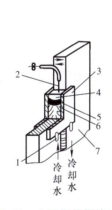

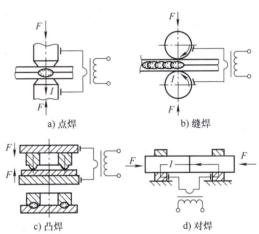

图 5-20　电渣焊的焊接过程

1—冷却水管　2—焊丝　3—冷却滑块　4—渣池
5—熔池　6—焊缝　7—焊件

图 5-21　电阻焊的基本形式

（1）点焊　点焊是利用两个柱状电极对焊件的搭接处加压并通电，在接触处因电阻热的作用形成一个熔核，结晶后即形成一个焊点，由多个焊点将焊件连接在一起。点焊主要用于厚度为 0.05 ~ 6mm 的薄板、冲压结构及线材的焊接。目前，点焊已广泛用于制造汽车、飞机、车厢等薄壁结构以及罩壳和轻工、生活用品等。

（2）缝焊　缝焊是用一对滚轮电极代替定位焊的柱状电极，当它与焊件做相对运动时，经通电、加压，在接缝处形成一个个相互重叠的熔核，结晶冷却后，即成为密封的连续焊缝。缝焊适用于焊接 3mm 以下，要求密封性的容器或管道，如油箱、小型容器等。

（3）凸焊　凸焊是点焊的一种变形形式，在一个工件上有预制的凸点，凸焊时，一次可在接头处形成一个或多个熔核。凸焊可以焊接厚度相差较大的工件。

（4）对焊　对焊是将两个焊件的端面相互接触，经通电和加压后，使其整个接触面焊合在一起。对焊主要用于刀具、管子、钢筋、锚链等杆状和管状零件。

5.3.7 摩擦焊

摩擦焊是使焊件连接表面之间或焊件连接表面与工具之间相互压紧并发生相对运动，利用其所产生的摩擦热作为热源将焊件连接表面加热到塑性状态，并施加一定的压力，使之形成焊接接头的一种压焊方法。传统的摩擦焊主要分为旋转式摩擦焊和轨道式摩擦焊两种。摩擦焊适合焊接圆形截面的对接焊件，焊接质量稳定、生产率高、成本低，可焊接异种金属，易实现机械化和自动化。

5.3.8 爆炸焊

爆炸焊是以炸药为能源进行金属间焊接的一种方法。焊接时利用炸药的爆轰，使被焊金属面发生高速倾斜碰撞，在接触面上形成一薄层金属的塑性变形，并在短暂的过程中形成冶金结合。

爆炸焊典型装置有平行法和角度法两种，如图 5-22 所示。引爆后，炸药释放出巨大的能量作用于复材，复材首先受冲击的部位立即产生弯曲，由静止穿过间隙加速运动，同基板倾斜碰撞，随着爆轰波以每秒几千米的速度向前传播，两金属碰撞点便以同样的速度向前推进，直至焊接完成。

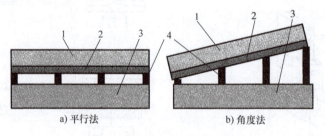

a) 平行法　　　　　　　　　　b) 角度法

图 5-22　爆炸焊典型装置
1—炸药　2—复材　3—基材　4—支撑块

爆炸焊应用范围广，工艺简单易控，不需要厂房、大型设备和大额投资。爆炸焊的能源为混合炸药，它们价廉、安全且使用方便。

5.3.9 钎焊

钎焊是采用比母材熔点低的金属材料作为钎料，将焊件和钎料加热到高于钎料熔点，低于母材熔化温度，利用液态钎料润湿母材，填充接头间隙并与母材相互扩散实现连接焊件的方法。根据焊接加热温度的不同，钎焊可以分为软钎焊和硬钎焊两大类。

（1）软钎焊　软钎焊加热温度低于 450℃，常用锡为基的钎料，焊接头强度较低，主要用于接头受力不大、工作强度较低的焊接，多用于电子和食品工业中导电、气密和水密器件的焊接。

（2）硬钎焊　硬钎焊加热温度高于 450℃，常用铝、银、铜、锰和镍为基的钎料，焊接头强度高（大于 200MPa），主要用于接头受力较大、工作温度较高的焊件，如零件的连接、刀具的焊接等。

钎焊与一般熔焊相比，加热温度低，接头金属组织性能变化小、变形小、尺寸易保证，接头光整、气密性好；生产率高，易实现机械化自动化；可以焊接异种金属甚至连接金属与非金属；还可以焊接一些形状复杂的接头。但钎焊接头强度低、耐热性差、焊前准备麻烦。目前，钎焊主要用于焊接电子元器件、精密仪器、仪表、精密机械等。

5.4　切割

切割是使固体材料分离的一种方法。切割往往是焊接的前道工序，一些切割原料和工具又与焊接相似，工程材料切割的方法很多，大致可分为冷切割和热切割两类。冷切割是在常温下进行，如剪切、锯切、铣切、水切割等，热切割是利用热能使材料分离，常见的有气割、等离子弧切割、激光切割等。

5.4.1　气割

气割是利用气体火焰（如氧炔焰）的热能将工件待割处预热到一定温度后，喷出高速切割气流，使其燃烧并释放出热量实现切割的方法。气割过程如图 5-23 所示。气割过程实际上是被切割金属在 O_2 中的燃烧，燃烧熔融态的生成物被高压 O_2 吹走的过程。气割和气焊设备基本相同，割炬比焊炬多一根切割氧气管和阀，如图 5-24 所示。割嘴与焊嘴的不同在于，气割用的 O_2 是通过割嘴的中心通道喷出，而氧乙炔的混合气体则通过割嘴的环形通道喷出。

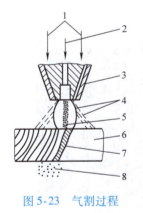

图 5-23　气割过程

图 5-24　气割割炬

1—O_2、C_2H_2　2—气流　3—割嘴　4—预热火焰
5—气割氧气　6—工件　7—预热区　8—熔渣

低碳钢、中碳钢及低合金高强度结构钢都符合气割的条件，高碳钢、铸铁、不锈钢和铜、铝等有色金属及其合金则不宜进行气割。

5.4.2　等离子弧切割

等离子弧切割是一种利用高速、高温和高能的等离子气流来加热和熔化被切割材料，借助内外部的高速气流（或水流）排开熔化金属，最终形成切口的切割方法。等离子弧切割原理如图 5-25 所示，借助冷喷嘴对电弧的约束，弧柱截面减少，电流密度大增，弧内电离度剧增，形成等离子弧，其弧柱的温度可达 10000～30000℃，通过熔化金属或非金属材料来实现切割。等离子弧切割可以切割各种金属材料和花岗岩、碳化硅、耐火砖、混凝土等材料，并具有切口窄、切割面质量好、切割速度快、切割厚度大的优点，可获得良好的经济效益。

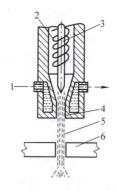

图 5-25　等离子弧切割原理
1—冷却水　2—等离子气流　3—电极
4—喷嘴　5—等离子弧　6—工件

数控等离子切割机如图 5-26a 所示，可以实现任意图形切割下料，割口表面粗糙度 Ra 值可达 25，操作简单、使用方便，其一般操作流程为：①用 AutoCAD 等制图软件绘制切割图形并转换为 DXF 格式，如图 5-26b 所示；②使用 Type3 软件导入 DXF 格式的图形文件进行套料、转换生成加工程序，如图 5-26c 所示，使用 U 盘将程序输入控制装置；③在切割机上根据材料及厚度，设置合理的工艺参数；④调整好割枪在板材上的位置，启动程序开始切割；⑤切割结束后，下料、清渣。

a) 数控等离子切割机

b) 切割图形的绘制

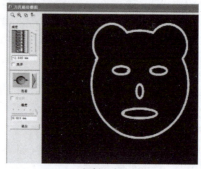

c) 切割程序的制作

图 5-26　数控等离子切割机的使用

5.5　焊接的质量控制

5.5.1　焊接质量

焊接质量一般包括焊缝的外形和尺寸、焊缝的连续性、接头性能等三个方面。

（1）焊缝的外形和尺寸　焊缝外形和尺寸的一般要求：焊缝与母材之间金属平滑过渡；

没有烧穿、未焊透等缺陷；焊缝的宽度和余高等尺寸符合国家标准或图样的技术要求。

（2）焊缝的连续性　焊缝的连续性是指焊缝中是否有裂纹、气孔与缩孔、夹渣、未熔合与未焊透等缺陷。

（3）接头性能　接头性能是指焊接接头的力学性能及其他性能（如耐蚀性等）是否符合图样的技术要求等。

5.5.2　常见缺陷成因及预防

焊接缺陷主要有裂纹、气孔、夹渣、咬边、未焊透与未焊合、焊漏和烧穿等，常见焊接缺陷的产生原因见表 5-3。

表 5-3　常见焊接缺陷的产生原因

缺陷名称	简图	说明
裂纹	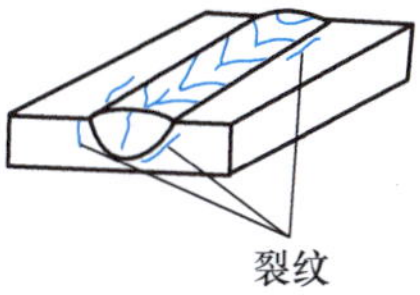 裂纹	按产生的温度和时间的不同可分为热裂纹和冷裂纹两大类。按其产生的部位又可分为纵向、横向、融合线、根部、弧坑及热影响区裂纹。裂纹必须限制在允许范围内，否则要重焊
气孔	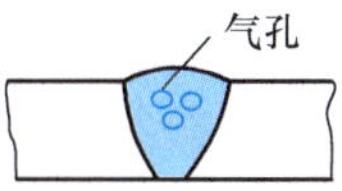 气孔	焊缝中最常见的一种缺陷。根据气孔产生的部位不同可分为表面气孔和内部气孔；根据分布情况不同又可分为疏散气孔和密集气孔。气孔的形状和大小不同，有球孔、椭圆形和毛裂纹、虫状等
夹渣	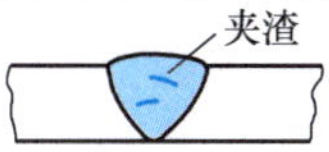 夹渣	产生夹渣的根本原因是熔池中熔化金属的凝固速度大于熔渣的上浮逸出速度。夹渣是焊缝的常见缺陷之一
咬边	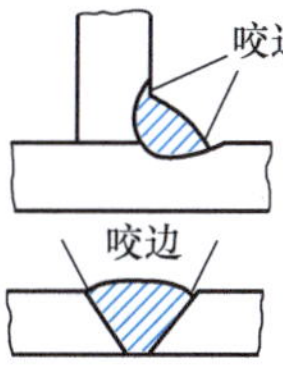 咬边　咬边	焊接时焊缝的边缘被电弧熔化后没有得到熔化金属的补充而留下的缺口
未焊透与未焊合	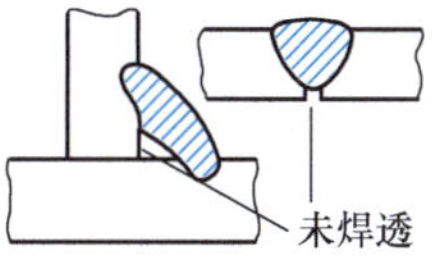 未焊透	未焊透是接头根部未完全焊透；未焊合是指焊缝与母材、焊层间未熔化结合。这些缺陷减少焊缝金属的有效面积，形成应力集中，易引起裂缝，导致结构破坏。操作不当，焊接电流过小，焊接速度过快都会引起未焊透
焊漏和烧穿	 烧穿	液态金属从焊缝反面漏出挤成疙瘩或焊缝上形成穿孔。焊漏危害与焊瘤同，而烧穿根本不允许存在

5.5.3　焊接变形的原因及预防

1. 焊接变形的原因

焊接时焊缝被加热，发生区域膨胀。但焊缝周围的金属未被加热、膨胀，该部分制约了焊缝受热区的自由膨胀，焊缝产生塑性形变并缩短。焊缝冷却收缩后，焊缝区比周围区域短，最终产生工件的变形。焊接变形的基本形式如图 5-27 所示。

纵向和横向收缩变形　　　角变形　　　弯曲变形　　扭曲变形　　　波浪变形

图 5-27　焊接变形的基本形式

2. 减少焊接变形的方法

（1）反向变形　根据焊接后变形的规律，在焊接前对焊件预先进行人为的反向变形，焊接后，焊接变形和预先做出的变形相互抵消。

（2）刚性固定　刚度大的结构，焊接变形小。在焊接前将工件固定在刚度大的夹具上，能减少焊接变形。但是，这样会加大焊接后的残余应力。

（3）选择合适的装配和焊接顺序　结构件装配好后再进行焊接，能增加结构的刚度，减少焊接变形。确定最佳焊接顺序方案，可以使焊接时焊接变形相互抵消。

3. 焊接应力与变形的消除和矫正

应力的存在影响焊后机械加工精度，降低结构承载能力，引起焊接裂纹。变形会使焊件形状和尺寸发生变化，需要进行矫正。若变形过大，会因无法矫正而使焊件报废。因此，在设计和制造焊接结构时，对焊接应力和变形必须给予足够的重视。

（1）消除焊接应力　最常用的方法有焊后热处理法和振动消除法。热处理法即在炉中进行去应力退火。振动消除应力法也称为振动时效，是将激振器固定在焊件某部位上，以一定的激振力、振动频率对焊件进行振动，以达到消除应力的目的。

（2）焊接变形的矫正　焊接变形的矫正有手工矫正、机械矫正和火焰矫正等方法。

5.5.4　焊接质量检验

焊接质量检验是焊接生产中保证焊接产品质量和工程质量的环节。焊接质量的检验方法有很多，可分为破坏检验和无损检验两大类。

（1）破坏检验　破坏检验是从焊件或试件上切取试样，或以产品（或模拟体）的整体破坏做试验，测定焊接接头、焊缝及熔敷金属的强度、塑性和冲击吸收功等力学性能及耐腐蚀性能等。它包括力学试验、化学分析、腐蚀试验、金相检验、焊接性试验等。

（2）无损检验　无损检验是指在不损坏被检验材料或成品的性能、完整性的条件下进行检测缺陷的方法。常用的方法有外观检验、强度试验（水压或气压试验）、致密性检验（气密性试验、氨渗漏试验或真空试漏法等）及无损探伤（射线探伤、超声波探伤、磁力探伤、渗透探伤）。

外观检验也称为目视检查，是用肉眼借助样板、焊接检验尺或用低倍（约 10 倍）放大镜及量具观察焊件，检查焊缝的外形尺寸是否符合要求以及有无焊缝外气孔、咬边、满溢以及焊接裂纹等表面缺陷的方法。

延伸阅读

郑兴——从焊接少年到大国工匠

2003 年 10 月，杨利伟乘坐神舟五号飞船飞向太空时，一名北京少年仰望星空，折服于人类追逐梦想而散发出的独特魅力。只是，年轻的他那时没想到，有一天，自己会加入到拓展人类梦想边界的队伍中。

18 岁，凭借北京市职业院校技能竞赛的获奖证书，郑兴作为唯一的技校生特招进入航天科技集团五院所属的 529 厂。

当时，中国载人航天事业正在快速发展。郑兴的师傅是全国著名焊接大师张铁民。师傅要求很严格，他对郑兴说："做一个焊工，会焊很容易，但是要焊好，很难。"

在郑兴看来，这位严师就像树立在自己眼前的两座大山。一座大山挺拔巍峨、高不可攀，但上面有光芒四射的灯塔；另一座大山是靠山，有了师傅，干什么心里都有底。

十多年的勤学苦练，郑兴终于从初级工成长为一名高级技师，还成为全国技术能手。

"大国工匠"郑兴常常忘了自己焊过的大国重器的名字。"神舟""天宫""天舟""嫦娥""天问""天和"……31 岁的郑兴掰着手指头数。十来年里，经他手打磨过的航天器数不胜数，有些他能准确地报出名字，有些他忘记了。但他记得每一条焊缝的纹路。

2022 年 4 月 29 日，我国空间站天和核心舱成功入轨，拉开了我国空间站建造的大幕。核心舱密封舱体的焊接主岗，就是郑兴。大型载人航天器的焊接，挑战焊工的最高水平。空间站核心舱舱体巨大，焊缝总长度超过 300m，焊接时要高标准一次成形，难度极大，造型复杂的球面壁板舱体焊接更是从未有人挑战过。郑兴说，他们是在给航天员造房子，必须保证航天员的在轨安全，焊缝中不允许出现任何缺陷。

空间站焊接进入关键期后，郑兴发现，一旦空气湿度超过 40%，试验件里的气孔数量和直径就会明显增加。以往，他会把焊件局部升温，祛除湿气后迅速完成焊接。可空间站体积庞大，要想升温除湿非常麻烦。反复琢磨后，郑兴想到了一个新办法：拿烤灯和加热带，给产品进行双重加温，降低湿度。这意味着，在最潮热的夏天，郑兴经常要在五六十摄氏度的高温下连续工作一个多小时。郑兴说："受点罪也应该的，为了保证产品的质量。"

嫦娥五号返回器金属壳体型面复杂，器壁很薄，焊接后形变会很大。这些难题困扰着郑兴，一次次试验，均未达到合格的要求。郑兴不甘心，继续加大试验强度，通过大量的试验分析，最终锁定了焊接过程易出现问题的原因。他提出新的焊接方法等，确保了整舱焊缝一次合格率达 100%。

在新一代载人飞船研制任务中，郑兴承担了某新型铝合金材料的焊接性试验研究工作。在几十次的焊接试验中，始终存在焊缝内部气孔缺陷的问题。面对棘手的难题，郑兴静下心来冷静地分析和排查原因，最终找准了问题的根源。他"对症下药"，大胆地提出了对焊接参数进行重组的方案，焊接后终于获得了满足要求的焊缝内部质量。

第6章 切削加工技术基础

切削加工是利用切削工具（包括刀具、磨具和磨料）将工件（毛坯）上多余的材料层切去，使工件获得符合图样要求的几何形状、尺寸和表面质量的加工方法。切削加工包括钳工和机械加工两大类，钳工加工是一般在钳工台上以手工工具为主对工件进行加工的方法，如锯削、锉削、刮研、攻螺纹和套螺纹等；机械加工是通过人工操作机床设备完成切削加工的方法，如车削、铣削、刨削和磨削等。

6.1 切削运动与切削用量

6.1.1 切削运动

切削运动是指切削过程中刀具相对于工件的运动，根据切削运动在切削中所起的作用不同，可分为主运动和进给运动。

（1）主运动 主运动是使工件与刀具产生相对运动以进行切削的主要运动，其速度和方向是切削刃选定点相对于工件主运动的瞬时速度和方向，其一般特征是速度较高，消耗的功率最大。车削时工件的旋转、钻削时钻头的旋转、铣削时铣刀的旋转、刨削时刨刀的直线往复移动等均为主运动。

（2）进给运动　进给运动是工件与刀具之间附加的相对运动，使工件切削层不断投入切削，其速度和方向是切削刃选定点相对于工件进给运动的瞬时速度和方向，其一般特征是速度较低，功率消耗也较少。车削时车刀的移动、钻削时钻头的轴向移动、铣削时工件随工作台的移动、刨削时工件的间歇移动等均为进给运动。

切削运动实际上是主运动和进给运动的合成运动，其速度是切削刃选定点相对于工件的合成切削运动的瞬时速度和方向。根据不同的加工类型，主运动和进给运动的形式也有所不同，既可以是旋转运动，也可以是直线运动；可由刀具和工件分别完成，也可由刀具和工件共同完成。主运动一般只有一个，进给运动可以是一个或多个，可以是连续进行的，也可以是间歇的。

在切削过程中，工件上的加工余量不断地被刀具切削，因而表面先后共有三种形态：①待加工表面，即工件上待切除的表面；②过渡表面，工件上由刀具切削刃正在切削的表面；③已加工表面，工件上经刀具切削后产生的表面。

典型切削加工的加工表面与切削运动如图 6-1 所示，图中 d_w 为工件待加工表面的直径；d_m 为工件已加工表面的直径；κ_r 为主偏角；a_p 为背吃刀量；a_c 为切削（铣削）宽度。

6.1.2　切削用量

切削用量是指切削速度、进给量和背吃刀量的总称，常称为切削用量三要素。在切削加工中，根据不同的工件材料、刀具材料和其他技术、经济要求来选择适宜的切削用量。

1. 切削速度 v_c

切削速度 v_c 是刀具切削刃上的选定点相对于待加工表面在主运动方向上的瞬时速度。对于回转运动的切削速度的计算公式为

$$v_c = \frac{\pi d n}{1000}$$

式中　d——切削部位工件加工表面或刀具切削处最大直径（mm）；

　　　n——工件或刀具的转速（r/min）。

2. 进给量 f

进给量 f 是指工件或刀具每转/往复一次或每转过一齿时，刀具沿进给方向上相对工件的位移量。车削时进给量为工件每转一周车刀沿进给方向移动的距离（mm/r）；铣削时常用的进给量为工件每分钟沿进给方向移动的距离（mm/min）；刨削时进给运动为刨刀每往复一次，工件或刨刀沿进给方向间歇移动的距离（mm/dst）。

3. 背吃刀量 a_p

背吃刀量 a_p 又称为切削深度，是指待加工工件表面与已加工工件表面之间的垂直距离，单位为 mm。车削外圆时由下式计算：

$$a_p = \frac{d_w - d_m}{2}$$

式中　d_w——待加工工件表面的直径（mm）；

　　　d_m——已加工工件表面的直径（mm）。

切削三要素直接影响到切削加工质量、刀具损耗、加工效率和机床动力消耗等。选择切削用量就是要选择切削用量三要素的最佳组合，其基本要求是：在满足零件加工质量要求的

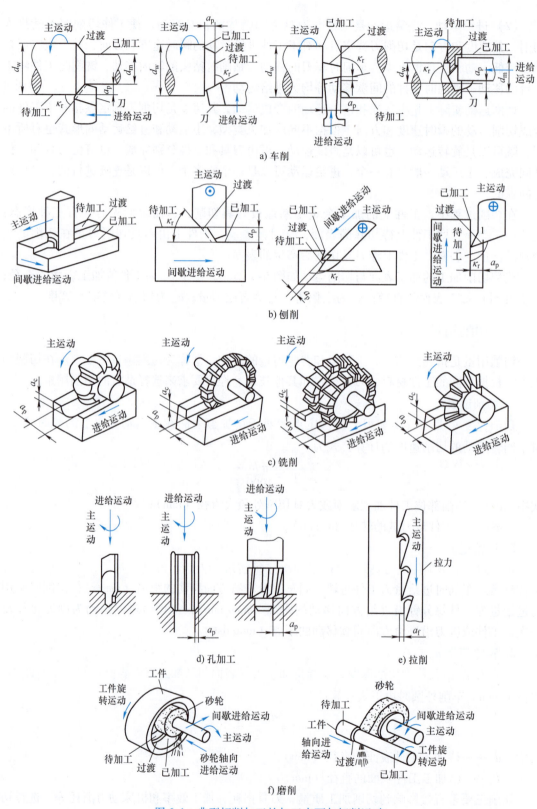

图 6-1 典型切削加工的加工表面与切削运动

前提下，并在工艺系统强度和刚度允许条件下，充分利用机床功率和发挥刀具切削性能，以达到最优的切削加工效果。切削加工的一般过程是：首先根据工件加工精度要求，选择尽可能大的背吃刀量；其次根据工件表面粗糙度的要求，选择一个较大的进给量，并在刀具耐用度允许条件下选择一个合适的切削速度。在实际的生产中，根据被加工工件的材料、切削加工的条件、加工质量的要求，参考有关机械加工工艺手册，并结合所积累的经验，选择合适的切削用量。粗加工时，为提高生产率，尽快切除大部分加工余量，一般选择较大的背吃刀量和进给量，兼顾刀具耐用度和机床功率限制，切削速度不宜太高；精加工时，为保证工件的加工质量，一般选用较小的背吃刀量和进给量，较高的切削速度。

6.2　常用金属切削机床的分类与编号

6.2.1　机床型号的表示方法

　　金属切削机床按照不同的加工类型分为 11 大类，即车床、钻床、镗床、磨床、齿轮加工机床、螺纹加工机床、铣床、刨插床、拉床、锯床和其他机床。在每一类机床中按工艺范围、布局形式和结构等分为若干组，每一组又细分为若干系列。按照机床的精度等级标准，机床分为普通机床、精密机床和高精度机床三种。按照机床的加工对象，机床分为通用机床、专门化机床和专用机床。通用机床是指可加工多种工件，完成多种工序、使用范围较广的机床；专门化机床是指用于加工形状相似而尺寸不同的工件上特定工序的机床；专用机床是指用于加工特定工件的特定工序的机床。

　　为了方便使用和管理，按照 GB/T 15375—2008《金属切削机床 型号编制方法》为每一种机床编制机床型号，其表示方法如图 6-2 所示。

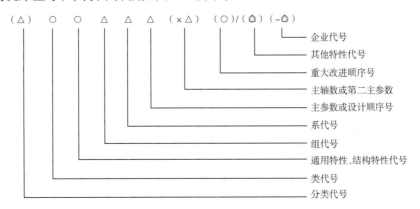

图 6-2　金属切削机床型号的表示方法

　　以上符号中"〇"为大写汉语拼音字母，"△"为阿拉伯数字，"⌂"为大写汉语拼音字母或阿拉伯数字，或两者兼之。有括号的代号或数字若有内容时，标注时应该不带括号，若无内容则不表示。

6.2.2 机床的类别及其代号

机床的类代号表示机床的类别，用大写的汉语拼音字母表示；分类代号用阿拉伯数字表示，位于类代号前。机床的类别和分类代号见表6-1。对具有两类特性的机床编制类别时，主要特性应放置在后面，次要特性应放在前面，例如铣镗床是以镗为主、铣为辅。

表6-1 机床的类别和分类代号

类别	车床	钻床	镗床	磨床			齿轮加工机床	螺纹加工机床	铣床	刨插床	拉床	锯床	其他机床
代号	C	Z	T	M	2M	3M	Y	S	X	B	L	G	Q
读音	车	钻	镗	磨	二磨	三磨	牙	丝	铣	刨	拉	割	其

6.2.3 机床的通用特性代号、结构特性代号

机床的通用特性代号、结构特性代号，用大写的汉语拼音字母表示，位于类代号之后。当某类型机床，除有普通型外，还有下列某种通用特性时，则在类代号之后加通用特性代号予以区分，通用特性代号有统一的规定含义，它在各类机床的型号中，表示的意义相同，机床的通用特性代号见表6-2。

对主参数值相同而结构、性能不同的机床，在型号中加结构特性代号予以区分，它在型号中没有统一的含义，对某些结构特性代号，可以赋予一定的含义。当型号中有通用特性代号时，结构特性代号应排在通用特性代号之后。

表6-2 机床的通用特性代号

通用特性	高精度	精密	自动	半自动	数控	加工中心（自动换刀）	仿形	轻型	加重型	柔性加工单元	数显	高速
代号	G	M	Z	B	K	H	F	Q	C	R	X	S
读音	高	密	自	半	控	换	仿	轻	重	柔	显	速

6.2.4 机床的组代号和系代号

机床的组代号，用一位阿拉伯数字表示，位于类代号或通用特性代号、结构特性代号之后。机床的系代号，用一位阿拉伯数字表示，位于组代号之后。将每类机床划分为十个组，每个组又划分为十个系（系列），其划分原则是：在同一类机床，主要布局或使用范围基本相同的机床，即为同一组；在同一组机床中，其主参数相同、主要结构及布局型式相同的机床，即为同一系。例如CA6140型卧式车床型号中的"61"，说明它属于车床类6组、1系。

6.2.5 机床主参数代号或设计顺序号

机床主参数代表机床的规格。主参数代号以其主要参数的折算值（主参数乘以折算系数）表示，在机床型号中排列在组代号、系代号之后。各种型号的机床，其主参数的折算系数可以不同。一般来说，以最大棒料直径为主参数的自动车床和以最大钻孔直径为主参数

的钻床，其折算系数为 1；以床身上最大工件回转直径为主参数的车床、以最大工件直径为主参数的绝大多数齿轮加工机床、以工作台工作宽度为主参数的立式和卧式铣床以及绝大多数控镗床和磨床，其主参数的折算系数为 1/10；大型的立式车床、龙门铣床、龙门刨床等的主参数折算系数为 1/100。

某些通用机床，当无法用一个主参数表示时，则在型号中用设计顺序号表示。设计顺序号由 1 起始，当设计顺序号小于 10 时，由"01"开始编号。

6.2.6 主轴数或第二主参数

对于多轴车床、多轴钻床、排式钻床等机床，其主轴数应以实际数值列入型号，置于主参数之后，用"×"分开，读作"乘"。单轴，可省略，不予表示。

第二主参数（多轴机床的主轴数除外），一般不予表示，如有特殊情况，必须在型号中表示。在型号中表示的第二主参数，一般折算成两位数为宜，最多不超过三位数。以长度、深度等表示的，其折算系数为 1/100；以直径、宽度表示的，其折算系数为 1/10；以厚度、最大模数等表示的，其折算系数为 1。当折算值大于 1 时，则取整数；当折算值小于 1 时，则取小数点后第一位数，并在前面加"0"。

6.2.7 机床重大改进顺序号

当机床的结构、性能有更高的要求，并需按新产品重新设计、试制和鉴定时，才按改进的先后顺序选用 A、B、C 等字母，加在型号基本部分的尾部，以区别原机床型号。重大改进设计不同于完全的新设计，它是在机床原有的基础上进行改进设计，因此，重大改进后的产品与原型号的产品，是一种取代关系。凡属局部的小改进，或增减某些附件、测量装置及改变装夹工件的方法等，因对原机床的结构、性能没有作重大的改变，故不属重大改进。其型号不变。例如 M1432A 表示第一次重大改进后的万能外圆磨床，最大磨削直径为 320mm。

6.2.8 其他特性代号

其他特性代号，置于辅助部分之首。其中同一型号机床的变型代号，一般应放在其他特性代号之首位。

其他特性代号主要用以反映各类机床的特性。如：对于数控机床，可用来反映不同的控制系统等；对于加工中心，可用以反映控制系统、联动轴数、自动交换主轴头、自动交换工作台等；对于柔性加工单元，可用以反映自动交换主轴箱；对于一机多能机床，可用以补充表示某些功能；对于一般机床，可用以反映同一型号机床的变型等。

6.2.9 通用机床型号示例

1）工作台最大宽度为 500mm 的精密卧式加工中心，其型号为 THM6350。

2）工作台最大宽度为 400mm 的 5 轴联动卧式加工中心，其型号为 TH6340/5L。

3）最大磨削直径为 400mm 的高精度数控外圆磨床，其型号为 MKG1340。

4）经过第一次重大改进，其最大钻孔直径为 25mm 的四轴立式排钻床，其型号为 Z5625X4A。

5）最大钻孔直径为 40mm，最大跨距为 1600mm 的摇臂钻床，其型号为 Z3040X16。

6）最大车削直径为 1250mm，经过第一次重大改进的数显单柱立式车床，其型号为 CX5112A。

7）光球板直径为 800mm 的立式钢球光球机，其型号为 3M7480。

8）最大回转直径为 400mm 的半自动曲轴磨床，其型号为 MB8240。根据加工需求，在此型号机床的基础上交换的第一种型式的半自动曲轴磨床，其型号为 MB8240/1，变换的第二种型式的型号则为 MB8240/2，依此类推。

9）最大磨削直径为 320mm 的半自动万能外圆磨床，结构不同时，其型号为 MBE1432。

10）最大棒料直径为 16mm 的数控精密单轴纵切自动车床，其型号为 CKM1116。

11）配置 MTC-2M 型数控系统的数控床身铣床，其型号为 XK714/C。

12）试制的第 5 种仪表磨床为立式双轮轴颈抛光机，这种磨床无法用一个主参数表示，故其型号为 M0405。后来，又设计了第 6 种为轴颈抛光机，其型号为 M0406。

6.3 刀具材料

6.3.1 刀具材料应具备的性能

刀具在工作中要承受很大的压力和冲击力，由于切削时产生的工件材料塑性变形以及在刀具、切屑、工件产生的强烈摩擦，使刀具的切削刃上产生很高的温度和受到很大的应力。要使刀具能正常工作而不至于很快损坏或变钝，刀具材料应具备如下性能要求：①高硬度，刀具材料必须比被加工材料的硬度更高，一般刀具材料的常温硬度都在 62HRC 以上；②高耐磨性，刀具的抗磨损能力强，是刀具材料力学性能、组织结构和化学性能的综合反映；③足够的强度和韧性，因刀具要承受很大的压力、冲击和振动；④高耐热性，刀具材料在高温下保持一定硬度、耐磨性、强度和韧性的性能；⑤良好的工艺性，主要指锻造性能、热处理性能、高温塑变性能和磨削加工性能等；⑥经济性和绿色性。

6.3.2 刀具材料的种类及性能

刀具材料种类众多，其主要分类如下。

1. 碳素工具钢

碳素工具钢是含碳量为 0.65% ~ 1.35% 优质高碳钢，常用牌号有 T8A、T10A、T12A 等。碳素工具钢由于耐热性能很差（200 ~ 250℃），允许的切削速度很低，只适宜制造手动工具，如锉刀、锯条等。

2. 合金工具钢

合金工具钢是指含铬、钨、硅、锰等合金元素的低合金钢种，常用的牌号是 9SiCr、CrWMn 等。合金工具钢有较高的耐热性（300 ~ 400℃），允许在较高的切削速度下工作；耐磨性较好，因此可用于截面积较大、要求热处理变形小、对耐磨性及韧性有一定要求的低速切削刀具，例如铰刀、丝锥、板牙等。

3. 高速钢

高速钢是加入了较多的钨、钼、铬、钒等合金元素的高合金含量的工具钢，常用的牌号有 W18Cr4V 和 W6Mo5Cr4V2。高速工具钢具有优良的工具性能，其耐热性较好（600 ~ 650℃），淬火后硬度较高（63 ~ 70HRC），常用于制造形状复杂的刀具，如钻头、丝锥、成形刀具、拉刀和齿轮刀具等，是普遍使用的刀具材料。

按用途不同高速钢可分为通用型高速钢和高性能高速钢。其中高性能高速钢是在通用型高速钢成分中再增加含碳量、含钒量，有时添加钴、铝等合金元素以提高耐热性和耐磨性的钢种，其热稳定性高，具有更好的力学性能，寿命为通用型高速钢的 1.5 ~ 3 倍。

4. 硬质合金

硬质合金是难熔金属碳化物（WC、TiC）与金属黏结剂（如 Co）的粉末在高温下烧结而成的。和高速钢相比较，硬质合金硬度高（89 ~ 94HRA）、耐热性好（850 ~ 1000℃）、热导率好、抗黏结磨损能力强、化学稳定性好，抗弯强度差、韧性差。近年来，新牌号的硬质合金得到了快速发展，成为广泛使用的一种刀具材料。

我国常用硬质合金有以下几类：

钨钴类硬质合金，代号 YG，常用牌号有 YG3、YG6、YG8 等，牌号中的数字表示含 Co 量的百分比。YG 类硬质合金主要适用于加工铸铁、有色金属等材料。

钨钴钛类硬质合金，代号 YT，常用的牌号有 YT5、YT15、YT30 等，牌号中的数字表示含 TiC 量的百分比。YT 类硬质合金主要适用于碳钢、合金钢等材料。

钨钛钽（铌）钴类硬质合金，代号为 YW，常用的牌号有 YW1、YW2 等，在硬质合金成分中加入一定含量的碳化钽或碳化铌，适用于耐热钢、高锰钢、不锈钢等难加工材料的精加工。

5. 陶瓷

陶瓷刀具一般是以氧化铝为基本成分的陶瓷在高温下烧结而成的，与硬质合金相比较，有很高的硬度（91 ~ 95HRC）和耐磨性，高温性能好（1200℃以上仍能切削），抗黏结性能、化学稳定性好，摩擦系数较低。但是陶瓷刀具脆性大，抗弯强度和冲击韧性差，耐热冲击性差，容易产生裂纹。

6. 超硬材料

超硬材料包括金刚石和立方氮化硼两大类。

金刚石是自然界已发现的物质中最硬的材料，具有极高的硬度（其显微硬度达到 10000HV）和耐磨性，具有很好的切削性能和使用寿命；具有很低的摩擦系数，加工表面质量高；具有较低的热膨胀系数和很高的导热性，刀具热变形小。金刚石耐热性低，当切削温度超过 700 ~ 800℃时将产生同素异构转变为石墨而失去硬度，化学稳定性差，金刚石与铁具有很强的化学亲和力，高温时两者极易发生化学反应。金刚石可以用来加工硬质合金、陶瓷、高硅铝合金等高硬度、高耐磨材料，在加工黄铜、铝、金等时，具有良好的镜面切削性能。

立方氮化硼是利用超高压高温技术合成的无机超硬材料，具有很高的硬度（其显微硬度为 8000 ~ 9000HV）和耐磨性，具有很好的切削性能和使用寿命；热稳定性好，耐热性可达 1400℃；化学稳定性好；良好的导热性，其导热率介于金刚石与硬质合金之间；有较低的摩擦系数。立方氮化硼虽然硬度上略低于金刚石，但其热稳定性好、化学稳定性优，两者作为超硬材料相互补充。立方氮化硼不仅是制造磨具的好材料，由于其容易修磨，可用于制造车刀、镗刀、端铣刀、铰刀、齿轮刀具等，主要用于各种淬硬钢、铸铁、高温合金、硬质合金及表面喷涂材料等的加工。

6.3.3 刀具材料的改性

刀具材料的改性是采用化学或物理的方法，对刀具表面进行处理，使刀具材料的表面性能有所改变，从而提高刀具的切削性能和使用寿命等。

刀具表面化学处理是将刀具置于化学介质中加热和保温，以改变表层化学成分和组织，从而改变表层性能的热处理工艺，可分为渗碳、渗氮、碳氮共渗和多元共渗等。

刀具表面涂层是指在硬质合金（或高速钢）基体上涂覆一薄层耐磨性高的难熔金属（或非金属）化合物，提高材料耐磨性而不降低其韧性，主要有化学气相沉积法（CVD）及物理气相沉积法（PVD），涂层的物质主要有碳化物、氧化物、氮化物、碳氮化物、硼化物、硅化物和多层复合涂层等八大类。涂层刀具的出现，使刀具的切削性能产生了重大突破，应用领域不断扩大。目前国内外的可转位刀片的涂层比例达到 70% 以上，可用于车刀、立铣刀、钻头、插齿刀等刀具，用于各种钢、铸铁、耐热合金和有色金属等材料的加工。

6.4 切削过程与控制

6.4.1 切屑及控制

金属的切削过程实际上可以看作是切屑的形成过程，即在前刀面的推挤、摩擦作用下，使变形金属内部发生剪切滑移的过程。金属的被切削层在切削刃附近与工件本体分离，此处的应力集中而复杂，大部分变成切屑，很小一部分留在已加工表面上。

1. 切屑的种类

由于工件材料不同，切削过程中的切屑变形程度也不同，因而产生的切屑种类也就多种多样。根据切屑的形状不同，一般可将切屑分为带状切屑、节状切屑、粒状切屑和崩碎切屑四类，如图 6-3 所示。

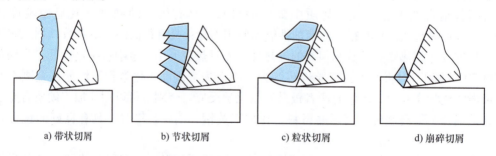

a) 带状切屑　　　　b) 节状切屑　　　　c) 粒状切屑　　　　d) 崩碎切屑

图 6-3　切屑的种类

（1）带状切屑　切屑的形状都是沿前刀面连续流出的带状切屑，其特点是靠近前刀面的一面表面比较光滑，其他表面显得粗糙，如图 6-3a 所示。通常在加工塑性金属材料切削时，切削厚度较小、切削速度较高、刀具前角较大的情况下获得，这类切削过程具有切削力波动较小、加工表面平滑、已加工表面粗糙度低等优点。

（2）**节状切屑**　外形和带状切屑不同之处在于外表面呈锯齿形，内表面有时有裂纹，但切屑内部还是互相连接着并未断开，如图 6-3b 所示。通常在加工中等塑性金属材料时，在切削速度较低、切削厚度较大、刀具前角较小的情况下产生。这类切削过程切削力波动较大，已加工表面粗糙度较高。

（3）**粒状切屑**　切削时由于整个剪切面上剪应力超过了材料的破裂强度，切屑单元从被切材料上脱落形成的梯形粒状切屑，如图 6-3c 所示。通常在加工塑性较小的金属材料时出现。

（4）**崩碎切屑**　切削层金属在刀具前刀面的作用下，未经明显的塑性变形就在拉应力作用下脆断，形成形状不规则的崩碎切屑，如图 6-3d 所示。切削脆性金属材料时，由于材料塑性小，抗拉强度低，容易产生这种切屑，这类切削过程不连续，切削力波动大，影响表面质量，易损坏刀具。

2. 切屑控制

在生产实践中，我们会看到不同的排屑情况：有的切屑打成螺卷状，到一定长度时自行折断；有的切屑折断成 "C" 形或 "6" 字形；有的呈发条状卷屑；有的碎成针状或小片，四处飞溅，影响安全；有的带状切屑缠绕在刀具和工件上，易造成事故。不良的排屑状态会影响生产的正常进行，或划伤工件的已加工表面，或划伤机床，或卡在机床运动副之间，或造成刀具的早期破损等，有时甚至影响操作者的安全。如不能进行有效的切屑控制，轻则限制了机床性能的发挥，重则无法正常进行生产，在自动化生产线上加工时尤为重要。

切屑控制是指在切削加工中采取适当的措施来控制切屑的卷曲、流出与折断，使之形成"可接受"的屑形，主要方法有两类：一是采用断屑槽；二是改善切削条件。

（1）**采用断屑槽**　通过设置断屑槽对流动中的切屑施加一定的约束力，使切屑应变增大，切屑卷曲半径减小。断屑槽的尺寸参数应与切削用量的大小相适应，否则会影响断屑效果。常用的断屑槽截面形状有直线圆弧形、折线形和全圆弧形，如图 6-4 所示，图中 L_{Bn} 为断屑槽的宽度；r_{Bn} 为断屑槽底圆弧半径；γ_0 为刀具前角；δ_{Bn} 为断屑槽底角。

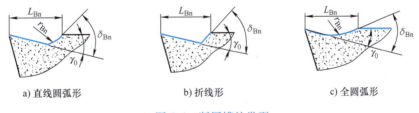

a) 直线圆弧形　　　　　b) 折线形　　　　　c) 全圆弧形

图 6-4　断屑槽的类型

（2）**改善切削条件**

1）**改变切削用量**。增大进给量可以增加切削厚度，降低切削速度也可使切屑变形增大，两者均可使切屑容易折断，但同时带来增大加工表面粗糙度、降低材料切除效率等副作用，需要根据实际条件适当选择合理的切削用量。

2）**改变刀具角度**。加大主偏角可增加切削厚度，减小前角可使切屑变形增大，可使切屑容易折断。调整刃倾角的角度，使切屑与工件或刀具相碰，促使切屑折断。

3）**降低工件塑性**。工件材料塑性越好越不容易断屑，可以采用适当的热处理工艺来降低工件材料塑性。

6.4.2 切削力

切削力是指在切削过程中产生的，作用在工件和刀具上的，大小相等、方向相反的力。刀具上所有参与切削的各切削部分所产生的切削力的合力称为总切削力，其来源主要有三个方面：其一为克服工件材料对弹性变形的抗力；其二为克服工件材料对塑性变形的抗力；其三为克服切屑与前面摩擦力，后面与已加工表面及过渡表面的摩擦力，如图6-5所示。

为了便于设计和工艺分析，通常将总切削力 F 分解成三个互相垂直的分力，例如在外圆车削时的总切削力可以分解为切削力 F_c、进给力 F_f、背向力 F_p，如图6-6所示。切削力 F_c 是总切削力在主运动方向上的分力，一般占 F 的80%~90%，是计算机床所需功率、强度、刚度的基本数据。进给力 F_f 是总切削力在进给运动方向上的分力，是设计和校验工艺系统刚度及精度的必需数据。背向力 F_p 是总切削力在加工表面法线方向上并垂直于进给方向的分力，是设计和校验机床走刀机构的必需数据。

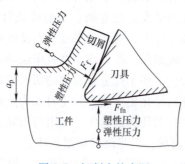

图6-5 切削力的来源

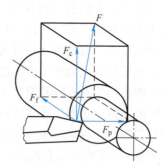

图6-6 切削力

6.4.3 刀具的失效与使用寿命

1. 刀具的失效形式

刀具在切削过程中，要承受很大的压力、很高的温度、剧烈的摩擦，在使用一段时间后切削性能大幅下降或完全丧失切削能力而失效。刀具失效后，使工件加工精度降低，表面粗糙度增大，并导致切削力增大、切削温度升高，甚至产生振动，不能继续正常切削，只有重新刃磨切削刃或更换新的刀具才能进行切削。刀具的失效形式有正常磨损和非正常磨损（破损）两类，通常说的磨损一般是指刀具的正常磨损。

（1）正常磨损 刀具的正常磨损是连续的逐渐磨损，随着切削时间的增加磨损逐渐扩大，主要形态有前刀面磨损、后刀面磨损和边界磨损等。不同的刀具材料在不同使用条件下造成的磨损的主要原因是不同的，包括磨粒磨损（机械磨损、硬质点磨损）、黏结磨损、扩散磨损、化学磨损及其他磨损。刀具的磨损过程分为初期磨损阶段、正常磨损阶段、急剧磨损阶段。刀具的合理使用是应当在刀具产生急剧磨损前重磨或更换，一般采用后刀面的磨损量大小来制定磨钝标准。

（2）非正常磨损 刀具的破损是一种非正常的磨损，在生产中突然发生崩刃、卷刃或刀片碎裂等，使刀具提前失去切削能力，主要的形式分为脆性破损和塑性破损两种。

2. 刀具使用寿命

刀具耐用度是指刃磨后的刀具自开始切削直到磨损量达到磨钝标准为止的切削时间。刀具总使用寿命表示一把新刀用到报废之前的总切削时间，等于刀具耐用度乘以重磨次数。影响刀具使用寿命的因素主要有切削用量的选择、工件材料的影响、刀具材料的影响和刀具几何参数等，其中工件材料、刀具材料的性能对刀具使用寿命影响最大，在切削用量中影响刀具使用寿命最主要的因素是切削速度，其次是进给量和切削深度。

6.4.4　切削热与切削液

1. 切削热

在刀具的作用下被切削材料发生弹性和塑性变形时所做的功，以及切削与前刀面之间、工件与后刀面之间的摩擦力所做的功，除了 1%～2% 用以形成新的表面和以晶格扭曲形式形成潜藏能外，98%～99% 转换为热能，使切削区温度升高。切削所产生的热量分别被切屑、工件、刀具和周围介质传导出去，在干切削条件下，通常大部分切削热由切屑带走，其次是工件和刀具。

2. 切削液

切削液是改善切削加工过程、减少刀具磨损、提高加工质量和效率的有效途径。在切削过程中起到冷却、润滑、防锈和洗涤作用。切削液主要有水基切削液和油基切削液两种，前者冷却能力强，后者润滑性能突出。切削液的使用方法主要有低压浇注法、高压冷却法、喷雾冷却法和手工供液法等。

6.5　零件的加工质量

零件的加工质量包括加工精度和表面质量两个方面。加工精度主要包括尺寸精度、形状精度和位置精度。加工精度是在正常的生产条件下（设备完好、工夹量刀具适应、工人技术水平相当、工时定额合理等）能达到的加工精度范围。表面质量是指零件表面粗糙度、加工硬化层、表面残余应力等状况。

6.5.1　加工精度

1. 尺寸精度

尺寸精度是指零件的实际尺寸相对于理想尺寸的准确程度，是由尺寸公差控制的。尺寸公差是在满足零件使用要求的前提下，所允许的加工误差范围。GB/T 1800.1—2020《产品几何技术规范（GPS）线性尺寸公差 ISO 代号体系　第 1 部分：公差、偏差和配合的基础》规定：尺寸公差分为 20 级，即 IT01、IT0、IT1～IT18。IT 表示标准公差，后面的数字表示公差等级，等级依次降低。在基本尺寸相同的条件下，公差越小，尺寸精度越高；反之，精度越低。一般 IT01～IT12 用于配合尺寸，IT13～IT18 用于非配合尺寸。

同一精度等级，不同基本尺寸，其公差值不同；基本尺寸越大，其公差值也越大。如精度等级为 IT12，当基本尺寸为 100mm 时，其公差值为 0.3mm；当基本尺寸为 200mm 时，其公差值为 0.46mm。

相同基本尺寸，不同精度等级，其公差值也不同。例如车削某零件，外径尺寸为 $\phi50$，若公差值对称分布，当 IT12 级时的公差值为 0.3mm，则最大极限尺寸为（50 + 0.15）mm = 50.15mm，最小极限尺寸为（50 - 0.15）mm = 49.85mm；当 IT7 级时其公差值为 0.03mm，则最大极限尺寸为（50 + 0.015）mm = 50.015mm，最小极限尺寸为（50 - 0.015）mm = 49.985mm。

2. 形状精度和位置精度

形状精度是指零件上线、面要素的实际形状相对于理想形状的准确程度，是由形状公差控制的。位置精度是指零件上的点、线、面等几何要素之间的实际位置与理想位置的准确程度，是由位置公差控制的。GB/T 1182—2018《产品几何技术规范（GPS） 几何公差 形状、方向、位置和跳动公差标注》规定了形位公差的项目及其符号，见表 6-3。

表 6-3 形位公差的项目及其符号

分类	项目	符号	分类	项目	符号
形状公差	直线度	—	方向	平行度	//
	平面度	▱		垂直度	⊥
	圆度	○		倾斜度	∠
	圆柱度	⌀	位置	同轴度（同心度）	◎
	线轮廓度	⌒		对称度	=
	面轮廓度	⌓		位置度	⊕
			跳动	圆跳动	↗
				全跳动	⌰

6.5.2 表面粗糙度

在切削加工中，由于振动、刀痕、刀具与工件之间摩擦等原因，在已加工表面上会不可避免地产生一些微小峰谷，将表面这些微小峰谷的高低程度称为表面粗糙度。GB/T 1800.1—2020《产品几何技术规范（GPS） 线性尺寸公差 ISO 代号体系 第 1 部分：公差、偏差和配合的基础》规定了表面粗糙度的评定参数和评定参数允许值数系，其中最常用的就是轮廓算术平均偏差 Ra，单位为 μm，如图 6-7 所示。

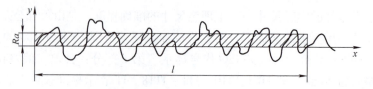

图 6-7 轮廓算术平均偏差的测定

Ra 值中优先选用的数值见表 6-4，即在取样长度 l 内，轮廓偏差绝对值的算术平均值，$Ra = \dfrac{1}{l}\int_0^l |Y(x)|\,\mathrm{d}x$。

表 6-4　轮廓算术平均偏差 *Ra* 的数值

Ra/μm	0.012	0.025	0.05	0.1	0.2	0.4	0.8	1.6
	3.2	6.3	12.5	25	50	100	—	—

　　表面粗糙度对零件的尺寸精度和零件配合性质、零件的接触刚度、耐蚀性、耐磨性及密封性等均有很大影响。设计零件时必须根据具体条件选择合理的 *Ra* 允许值，*Ra* 值越小表面质量越高，加工越困难，加工成本越高。不同表面特征的表面粗糙度见表 6-5。

表 6-5　不同表面特征的表面粗糙度

表面要求	表面特征	*Ra*/μm	加工方法
粗加工	明显可见刀痕	50	钻孔、粗车、粗铣、粗刨、粗镗等
	可见刀痕	25	
	微见刀痕	12.5	
半精加工	可见加工痕迹	6.3	半精车、精车、精铣、粗磨、铰孔等
	微见加工痕迹	3.2	
	不见加工痕迹	1.6	
精加工	可见加工痕迹的方向	0.8	精磨、精拉、刮削、精铰等
	微见加工痕迹的方向	0.4	
	不辨加工痕迹的方向	0.2	
精密加工或光整加工	暗光泽面	0.1	研磨、抛光、镜面磨削等
	亮光泽面	0.05	
	镜面光泽面	0.025	
	雾状光泽面	0.012	
	镜面	<0.012	

　　表面粗糙度的检测方法主要有两种：一种是比较法，例如，样块比较法、显微镜比较法、电动轮廓仪比较法；一种是测量法，例如，光切显微镜测量法、干涉显微镜测量法。检测表面粗糙度的常用方法及适用范围见表 6-6。

表 6-6　检测表面粗糙度的常用方法及适用范围

序号	检测方法	适用参数/μm	说明
1	样块比较法	直接目测：*Ra* >2.5；用放大镜：*Ra*：0.32 ~ 0.5	以表面粗糙度比较样块工作面上的粗糙度为标准，用视觉法或触觉法与被测表面进行比较，以判定被测表面是否符合规定。用样块进行比较检验时，样块和被测表面的材质、加工方法应尽可能一致；样块比较法简单易行，适合在生产现场使用
2	显微镜比较法	*Ra* <0.32	将被测表面与表面粗糙度比较样块靠近在一起，用比较显微镜观察两者被放大的表面，以样块工作面上的粗糙度为标准，观察比较被测表面是否达到相应样块的表面粗糙度，从而判定被测表面粗糙度是否符合规定。此方法不能测出粗糙度参数值
3	电动轮廓仪比较法	*Ra*：0.025 ~ 6.3	电动轮廓仪系触针式仪器，测量时仪器触针尖端在被测表面上垂直于加工纹理方向的截面上，做水平移动测量，从指示仪表直接得出一个测量行程 *Ra* 值。适用于计量室，便携式电动轮廓仪可在生产现场使用

（续）

序号	检测方法	适用参数/μm	说明
4	光切显微镜测量法	Rz：0.8～100	光切显微镜是利用光切原理测量表面粗糙度的方法。从目镜观察表面粗糙度轮廓图像，用测微装置测量 Rz 值，也可通过测量描绘出轮廓图像，再计算 Ra 值，因其方法较繁而不常用。必要时可将粗糙度轮廓图像拍照后评定。光切显微镜适合在计量室使用
5	干涉显微镜测量法	Rz：0.032～0.8	干涉显微镜是利用光波干涉原理，以光波波长为基准来测量表面粗糙度的。被测表面有一定的粗糙度就呈现出凸凹不平、峰谷状干涉条纹，通过目镜观察、利用测微装置测量这些干涉条纹的数目和峰谷的弯曲程度，即可计算出表面粗糙度的 Ra 值。必要时还可将干涉条纹的峰谷拍照后评定。干涉法适用于精密加工的表面粗糙度测量，适合在计量室使用

6.6 常用量具

为了保证零件的加工质量，在零件加工过程中和加工完毕后，都需要对零件进行测量，测量所用的工具称为量具。生产中根据不同的检测任务要求来选择量具。

6.6.1 钢直尺

钢直尺是最简单常用的量具，一般由淬硬的薄弹簧钢制成，常用于测量零件长度、台阶长度等，规格有 150mm、200mm、500mm、1000mm 等，如图 6-8 所示。钢直尺精度不高，主要用于未注公差的尺寸和其他精度低的尺寸测量。钢直尺的刻度有公制和英制两种，公制尺较常使用，通常其刻度值为 1mm，即测量精度为 1mm，有些小规格钢直尺的测量精度为 0.5mm。

图 6-8　钢直尺

6.6.2 游标卡尺

游标卡尺是一种比较精密的量具，在测量中广泛使用，可以直接测量零件的外径、内径、长度、厚度、深度。它由尺身、游标尺、固定卡爪、活动卡爪、紧固螺钉等部分组成，如图 6-9a 所示。游标卡尺按测量分度值可分为 0.1mm、0.05mm、0.02mm 等规格，按测量范围可分为 0～150mm、0～200mm、0～300mm 等多种规格。为方便游标卡尺的读数，提高测量效率，常用带表游标卡尺（见图 6-9b）和数显游标卡尺（见图 6-9c）。

1. 刻线原理

当固定卡爪与活动卡爪贴合时，游标尺上的零线对准尺身的零线，尺身每一小格为

1mm，游标尺是把尺身刻度 49mm 的长度分为 50 等分，游标尺每格长度 = 49/50mm = 0.98mm，尺身、游标尺每格之差 = （1 − 0.98）mm = 0.02（mm）即为卡尺的刻度值，即该游标卡尺的分度值为 0.02mm，如图 6-10 所示。

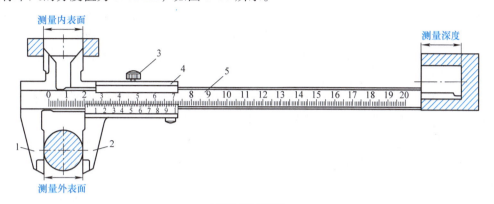

a) 游标卡尺的结构

b) 带表游标卡尺　　　　　　　　　　c) 数显游标卡尺

图 6-9　游标卡尺

1—固定卡爪　2—活动卡爪　3—紧固螺钉　4—游标尺　5—尺身

2. 读数方法

1）先在尺身上读出游标尺零线以左的刻度，读出尺寸的整数部分，图 6-11 所示的是 23mm。

2）游标尺零线以右与尺身的刻线对齐的刻线数乘以卡尺精度，读出尺寸的小数部分，图 6-11 所示的是 $12 \times 0.02mm = 0.24mm$。

3）将上面整数和小数两部分尺寸加起来就是总尺寸，图 6-11 所示的是 23.24mm。

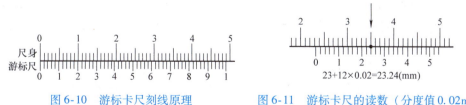

图 6-10　游标卡尺刻线原理　　　　图 6-11　游标卡尺的读数（分度值 0.02mm）

3. 使用方法

1）测量前应把卡尺擦拭干净，检查卡尺的两个测量面和测量刃口是否平直无损，把两个量爪紧密贴合时，应无明显的间隙，同时游标尺和尺身的零位刻线要相互对准，若未对齐，应根据原始误差修正测量读数。

2）移动游标卡尺的游标尺时要活动自如，不能过松或过紧，更不能有晃动现象。用固定螺钉固定游标尺时，卡尺的读数不应有所改变，在移动游标尺时，要松开锁紧螺钉。

3）卡尺两测量面的连线应垂直于被测量表面，不能歪斜应使卡爪逐渐与工件表面靠近，最后达到轻微接触，不得用力加紧工件，以免卡爪变形或磨损，降低测量精度。测量时应先把卡尺的活动量爪张开（或缩小），使量爪能自由地卡进工件外圆或内孔，把零件贴在固定量爪上，然后移动游标尺，用轻微的压力使活动量爪接触零件，测量时可以轻轻摇动卡尺以找到正确位置进行测量和读数。

4）测量外形尺寸时，应当用量爪的平面测量刃进行测量；而对于圆弧形沟槽尺寸，则应当用刃口形量爪进行测量，以减少测量误差，如图6-12所示。

5）用游标卡尺测量零件时，不能过分地施加压力，所用压力应使两个量爪刚好接触零件表面。如果测量压力过大，不但会使量爪弯曲或磨损，且量爪在压力作用下产生弹性变形会使测量尺寸不准确。

6）在游标卡尺上读数时，应保持卡尺水平并朝着亮光的方向，使人的视线尽可能和卡尺的刻线表面垂直，以免由于视线的歪斜造成读数误差。

7）为了获得正确的测量结果，可以多测量几次。即在零件的同一截面上的不同方向进行测量。对于较长零件，则应当在全长的各个部位进行测量，以获得一个比较正确的测量结果。

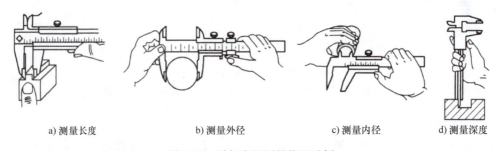

a) 测量长度　　　　　　b) 测量外径　　　　　　c) 测量内径　　　　　　d) 测量深度

图6-12　游标卡尺测量位置示例

6.6.3　深度游标卡尺

深度游标卡尺，如图6-13所示，用于测量零件的深度尺寸或台阶高低和槽的深度。它的结构特点是尺框的两个量爪连成一起成为一个带游标测量基座，基座的端面和尺身的端面就是它的两个测量面。测量时，先把测量基座轻轻压在工件的基准面上，两个端面必须接触工件的基准面。

测量内孔深度时应把基座的端面紧靠在被测孔的端面上，使尺身与被测孔的中心线平行，伸入尺身，则尺身端面至基座端面之间的距离，就是被测零件的深度尺寸，如图6-14a所示。测量轴类等台阶时，测量基座的端面一定要压紧在基准面，再移动尺身，直到尺身的端面接触到工件的测量面（台阶面）上，然后用紧固螺钉固定尺框，提起卡尺，读出深度尺寸，如图6-14b所示。多台阶小直径的内孔深度测量，要注意尺身的端面是否在要测量的台阶上，如图6-14c所示。当基准面是曲线时，如图6-14d所示，测量基座的端面必须放在曲线的最高点上，测量出的深度尺寸才是工件的实际尺寸，否则会出现测量误差。

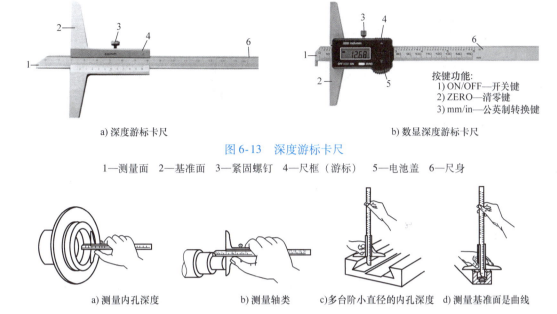

a) 深度游标卡尺　　　　　　　　　　　　b) 数显深度游标卡尺

图 6-13　深度游标卡尺

1—测量面　2—基准面　3—紧固螺钉　4—尺框（游标）　5—电池盖　6—尺身

a) 测量内孔深度　　b) 测量轴类　　c) 多台阶小直径的内孔深度　　d) 测量基准面是曲线

图 6-14　深度游标卡尺的使用方法

6.6.4　高度游标卡尺

高度游标卡尺用于测量零件的高度和精密划线，如图 6-15 所示。测量高度时，量爪测量面的高度，就是被测量零件的高度尺寸，它的具体数值，与游标卡尺一样可在尺身（整数部分）和游标尺（小数部分）上读出。它的结构特点是用质量较大的底座代替固定量爪，游标尺通过横臂装有测量高度和划线用的量爪，量爪的测量面上焊有硬质合金，提高量爪使用寿命。当量爪的测量面与基座的底平面位于同一平面时，尺身与游标尺的零线相互对准，划线时，调好划线高度，用紧固螺钉锁紧后，再进行划线。图 6-16 所示的是高度游标卡尺在划线中的应用。

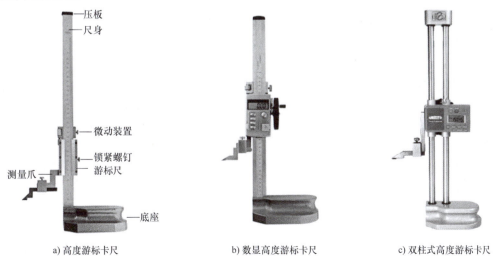

a) 高度游标卡尺　　　　　b) 数显高度游标卡尺　　　　　c) 双柱式高度游标卡尺

图 6-15　高度游标卡尺

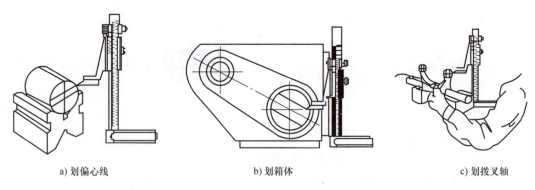

a) 划偏心线　　　　　　　　　b) 划箱体　　　　　　　　　c) 划拨叉轴

图 6-16　高度游标卡尺的应用

6.6.5　千分尺

千分尺是比游标卡尺更为精确的量具，其分度值为 0.01mm。千分尺按结构及用途分为外径千分尺、内径千分尺、深度千分尺和螺纹千分尺等。最常用的是外径千分尺，按其测量范围有 0~25mm、25~50mm、50~75mm、75~100mm 等多种规格。外径千分尺的基本结构如图 6-17 所示。

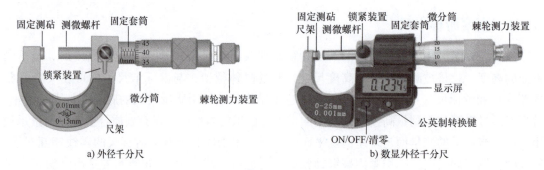

a) 外径千分尺　　　　　　　　　　　　　　b) 数显外径千分尺

图 6-17　外径千分尺的基本结构

其刻线原理和读数方法如下：

1. 刻线原理

外径千分尺主要由固定套筒和微分筒组成。固定套筒在轴线方向上有一条中线，中线的上、下方各刻一排刻线，刻线每小格为 1mm，上、下两排刻线相互错开 0.5mm；在微分筒左端圆周上有 50 等分的刻度线，测微螺杆的螺距为 0.5mm，当微分筒每转一周，测微螺杆即轴向移动 1 个螺距，故微分筒上每一小格的读数值为 0.5mm/50=0.01mm。

2. 读数方法

1）读出距边线最近的轴向刻度线数（应为 0.5mm 的整数倍），图 6-18a 所示的是 12mm，图 6-18b 所示的是 32.5mm。

2）读出与轴向刻度中线重合的圆周刻度数乘以 0.01，图 6-18a 所示的是 0.04mm，图 6-18b 所示的是 0.35mm。

3）将上述两部分读数加起来，即为总尺寸，图 6-18a 所示的是 12.04mm，图 6-18b 所示的是 32.85mm。

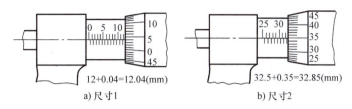

a) 尺寸1　　　　　　　　　　　　b) 尺寸2

图 6-18　刻线原理和读数方法

3. 注意事项

1）测量前应校对零点，千分尺的砧座与测微螺杆左端表面接触时，微分筒左端的边线与轴向刻度线的零点重合，同时圆周上的零线应与中线对准。若零点未对齐，应根据原始误差修正测量读数。

2）工件测量表面应当擦拭干净，并准确放在千分尺的测量面间，不得偏斜。

3）当测微螺杆快接触工件时，必须使用端部棘轮（严禁使用微分筒，以防用力过大引起测微螺杆或工件变形，致使测量表面不准确），当棘轮发出"嘎嘎"打滑声时，表示压力合适，应停止转动，此时读数。

4）读数时提防漏读 0.5mm。

6.6.6　螺纹千分尺与螺纹样板

螺纹千分尺主要用于测量普通螺纹的中径，图 6-19 所示螺纹千分尺的结构与外径百分尺相似，所不同的是它有两个成对使用的并可调换的量头，其角度与螺纹牙型角相同。普通螺纹中径测量范围见表 6-7。

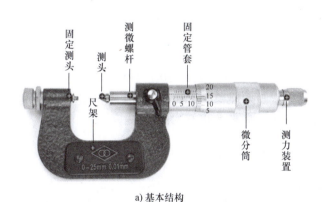

a) 基本结构

b) 量头

c) 测量方法

图 6-19　螺纹千分尺

表 6-7　普通螺纹中径测量范围

测量范围/mm	测头数量/副	螺纹样板测量螺距的范围/mm
0 ~ 25	5	0.4 ~ 0.5；0.6 ~ 0.8；1 ~ 1.25；1.5 ~ 2；2.5 ~ 3.5
25 ~ 50	5	0.6 ~ 0.8；1 ~ 1.25；1.5 ~ 2；2.5 ~ 3.5；4 ~ 6
50 ~ 75 75 ~ 100	4	1 ~ 1.25；1.5 ~ 2；2.5 ~ 3.5；4 ~ 6
100 ~ 125	3	1.5 ~ 2；2.5 ~ 3.5；4 ~ 6

螺纹样板是螺纹标准对类同的螺纹进行测量的标准件，带有确定的螺距及牙型，一般常用公制螺纹角度为60°，如图6-20所示。测量螺纹螺距时，将螺纹样板组中齿形钢片作为样板，卡在被测螺纹工件上，如果不密合，就另换一片，直到密合为止，这时该螺纹样板上标记的尺寸即为被测螺纹工件的螺距。

图6-20　螺纹样板

6.6.7　量规

对于大批量生产的零件要保证配合良好，尺寸必须仅在一个可允许的极限尺寸范围内波动。检查零件尺寸是否符合这个尺寸范围，车间里最常使用的是量规。量规不能指示具体量值，只能根据与被测件的配合间隙、透光程度或者能否通过被测件等来判断被测零件是否合格的测量工具。量规是一种间接的量具，在成批及大量生产中应用广泛。量规的种类众多，有标准的量规，也可以根据工作的需要自行制作，常用量规主要有塞规、卡规、塞尺、半径规等。

（1）塞规　塞规是用来检测孔径或槽宽的，塞规有两个测量端，即"通端"和"止端"。通端用来控制孔的最小极限尺寸，止端用来控制孔的最大极限尺寸。测量时，通端能插入孔中，止端不能插入孔中，即表明该孔的实际尺寸在公差范围以内，是合格品，否则就是不合格品，图6-21所示的是用于配合尺寸25H7的塞规，其测量孔的最小尺寸为25.000mm，最大尺寸为25.021mm。

（2）卡规　卡规是用来检测轴径和厚度的，卡规与塞规相似，也有"通端"和"止端"，使用方法与塞规相同，但尺寸上下线规定与塞规相反，图6-22所示的是用于配合尺寸30j7的卡规，其测量轴的最大尺寸为30.013mm，最小尺寸为29.992mm。

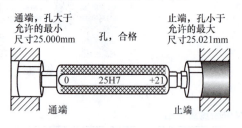

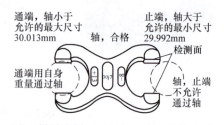

图6-21　用于配合尺寸25H7的塞规　　　　图6-22　用于配合尺寸30j7的卡规

（3）塞尺　塞尺是一组厚度不等的薄钢片，每片上印有厚度标记，如图6-23所示。塞尺用于检验两贴合面之间的缝隙，测量精度不高。

6.6.8　直角尺

直角尺用来检查工件表面间的垂直度，它的两个边呈90°，如图6-24所示。将一条边

（宽边）与工件的基准面贴合，测量另一条边（窄边）与工件被测平面之间的间隙情况，精度虽不太高，但简单方便。当有间隙时，可根据间隙判断工件的误差情况，也可用塞尺配合测量间隙的大小，从而判断工件的垂直度误差情况。

图 6-23　塞尺　　　　　　　　　　　　图 6-24　直角尺

6.6.9　百分表

指示式量具是以指针指示出测量结果的量具。工厂常用的指示式量具有百（千）分表、杠杆百（千）分表和内径百（千）分表等。百分表是一种精度较高的比较量具，只能测量相对数值、不能测量绝对数值，主要用于校正零件的安装位置，检验零件的形状精度和相互位置精度等。百分表和千分表的结构原理相同，只是千分表的分度值为 0.001mm，而百分表的分度值为 0.01mm，如图 6-25 所示。

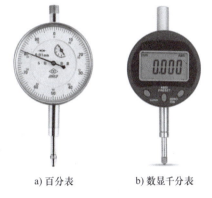

a) 百分表　　　　　b) 数显千分表

图 6-25　百（千）分表

使用百分表时，必须注意以下几点：

1）使用前，应检查测量杆活动的灵活性，即轻轻推动测量杆时，测量杆在套筒内的移动要灵活，没有任何轧卡现象，且每次放松后，指针都能回到原来的刻度位置。

2）使用百分表或千分表时，必须把它固定在可靠的夹持架上，如图 6-26 所示，夹持架要安放平稳，以免使测量结果不准确或摔坏百分表。用夹持百分表的套筒来固定百分表时，夹紧力不要过大，以免因套筒变形而使测量杆活动不灵活。

3）用百分表或千分表测量零件时，测量杆必须垂直于被测量表面，使测量杆的轴线与被测量尺寸的方向一致，否则将使测量杆活动不灵活或使测量结果不准确。

4）测量时，不要使测量杆的行程超过它的测量范围；不要使测头突然撞在零件上；不要使百分表和千分表受到剧烈的振动和撞击，也不要把零件强迫推入测头下，免得损坏百分表和千分表的机件而失去精度。不能用百分表测量表面粗糙或有显著凹凸不平的零件。

5）百分表不使用时，应使测量杆处于自由状态，以免表内的弹簧失效。

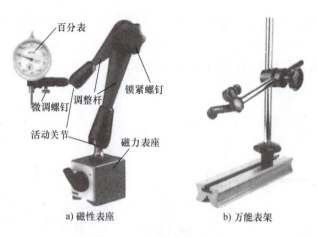

a) 磁性表座　　　　　b) 万能表架

图 6-26　百分表的安装

6.6.10　万能角度尺

游标万能角度尺是用来测量精密零件内外角度或进行角度划线的角度量具，包括游标量角器、万能角度尺等。

万能角度尺的结构如图 6-27 所示，主要是由刻有基本角度刻线的尺身和固定在扇形板上的游标尺组成，其基本原理与游标卡尺相似。

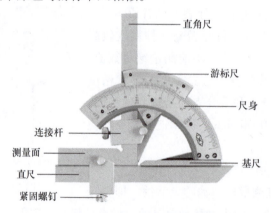

图 6-27　万能角度尺的结构

万能角度尺主尺上的刻度线每格 1°。由于游标尺上刻有 30 格，所占的总角度为 29°，因此，两者每格刻线的度数差是（30° − 29°）/30 = 1°/30 = 2′，即万能角度尺的分度值为 2′。

万能角度尺的读数方法，和游标卡尺相同，先读出游标尺零线前的角度是几度，再从游标尺上读出角度"分"的数值，两者相加就是被测零件的角度数值。

使用万能角度尺可以测量 0°~320° 的任何角度，如图 6-28 所示。直角尺和直尺全装上时，可测量 0°~50° 的外角；仅装上直尺时，可测量 50°~140° 的外角；仅装上直角尺时，可测量 140°~230° 的外角和 130°~220° 的内角；把直角尺和直尺全拆下时，可测量 230°~320° 的外角和 40°~130° 的内角。

用万能角度尺测量零件角度时，应使基尺与零件角度的母线方向一致，且零件应与量角尺的两个测量面的全长上接触良好，以免产生测量误差。

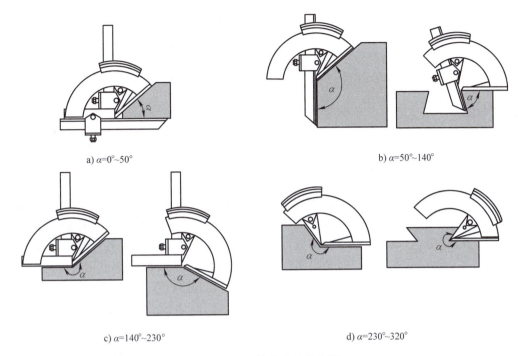

a) α=0°~50°　　　　　　　　　　　　　　　　b) α=50°~140°

c) α=140°~230°　　　　　　　　　　　　　　d) α=230°~320°

图 6-28　万能角度尺的应用

6.6.11　量具的维护和保养

正确地使用精密量具是保证产品质量的重要条件之一。要保持量具的精度和它工作的可靠性，要按照合理的使用方法进行操作，也必须做好量具的维护和保养工作。

1）在机床上测量零件时，要等零件完全停稳后进行，否则不但使量具的测量面过早磨损而失去精度，而且会造成事故。

2）测量前应把量具的测量面和零件的被测量表面都要擦拭干净，以免因有脏物存在而影响测量精度。用精密量具如百分尺、百分表等，去测量锻铸件毛坯，或带有研磨剂（如金刚砂等）的表面是错误的，这样易使测量面很快磨损而失去精度。

3）量具在使用过程中，不要和工具、刀具如锉刀、榔头、车刀和钻头等堆放在一起，以免碰伤量具。也不要随便放在机床上，以免因机床振动而使量具掉落导致损坏。

4）量具是测量工具，绝对不能作为其他工具的代用品，更不能把量具当玩具任意挥动或摇转，都是易使量具失去精度的。

5）不要把精密量具放在热源（如电炉、热交换器等）附近，以免使量具受热变形而失去精度。一般可在室温下进行测量，但必须使工件与量具的温度一致，否则，由于金属材料热胀冷缩的特性，使测量结果不准确。

6）不要把精密量具放在磁场附近，例如磨床的磁性工作台上，以免使量具感磁。

7）发现精密量具有不正常现象时，如量具表面不平、有毛刺、有锈斑以及刻度不准、尺身弯曲变形、活动不灵活等，使用者不应自行拆修，更不允许自行用榔头敲、锉刀锉、砂布打光等粗糙办法修理，以免反而增大量具误差。发现上述情况，使用者应当主动送计量站检修，并经检定量具精度后再继续使用。

8）量具使用后，应及时擦干净，除不锈钢量具或有保护镀层者外，金属表面应涂上一层防锈油，放在专用的盒子里，保存在干燥的地方，以免生锈。

9）精密量具应实行定期检定和保养，长期使用的精密量具，要定期送计量站进行保养和检定精度，以免因量具的示值误差超差而造成产品质量事故。

延伸阅读

金属切削加工知识图谱综合应用系统

金属切削加工过程是工件和刀具相互作用的过程，"机床－刀具－工件"组成一个机械加工工艺系统。对金属切削机理大量的研究已形成描述基本物理现象和变化规律的诸多知识，为事实性知识。金属切削加工在机械行业广泛的应用已产生海量的各种类型的数据及数据之间的联系，为过程性知识。针对事实性知识和过程性知识彼此隔离、相互转化的难题，构建金属切削加工知识图谱，在语义层面将事实性知识和过程性知识关联起来，通过软件的形式，进一步推进智能制造的发展。

四川大学开发了金属切削加工知识图谱综合应用系统与"刀具管理与智能配送系统"集成，在成都某公司展开工程应用，如图 6-29 所示。该系统实现上下料、加工、检测、清洗、生产过程管理全过程自动化。加工设备包括 2 台车削加工中心，1 台车铣加工中心。该生产线目前能加工 30 多种航空发动机中小零部件，包括喷嘴、连接器、推进器壳体、平衡块、锁紧块和平衡支架等。金属切削加工知识图谱综合应用系统为这些零部件工艺规程制定提供刀具选择和工艺路线确定的依据。

生产线总图

车铣加工中心

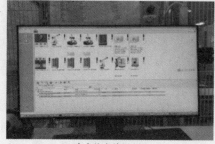
生产线主控界面

加工零件——喷嘴

图 6-29　金属切削加工知识图谱综合应用系统

第7章 机械加工技术

1）了解金属切削机床的基本原理和加工精度的概念。
2）熟悉普通机床的加工范围、基本方法及使用的工夹量刀具。
3）掌握普通车削加工、刨削加工、铣削加工等基本操作技能。
4）熟悉常用车刀材料、性能、几何角度组成及其功用。
5）了解磨床、齿轮加工的基本方法。

【安全实习注意事项】

1）开机前，按指定加油孔注油润滑机床，检查各手柄位置是否正确，检查机床周围有无障碍物并将刀架调整到合适位置。

2）工件和刀具必须装夹牢固，否则极易造成事故。工件夹紧后，卡盘、扳手等工具必须取下并放入安全装置内，以免伤人。

3）工作时，操作者的头、手和身体部位不能离旋转机件太近。

4）机床开动后，必须精力集中，不许离开机床，不准用手去触摸和测量工件，不准用手拉切屑。若在工作中出现异常情况应立即停车，关闭电源。

5）需要变速时必须停车，以防损坏机床。

7.1 车削加工

车削是在车床上用车刀对工件进行切削加工的方法，工件的旋转运动为主运动，车刀的移动为进给运动。车削加工是机械加工中最基本、最常用的加工方法，一般车削可达到的尺寸精度为IT9～IT7，表面粗糙度 Ra 值为6.3～1.6μm。

7.1.1 车削加工范围

车削加工最适合于加工各种轴类、套筒类和盘类零件等回转体零件，主要用于加工内外圆柱面、圆锥面、端面、台阶面，钻孔、扩孔、铰孔、滚花、螺纹加工和车成形面等，如图7-1所示。

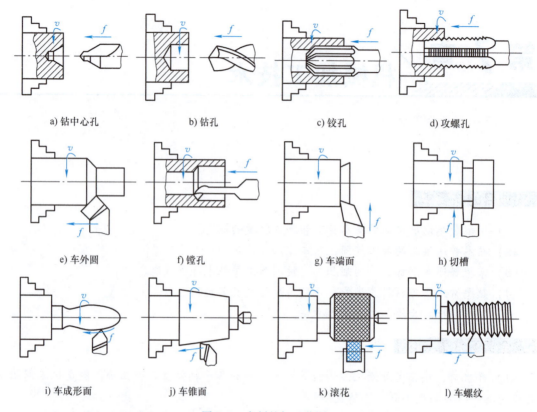

a) 钻中心孔　　　　b) 钻孔　　　　c) 铰孔　　　　d) 攻螺孔

e) 车外圆　　　　f) 镗孔　　　　g) 车端面　　　　h) 切槽

i) 车成形面　　　　j) 车锥面　　　　k) 滚花　　　　l) 车螺纹

图 7-1　车削的加工范围

7.1.2　车削加工机床

车床的种类很多，根据其结构和用途的不同，主要有卧式车床、立式车床、转塔车床、多刀车床和仿形车床等，如图 7-2 所示。

卧式车床是使用最广泛的车床。在型号 C6136 中，C 是"车床"汉语拼音的第一个字母（大写）表示车床，61 表示卧式车床，36 表示该车床最大工件回转直径的 1/10，即 360mm。

1. 卧式车床的结构

卧式车床主要由床身、变速箱、主轴箱、挂轮箱、进给箱、溜板箱、光杠、丝杠、刀架和尾座等部分组成。

（1）床身　床身由床腿支承并固定在地基上，用于支承和连接车床的各个主要部件，并保证各部件间有正确的相对位置。床身上的导轨，用以引导刀架和尾座相对于主轴正确移动。

（2）变速箱　变速箱内有变速齿轮，并通过传动带传动至主轴箱，通过改变变速箱上变速手柄的位置来改变主轴的转速。变速箱远离主轴输入端可减少由变速箱的振动和发热对主轴产生的影响。

（3）主轴箱　主轴箱用于支承主轴并通过变速齿轮使之做多种速度的旋转运动。主轴是由前后轴承精密支承着的空心结构，以便穿入长棒料并进行安装，主轴端面安装卡盘等附件。

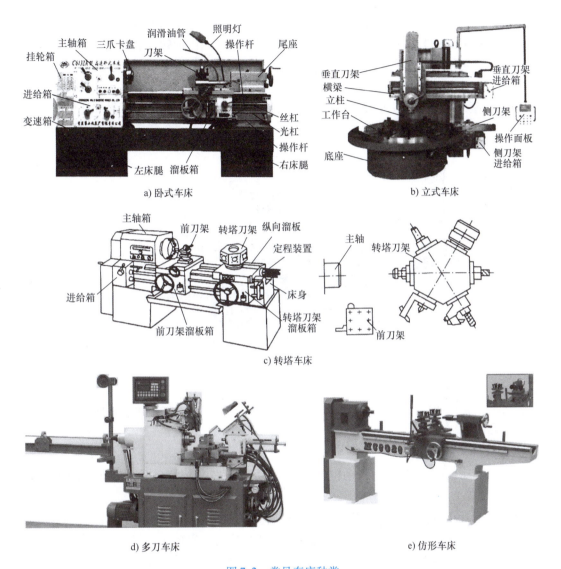

图 7-2　常见车床种类

　　（4）**挂轮箱**　挂轮箱用于将主轴的转动传给进给箱。通过置换箱内的齿轮和其与进给箱之间的配合，可以车削各种不同螺距的螺纹。

　　（5）**进给箱**　进给箱内安装有进给运动的变速齿轮，用以传递进给运动、调整进给量和螺距。进给箱的运动通过光杠或丝杠传给溜板箱，光杠使车刀车出圆柱、圆锥、端面等表面，丝杠使车刀车出螺纹。

　　（6）**溜板箱**　溜板箱与床鞍相连，可将光杠传来的旋转运动转化为车刀的纵向或横向移动用以车削表面，通过开合螺母可将丝杠传来的旋转运动转化为车刀的纵向移动用以车削螺纹。溜板箱内设有互锁机构，使光杠和丝杠不能同时使用。

　　（7）**刀架**　刀架用来装夹车刀并可作纵向、横向和斜向运动，由方刀架、转盘、小滑板、中滑板和大滑板组成，如图 7-3 所示。其中：①方刀架安装在小滑板上，有 4 个可以装夹车刀的位置，故称为方刀架；②小滑板安装在转盘上，转盘可以扳转，从而使小滑板的导轨转过相应的角度，转动小滑板手柄时，就可以使小滑板沿其导轨方向短距离移动；③转盘用螺栓固定在中滑板上，松开锁紧螺钉，转盘可以在水平面内扳转任意角度；④中滑板安装在大滑板上，可带动车刀沿大滑板上的燕尾导轨横向移动；⑤大滑板下面有导轨滑槽与床身导轨配合，带动车刀纵向移动。

（8）**尾座**　尾座安装在车床导轨上并可沿导轨移动，可以通过人工调节其位置，转动尾架手轮，可使尾架套筒伸缩移动。

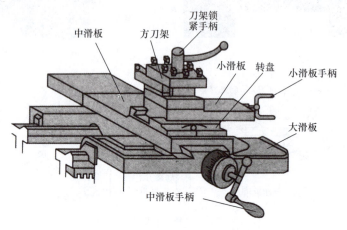

图 7-3　溜板箱和刀架结构

除以上主要构件外，车床上还有电动机、润滑油和切削液循环系统、各种开关和操作手柄，以及照明灯等附件。

2. 车床的传动系统

车床的传动系统由主运动传动链和进给运动传动链组成，C6136 传动路线如图 7-4 所示。

（1）**主运动传动链**　通过带轮将电动机旋转运动产生的动力传递给主轴，通过卡盘使工件做旋转运动。通过改变车床各个主轴变速手柄的位置，实现主轴转速的有级变速控制，满足车床主轴变速和换向的要求，具体的转速值在机床上有明确的标识。

（2）**进给运动传动链**　由主轴变速箱通过交换齿轮箱传动至进给箱，再由光杠或丝杠传至溜板箱。改变车床进给箱各个变速手柄的位置，可得到不同的转速，由光杠传动时获得不同的纵向或横向进给量，由丝杠传动时获得不同螺距的螺纹。

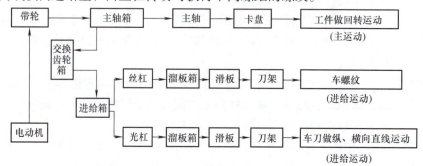

图 7-4　C6136 传动路线

7.1.3 车刀

1. 车刀的种类和结构

车刀通常采用高速钢或硬质合金材料制造而成。车刀种类众多，如图7-5所示。根据工件和被加工表面的不同，合理选用不同种类的车刀不仅能保证加工质量，提高生产率，降低生产成本，还能延长刀具的使用寿命。

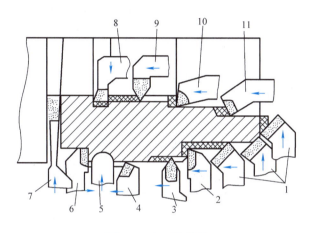

图 7-5 车刀的种类

1—45°外圆车刀　2—90°外圆车刀　3—外螺纹车刀　4—75°外圆车刀　5—成形车刀
6—左偏刀　7—切槽、切断刀　8—内槽刀　9—内螺纹刀　10—90°镗孔刀　11—75°镗孔刀

车刀的结构形式，对车刀的切削性能、切削加工的效率和经济性有着重要的影响。车刀的结构形式通常有整体式、焊接式、机夹式和可转位式4种，如图7-6所示，其特点及用途见表7-1。

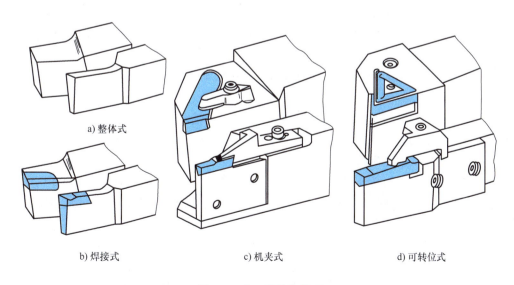

a) 整体式

b) 焊接式　　　　　　　c) 机夹式　　　　　　　d) 可转位式

图 7-6 车刀的结构类型

表 7-1 车刀结构形式的特点及用途

名称	特点	用途
整体式	刀杆和切削部分为同一种材料的车刀。多用高速钢制造,刀头的切削部分角度靠刃磨磨得较锋利。整体式车刀浪费刀具材料,切削性能也不理想,主要用于成形加工	小型车床或加工有色金属
焊接式	将硬质合金刀片焊接在刀杆上,再经刃磨而成的车刀。焊接式车刀结构简单,节省刀具材料,能方便地刃磨出所需几何角度,使用灵活	各类车刀特别是小刀具
机夹式	将硬质合金刀片机械夹固在标准刀杆上的一种车刀,刀杆利用率高,刀片磨损后可方便更换,使用灵活方便,同时避免了焊接式车刀焊接时产生的应力、裂纹等缺陷	外圆、端面、车孔、切断、螺纹车刀等
可转位式	机夹可转位车刀的刀杆和刀片均为系列化标准件,切削刃磨钝后刀片可快速转位。刀片是由专用设备制造的,避免了人工磨削时带来的不稳定性和焊接时产生的缺陷,切削性能稳定,显著提高了刀具的耐用度和使用寿命,生产率和质量均大大提高	大中型车床加工外圆、端面、车孔,特别适用于自动化生产线、数控机床

2. 车刀的组成

车刀由刀头和刀体两部分组成,刀体用来将车刀固定在车床刀架上,刀头用于切削。车刀的刀头一般由三个切削表面、两个切削刃和一个刀尖组成,简称"三面两刃一尖",如图 7-7 所示。

（1）前刀面 刀具上切屑切离工件时所流经的表面,也就是车刀的上面。

（2）主后面 刀具上同前刀面相交形成主切削刃的后面,切削时与工件过渡表面相对。

（3）副后面 刀具上同前刀面相交形成副切削刃的后面,切削时与工件已加工表面相对。

（4）主切削刃 前刀面与主后面的交线。切削时起主要切削作用。

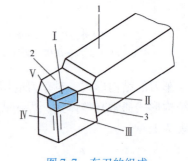

图 7-7 车刀的组成
1—刀体 2—刀头 3—刀尖
Ⅰ—前刀面 Ⅱ—主切削刃 Ⅲ—主后面
Ⅳ—副后面 Ⅴ—副切削刃

（5）副切削刃 前刀面与副后面的交线。切削时起辅助切削作用。

（6）刀尖 主切削刃和副切削刃的连接处相当少的一部分切削刃。为了增加刀尖的强度,通常磨成一小段过渡圆弧。

车刀一般都由上述几部分构成,但数目不完全相同,例如切断刀就有两个副切削刃和两个刀尖。切削刃可以是直线的,也可以是曲线的,如车成形面的样板刀,其切削刃就可能是曲线的。

3. 车刀的装夹

在加工前必须正确安装车刀,否则会导致产品质量不合格,且极易发生安全事故。刀具安装在刀架上,刀架最上方的手柄用于松开（逆时针）或锁紧（顺时针）刀架。刀架在加工、装刀和卸刀时必须锁紧,在进行选刀或改变刀具角度时处于松开状态。安装车刀的注意事项如下：

1）车刀刀尖高度与主轴中心线或尾座顶尖的高度一致（见图 7-8a），如果刀尖低于轴线（见图 7-8b），刀尖强度降低，容易崩刀；刀尖高于工件轴线（见图 7-8c），切削刃强度减弱，刀具寿命下降。

2）一般通过 1~3 个垫片来调整刀尖高度，注意垫片在放置时应叠放整齐，如图 7-8d 和图 7-8e 所示。

3）调整刀头的伸出长度小于刀杆厚度的 1~1.5 倍，如图 7-8f 所示，保证刀架上至少有两个压紧螺钉压紧刀体，用刀架扳手交替旋转压紧螺钉以压紧刀具。

4）锁紧刀架后，仔细检查刀具是否会与机床的其他附件（特别是主轴和尾座，小滑板与三爪卡盘）发生干涉现象，或超出加工极限位置等现象。

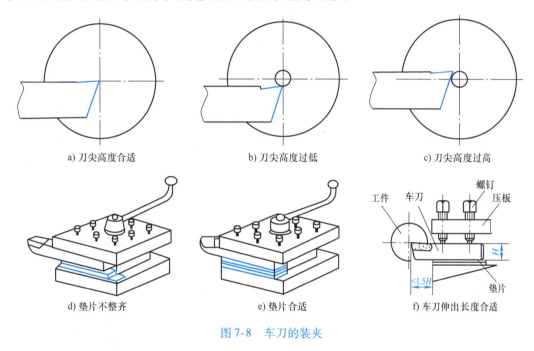

a) 刀尖高度合适　　　　　　　b) 刀尖高度过低　　　　　　　c) 刀尖高度过高

d) 垫片不整齐　　　　　　　e) 垫片合适　　　　　　　f) 车刀伸出长度合适

图 7-8　车刀的装夹

7.1.4　车床夹具及使用

车床主要用于加工回转表面，装夹工件时，应使要加工表面回转中心和车床主轴的中心线重合、定位准确、夹紧可靠，保证切削时定位不变和安全，同时考虑装夹方便，以保证加工质量和生产率。车床上常用的装夹附件有：自定心卡盘、单动卡盘、顶尖、中心架、跟刀架、心轴和花盘等。根据工件的具体要求，选择一种或者几种夹具组合来装夹。

1. 卡盘装夹工件

（1）自定心卡盘装夹工件　三爪自定心卡盘是车床上最基本的夹具，主要由三个卡爪、三个小锥齿轮、一个大锥齿轮和卡盘体四部分组成，如图 7-9 所示。将方头扳手插入卡盘三个方孔中的任意一个转动时，小锥齿轮带动大锥齿轮转动，它背面的平面螺纹使三个卡爪同时向心或离心移动，从而卡紧或松开工件。自定心卡盘的特点是能自动定心、对中性好、装夹方便，主要用来装夹截面为圆形、正六边形的中小型轴类、盘套类工件。当工件直径较大、用正卡爪不便装夹时，可换用反卡爪进行装夹。

自定心卡盘夹紧力不大，一般只适于装夹质量较轻的工件，当工件较重时，宜用单动卡盘或其他专用夹具。工件用自定心卡盘装夹时必须装正夹牢，夹持长度一般不小于 10mm。在车床开动时，工件不能有明显的摇摆、跳动，否则要重新装夹或找正。

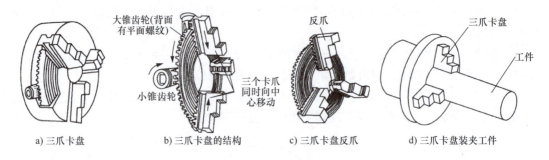

a) 三爪卡盘   b) 三爪卡盘的结构   c) 三爪卡盘反爪   d) 三爪卡盘装夹工件

图 7-9　三爪卡盘及装夹工件

（2）单动卡盘装夹工件　单动卡盘的结构如图 7-10a 所示，它有 4 个互不相关的卡爪通过 4 个螺杆独立移动，从而夹紧或松开工件，不具备自定心功能。四爪卡盘可用于装夹截面为圆形、方形、椭圆形或其他不规则形状的工件，适用范围广，而且夹紧力大。由于其装夹不能自动定心，所以装夹效率较低，装夹时必须用划针盘或百分表找正，使工件回转中心与车床主轴中心对齐，如图 7-10b 所示。四爪卡盘也有正爪和反爪，反爪用来装夹尺寸较大的工件。

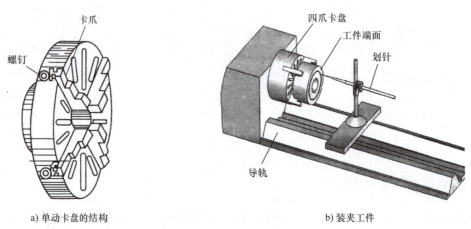

a) 单动卡盘的结构   b) 装夹工件

图 7-10　单动卡盘及装夹工件

2. 顶尖、中心架和跟刀架装夹工件

对于细长轴类工件，由于工件本身的刚性不足，在刀具切削力的作用下会使工件发生变形，因此在加工时需用顶尖、中心架或跟刀架等作为辅助支撑以保证同轴度。三种附件可根据情况单独使用或组合使用。

（1）顶尖装夹工件　加工较长的或细长的工件时常采用顶尖来装夹，装夹的方式主要有一夹一顶（左端用三爪卡盘装夹，右端用顶尖支撑）或两顶尖（左右两端均用顶尖支撑），如图 7-11 所示。

顶尖有多种形式，常用的有活顶尖和固定顶尖，如图 7-12 所示。固定顶尖的定位精度高，但它不跟随工件一起旋转，适合低速加工，如图 7-12a 所示；为降低固定顶尖的磨损量，固定顶尖的头部镶嵌硬质合金等材料，如图 7-12b 所示；当工件轴端直径很小不便钻削中心孔时，可将工件轴端车成 60°圆锥，顶在反顶尖的中心孔中，如图 7-12c 所示；活动顶尖可跟随工件一起旋转，适合高速加工，其结构较固定顶尖复杂，定位精度较低，如图 7-12d 所示。

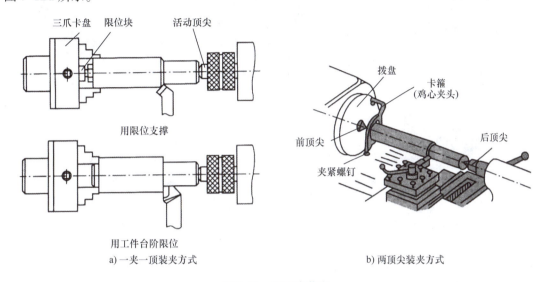

a) 一夹一顶装夹方式

b) 两顶尖装夹方式

图 7-11　用顶尖装夹

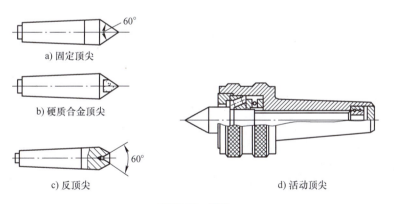

a) 固定顶尖

b) 硬质合金顶尖

c) 反顶尖

d) 活动顶尖

图 7-12　顶尖

利用顶尖装夹工件前，一般先要在工件的端面，使用中心钻钻出中心孔，如图 7-13 所示。

（2）中心架与跟刀架装夹工件　对于重量更重、长径比更大或用两顶尖加工仍然不能保证加工质量的零件，就应选择用中心架或跟刀架作为辅助支撑，以提高加工刚度，消除加工时的振动和工件的弯曲变形。

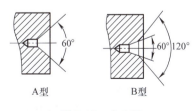

A 型　　B 型

图 7-13　中心孔

中心架适合于加工细长台阶轴、需要调头加工的细长轴、对细长轴端面进行钻孔或镗孔和零件直径不能通过主轴锥孔的大直径长轴车端面等零件，如图 7-14 所示。

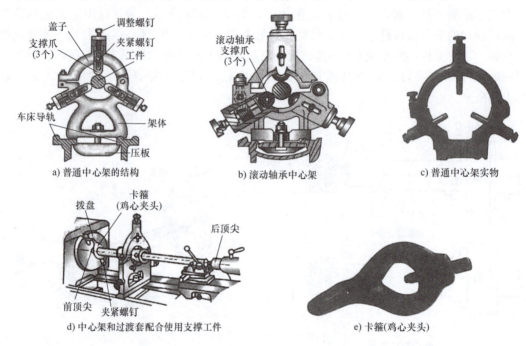

a) 普通中心架的结构　　　　　　b) 滚动轴承中心架　　　　　　c) 普通中心架实物

d) 中心架和过渡套配合使用支撑工件　　　　　　e) 卡箍(鸡心夹头)

图 7-14　中心架及其使用

跟刀架适合精车或半精车不宜调头加工的细长光轴类零件，如丝杠或光杠等。跟刀架有二爪和三爪两种形式，如图 7-15 所示。由于三爪的支撑位置比二爪多限制了零件的一个自由度，因此其加工过程更加平稳，不易产生振动。

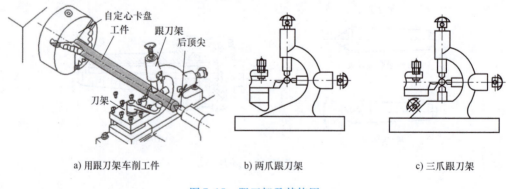

a) 用跟刀架车削工件　　　　　　b) 两爪跟刀架　　　　　　c) 三爪跟刀架

图 7-15　跟刀架及其使用

使用中心架和跟刀架时，被支撑处要经常加油润滑，工件转速不能过高，以防工件和支撑爪之间摩擦过热损坏工件。

3. 心轴装夹工件

对于盘套类零件的外圆和端面，对内孔的形位精度要求较高（如同轴度、垂直度和平行度要求），若相关表面无法在自定心卡盘的一次装夹中与孔同时精加工，这时可利用已精加工过的孔把工件装在心轴上，再把心轴安装在前后顶尖之间来加工外圆和端面。心轴的种类很多，常用的有锥度心轴、圆柱心轴和胀力心轴。

1) 当工件长度小于孔径时，应采用带螺母压紧的圆柱心轴，如图 7-16a 所示。工件左端紧靠心轴的台阶，由螺母及垫圈将工件压紧在心轴上。减少孔与心轴之间的配合间隙可提高加工精度。圆柱心轴可一次装夹多个工件，实现多件加工。

2) 当工件长度大于其孔径时，可采用稍带有锥度（1∶5000～1∶1000）的心轴，工件压入后靠摩擦力与心轴固紧。这种心轴装卸方便，对中准确，但不能承受较大的切削力，多用于精加工盘套类零件，如图 7-16b 所示。

3) 胀力心轴是一种通过调整锥形螺杆使心轴一端产生微量的径向扩张，将零件孔胀紧的一种快速装拆夹具，适合加工中小型零件，如图 7-16c 所示。

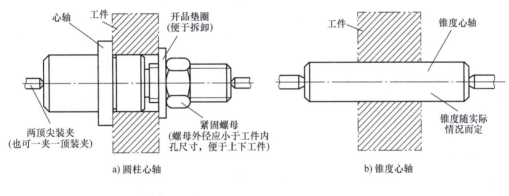

a) 圆柱心轴　　　　　　　　　　　　　b) 锥度心轴

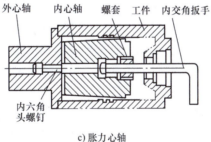

c) 胀力心轴

图 7-16　心轴种类

4. 花盘装夹工件

花盘是安装在车床主轴上的一个大直径铸铁圆盘，端面上有许多长槽用于穿入压紧螺栓，花盘端面平整并与其轴线垂直，如图 7-17 所示。花盘适合装夹待加工平面与装夹面平行、待加工孔的轴线与装夹面垂直或平行的工件，以及不能用自定心卡盘和单动卡盘装夹或形状不规则的大型工件等。

采用花盘、弯板装夹工件时，需要仔细找正，为减少质心偏移引起的振动，应加配重块。

7.1.5　车床操作要点

1. 主轴变速手柄操作

主轴转速的调整是靠变换床头箱上变速手柄的位置来实现的，根据实际加工需要选择近似的转速，根据转速与手柄位置的对应关系，扳动手柄位置。操作时应注意：①必须停车变

a) 花盘实物

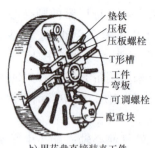

垫铁
压板
压板螺栓
T形槽
工件
弯板
可调螺栓
配重块

b) 用花盘直接装夹工件

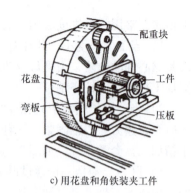

配重块
工件
花盘
弯板
压板

c) 用花盘和角铁装夹工件

图 7-17　花盘

速；②手柄要扳到位；③手柄难以扳到位时，可边用手转动主轴边扳动手柄，直到手柄扳到位。

2. 进给箱手柄的操作

进给箱内的齿轮变速机构可改变光杠或丝杠的转速，根据实际加工需要选择近似的进给量，根据进给量与手柄位置的对应关系，扳动手柄位置。手柄的操作应在低速或停车的状态下进行，其他与主轴变速手柄操作要求类似。

3. 溜板箱手柄的操作

溜板箱上有纵向、横向自动进给手柄、开合螺母手柄和大拖板移动手轮。

合上纵向自动进给手柄，可接通光杠的运动。在光杠带动下，可使车刀沿纵向（平行于导轨方向）往左或往右自动走刀。合上横向自动进给手柄，可使车刀沿横向（垂直于导轨方向）自动向前或向后走刀。走刀方向由光杠的转动方向决定。

扳动手柄闭合开合螺母，车刀就在丝杠带动下，进行螺纹车削运动。开合螺母手柄与自动走刀手柄是互锁的，两者不能同时闭合。

4. 刻度盘和刻度盘手柄的操作

车削工件时，切削深度是由中滑板和小滑板上的刻度盘来控制的。因此，必须要准确、熟练地掌握其操作。

中滑板刻度盘安装在横向进给丝杠的端部，当刻度盘转一周，中滑板移动一个螺距，刻度盘每转一格中滑板移动的距离等于丝杠螺距与刻度盘格数之比。C6136 型车床的横向进给丝杠的螺距为 4mm，刻度盘一周的格数为 200 格，即刻度盘转 1 格，中滑板带着车刀移动 0.02mm，工件半径方向上切下的厚度为 0.02mm，其工件直径减小 0.04mm。

小滑板刻度盘每格对应的车刀移动量与中滑板的相同，与中滑板不同的是，小滑板手柄转过的刻度值，即为轴向实际改变的尺寸大小。C6136 型车床的横向进给丝杠的螺距为 4mm，刻度盘一周的格数为 200 格，即刻度盘转 1 格，小滑板带着车刀移动 0.02mm，工件轴向上切下 0.02mm。

溜板箱手轮上的刻度盘表示溜板箱移动的距离。摇动溜板箱手轮可使溜板箱纵向移动，通常刻度每转过一小格，溜板箱移动 0.02mm。

使用刻度盘控制切削深度时应注意：由于丝杠和螺母之间存在间隙，因此会产生空行程。使用时，必须准确地把刻度盘转到所需的位置上，若不慎多转了几格，必须向相反方向退回半周左右，消除丝杠螺母间隙，再转到所需的位置，如图 7-18 所示。

a) 要求手柄转至30， 但摇过头成40	b) 错误：直接退至30	c) 正确：反转约大半圈后， 再调至所需位置30

图 7-18　手柄摇过头后的纠正方法

5. 车削用量的选择

工件的加工余量需要经过几次进给才能切除，为了提高生产率，保证加工质量，常将车削分为粗车、半精车和精车等不同的加工阶段，根据不同的加工要求合理选择切削用量，要保证与车床的强度、刚度和功率相适应。粗车和精车的加工特点及切削用量的选择见表7-2。

表 7-2　粗车和精车的加工特点及切削用量的选择

	粗车	精车
车削目的	尽快去除大部分加工余量，使之接近最终的形状和尺寸，提高生产率	切去粗车后的精车余量，保证零件的加工精度和表面粗糙度
加工质量	尺寸精度低，IT14～IT11；表面粗糙度值偏大，$Ra = 12.5～6.3\mu m$	尺寸精度较高，IT8～IT6；表面粗糙度值较小，$Ra = 3.2～1.6\mu m$
背吃刀量	较大，1～3mm	较小，0.3～0.5mm
进给量	较大，0.3～1.5mm/r	较小，0.1～0.3mm/r
切削速度	中等或偏低的速度	一般取高速
刀具要求	切削部分有较高的强度	切削刃锋利、光洁

6. 车削加工基本步骤

（1）调整车床　根据零件的加工要求和选定的切削用量，调整主轴转速和进给量。车床的调整或变速必须在停车时进行。

（2）选择和装夹车刀　根据工件加工表面和材料的具体情况，选择合适的车刀并正确地装夹到刀架上。

（3）装夹工件　根据零件类型合理地选择工件的装夹方法，稳固夹紧工件。

（4）开车对刀与退刀　开启车床后，使刀尖慢慢接近工件并轻划到工件表面，作为调整切削深度的起点，完成后沿进给反方向直接退出车刀或记住刻度数移出车刀，停车。

（5）进刀与走刀　根据零件的加工要求，合理确定切削深度进刀，并尽可能使用自动走刀方式进行进给切削。

重复上述部分步骤，直至达到零件图样的车削加工技术要求。

由于刻度盘和横向进给丝杠都有误差，往往不能满足较高进刀精度的要求。为了准确定出切削深度，保证工件加工的尺寸精度，单靠刻度盘进刀是不行的，一般采用试切法，如图7-19所示。

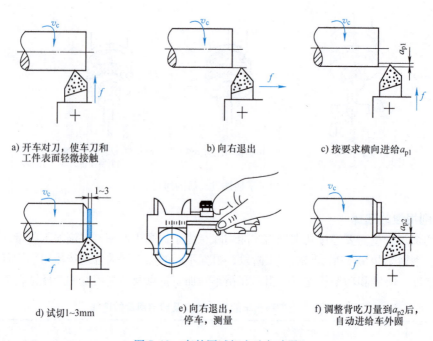

图 7-19　车外圆试切方法与步骤

7.1.6　各种表面的车削加工

1. 端面车削方法

端面车削即对工件端面进行车削的方法。车削加工时，一般首先车削端面，将其作为轴向定位和测量的基准。根据刀具的类型和加工零件的情况，通常使用 45°、75°、90° 车刀等，常用端面车削方法如图 7-20 所示。

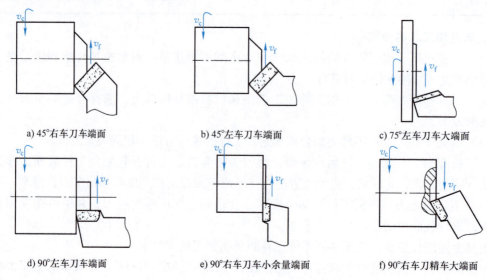

图 7-20　常用端面车削方法

2. 外圆车削和台阶车削方法

外圆车削是将工件车削成圆柱形表面的方法。常用的外圆车削方法及刀具见表 7-3。

表 7-3　常用的外圆车削方法及刀具

名称	45°弯头车刀	60°~75°外圆车刀	90°偏刀
图示	45°	60°~75°	90°
主偏角	$\kappa_r = 45°$	$\kappa_r = 60° \sim 75°$	$\kappa_r = 90°$
特点	切削时背向力 F_p 较大，车削细长工件时，工件容易被顶弯而引起振动	刀尖强度较高，散热条件较好、主偏角 κ_r 的增大使切削时背向力 F_p 得以减小	主偏角很大，切削时背向力 F_p 较小，不易引起工作的弯曲和振动，但刀尖强度较低，散热条件差，容易磨损
用途	多用途车刀，可以车外圆、平面和倒角，常用来车削刚性较好的工件	车削刚性稍差的工件，主要适用于粗、精车外圆	车外圆、端面和台阶

台阶车削实际上是外圆车削与端面车削的组合，车削台阶时需要兼顾外圆的尺寸和台阶长度要求。车削高度小于 5mm 的低台阶，可选用 90°偏刀在车外圆时直接车出；车削高度大于 5mm 的高台阶，一般选用 93°偏刀分层纵向切削，在外圆直径车到位后，用车刀沿横向由内到外将台阶面精车一次，如图 7-21 所示。

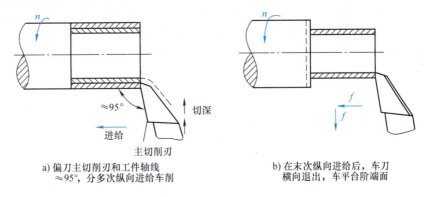

a) 偏刀主切削刃和工件轴线
≈95°，分多次纵向进给车削

b) 在末次纵向进给后，车刀
横向退出，车平台阶端面

图 7-21　高台阶的车削方法

3. 车槽与切断

车槽即用车削的方法加工工件的沟槽。根据沟槽在工件的位置不同可分为车外槽、车内槽和车端面槽等，如图 7-22 所示。根据槽宽的不同采用不同的车削方法，车窄槽（槽宽 ≤5mm）可以采用刀头宽度等于槽宽的车槽刀一次车削完成，即直进法车削；车宽槽（槽宽>5mm）一般先分段、多次直进法粗车，再根据槽深和槽宽的要求精车，如图 7-23 所示。

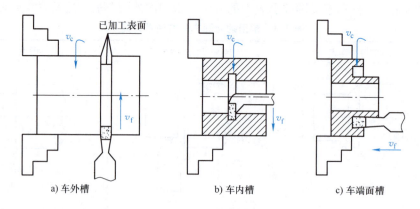

图 7-22　车槽的种类

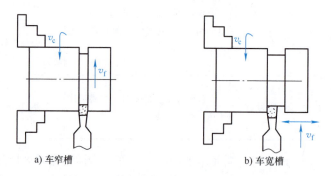

图 7-23　车槽的方法

切断即在车床上将多余的工件材料分离的方法，如图 7-24 所示，图中 L 为工件切断长度；h 为工件厚度。切断时，切断部位要尽可能地接近卡盘，以避免产生较大的振动；选择合适的刀宽，过窄易折断，过宽将增大材料损耗；切断实心工件（见图 7-24a）时主切削刃必须严格对准工件的回转中心，切断空心工件（见图 7-24b）时主切削刃应稍低于工件的回转中心。

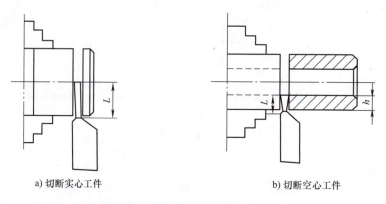

图 7-24　工件的切断

4. 孔加工

车孔即用车削方法扩大工件的孔或加工空心工件的内表面。在车床上使用一次装夹完成孔的加工，可有效保证工件内孔与外圆的同轴度、孔的轴线与端面的垂直度，主要适用于加工中小型轴类、盘套类零件中心位置的孔。在车床上加工孔的方法主要有钻孔、扩孔、铰孔和镗孔，一般钻孔、扩孔用于粗加工，铰孔用于精加工，镗孔用于半精加工与精加工。

（1）钻孔、扩孔与铰孔

1）钻孔即用钻头在实体材料上加工出孔的操作。在车床上钻孔的基本操作，如图 7-25a 所示：工件装夹在卡盘上，钻头安装在尾架套筒锥孔内；钻孔前先车平端面，用中心钻钻中心孔作为引导；钻孔时摇动尾座手轮使钻头缓慢进给，钻削一段距离后，需要钻头退出一小段距离进行排屑，如此反复，直到钻削完成，必要时应加切削液。钻孔的精度一般为 IT13～IT11，表面粗糙度 Ra 可达 12.5μm。

2）扩孔即用扩孔钻将孔再扩大到规定尺寸的加工方法（见图 7-25b）。扩孔的精度一般为 IT10～IT9，表面粗糙度 Ra 可达 3.2μm。

3）铰孔即用机用铰刀在扩孔后或半精加工后加工孔的方法（见图 7-25c）。铰孔的精度一般为 IT8～IT7，表面粗糙度 Ra 可达 1.6μm。

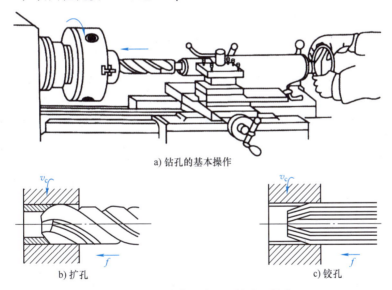

a) 钻孔的基本操作

b) 扩孔　　　　　　　　　　　　　　c) 铰孔

图 7-25　在车床上钻孔、扩孔和铰孔

（2）镗孔　镗孔是指用镗孔刀对锻出、铸出或钻出的孔进一步加工的方法，如图 7-26 所示。镗孔可以加工通孔、盲孔、台阶孔等。镗孔可扩大孔径，提高精度，减小表面粗糙度值，还可以较好地纠正原来孔轴线的偏斜。镗孔的精度一般可达 IT8～IT7，表面粗糙度 Ra 值为 3.2～1.6μm。

5. 锥面车削

锥面车削是指将工件车成锥体的方法。常用方法有 4 种：宽刀法、小刀架转位法、靠模法和尾座偏移法（见图 7-27）。

（1）宽刀法　宽刀法车锥面是指利用主切削刃横向进给直接车出圆锥面的方法，如图 7-27a 所示。切削刃的长度略大于圆锥母线的长度并且切削刃与工件中心线呈半锥角，这

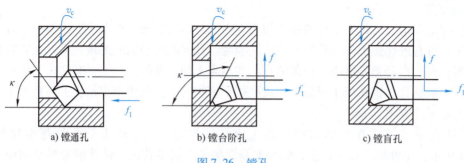

a) 镗通孔   b) 镗台阶孔   c) 镗盲孔

图 7-26   镗孔

种加工方法操作简单，加工效率高，适合批量生产中、短长度的内、外锥面。

（2）小刀架转位法   小刀架转位法车锥面是转动小滑板（松开固定小滑板的螺母，使小滑板随转盘转动半锥角，然后紧固螺母）车锥面的方法，如图 7-27b 所示。车削时，转动小滑板手柄，使刀沿锥面母线移动，即可加工所需锥面。这种方法操作简单，不受锥度大小的限制，但由于受到小滑板行程的限制而不能加工较长的圆锥，主要用于单件、小批量生产中加工较短的锥面。

（3）靠模法   靠模法车锥面是利用靠模装置控制车刀进给方向，进而车出所需锥面的方法，如图 7-27c 所示。靠模法主要用于生产圆锥角度小、精度要求高、尺寸相同和数量较多的圆锥体。

（4）尾座偏移法   尾座偏移法车锥面是将工件装夹在前、后顶尖上，将尾座横向移动一个距离 A，使工件轴线与主轴轴线夹角等于半锥角（α），进而车出所需锥面的方法，如图 7-27d 所示。尾座偏移法量 $A = L\sin\alpha$。与前三者不同的是，尾座偏移法是通过改变工件的角度来获取锥面的。主要适用于车削较长且锥度较小的外锥体零件。

6. 螺纹车削

螺纹车削是指将工件表面车削成螺纹的方法。螺纹种类众多，按用途分为连接螺纹、紧固螺纹和传动螺纹等；按牙型可分为三角形、梯形和锯齿形螺纹等；按照标准不同分为普通（标准螺纹）和非标准螺纹。普通螺纹具有较高的通用性和互换性，普通螺纹的名称符号及要素如图 7-28 所示。

根据螺纹车削要求选择螺纹车刀（车刀的刀尖角等于螺纹牙型角）并准确安装到刀架上（刀尖角的角平分线与工件的轴线相垂直），根据工件的螺距 P，查机床上的标牌，调整进给箱上手柄位置。车螺纹时，必须用丝杠带动刀架进给，对于单头螺纹，工件每转一周，刀具移动的距离等于工件螺距。图 7-29 所示为螺纹车削的操作过程。

7. 滚花

用滚花刀将工件表面滚压出花纹的方法称为滚花，如图 7-30 所示。工件经过滚花之后，可增加美感，便于把持，常用于各种工具和机器零件的手握部分，如外径千分尺的套管，铰杠扳手以及螺纹量规等。

滚花是用滚花刀来挤压工件，使其表面产生塑性变形而形成花纹的，滚花花纹主要有直纹、斜纹和网纹三种，如图 7-31 所示。由于滚花时径向挤压力很大，加工时工件的转速要低，充分供给切削液，以免损坏滚花刀。

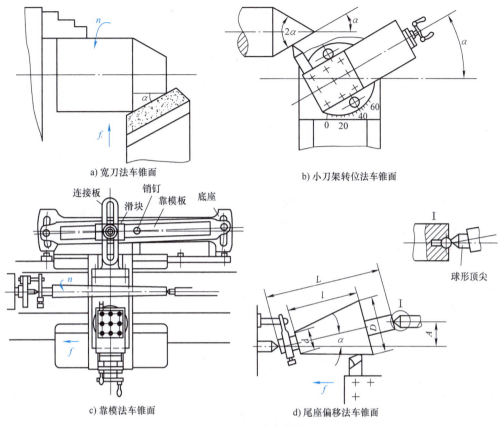

a) 宽刀法车锥面

b) 小刀架转位法车锥面

c) 靠模法车锥面

d) 尾座偏移法车锥面

图 7-27　锥面的车削方法

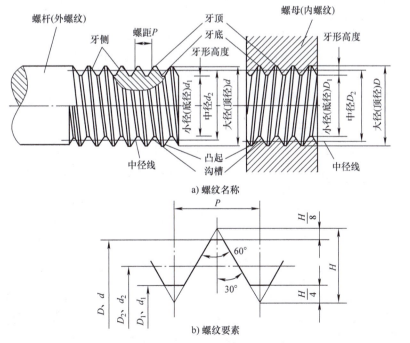

a) 螺纹名称

b) 螺纹要素

图 7-28　普通螺纹名称符号及要素

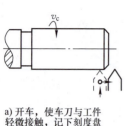

a) 开车，使车刀与工件
轻微接触，记下刻度盘
读数，向右退出车刀

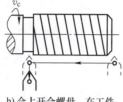

b) 合上开合螺母，在工件
表面上车出一条螺旋线，
横向退出车刀，制动

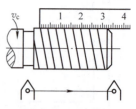

c) 反向使车刀退出工件
右端，制动，用钢直
尺检查螺距是否正确

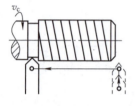

d) 利用刻度盘调整切
深，开始切削

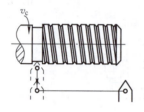

e) 车刀将至行程终了时，
应做好退刀制动准备，
先快速退出车刀，然后
制动，反向退回刀架

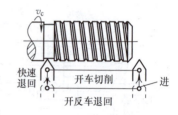

f) 再次横向进给，继续
切削，其切削过程的路线
如图所示

图 7-29 螺纹车削的操作过程

8. 成形面车削

表面轴向剖面呈现曲线形特征的零件称为成形面。成形面车削就是在车床上完成这种曲面的回转体零件的加工。车削成形面的方法有双手控制法、成形车刀法和靠模法等，如图 7-32 所示。

（1）双手控制法 双手控制法车成形面即双手同时摇动小滑板手柄和中滑板手柄，并通过双手协调的动作，使刀尖走过的轨迹与所要求的成形面曲线相仿的加工方法。这种操作技术灵活、方便，不需要其他辅助工具，但需要较高的技术水平。

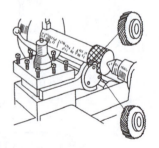

图 7-30 滚花加工

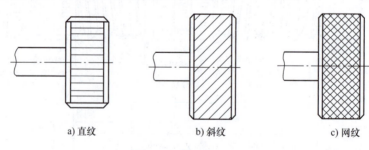

a) 直纹   b) 斜纹   c) 网纹

图 7-31 滚花花纹种类

（2）成形车刀法 成形车刀法就是用切削刃形状与工件表面一致的车刀进行成形面加工的方法。这种方法生产率高，但刀具刃磨较困难，适用于形状简单的成形面。

（3）靠模法 靠模法车成形面与靠模法车锥面原理类似，这种方法操作简单，生产率较高，但需制造专用靠模，故只用于大批量生产中车削长度较大、形状较为简单的成形面。

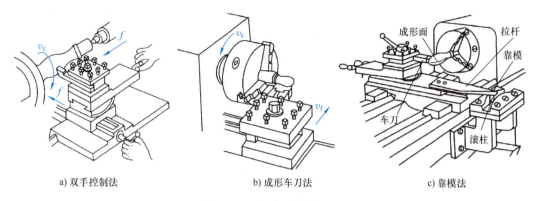

　　a) 双手控制法　　　　　b) 成形车刀法　　　　　c) 靠模法

图 7-32　成形面车削方法

7.1.7　车削加工实习作业件

　　图 7-33 所示为一个车工实习零件——鸭嘴小锤锤柄，该零件的材料为 45 钢，长度为 200mm，最大直径为 14mm，选用 215mm×φ16mm 的圆钢毛坯。该工件属于细长轴类零件，因此必须利用顶尖装夹。零件的精度和表面粗糙度要求均不高，可用车削独立完成此工件的加工。其车削工艺见表 7-4。

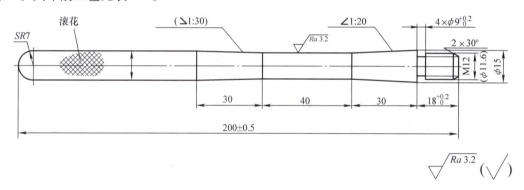

图 7-33　鸭嘴小锤锤柄

表 7-4　锤柄车削工艺

序号	工序内容	工具、刀具
1	将工件伸出卡爪 215mm 并夹紧，在距端面 201mm 处切断	切刀
2	将工件伸出卡爪 30mm 并夹紧，将端面车平	90°外圆刀
3	以车平端面为基准划线长 18mm，并将其车至 φ11.6±0.1mm	90°外圆刀
4	按图切出退刀槽 $4 \times \phi 9^{+0.5}_{0}$	切刀
5	调头将工件伸出约 30mm，加工另一端面并保证总长 200±0.2mm	90°外圆刀
6	打 A4 中心孔	A4 中心钻
7	将工件夹紧在 φ11.6±0.1mm 处且伸出约 10mm，同时将工件的另一头用尾架顶尖顶上，调整尾架套筒伸出长度约 70mm，锁紧尾架，顶住工件，锁紧套筒	活动顶尖
8	以 18mm 长端面为基准划出 30mm 长度线	尖头刀

（续）

序号	工序内容	工具、刀具
9	车 $\phi 14 \pm 0.1$mm 至尺寸到划线处	尖头刀
10	以 18mm 为基准划 70mm，车至 $\phi 40$mm 长	尖头刀
11	按图加工出两锥面（前端逆转 3°，后端顺转 2°）。注意：车锥面必须用手动小拖板，不能用自动进给	尖头刀
12	将 $\phi 14 \pm 0.1$mm 外圆滚花	滚花刀
13	在靠顶尖处倒圆角 $SR7$	尖头刀
14	检验各部尺寸	游标卡尺
15	加工 M12 螺纹	M12 板牙

7.2 铣削加工

铣削是在铣床上用铣刀对工件进行切削加工的方法。铣削加工时，由铣床主轴带动铣刀旋转对工件进行切削。铣刀的旋转运动为主运动，工作台带动工件做直线或曲线运动为进给运动。铣削加工是多刃切削，生产率较高，刀具损耗较慢，能缩短加工时间；铣刀周期性地切入切出，由于切削厚度不断变化，使切削力不断变化，故易产生冲击和振动。铣削的加工精度一般可达 IT9 ~ IT7 级，表面粗糙度 Ra 值可达 6.3 ~ 1.6μm。

7.2.1 铣削的加工范围

铣削利用各种铣刀和铣床，可用来加工各种平面、沟槽和成形面等，常见的铣削加工如图 7-34 所示。

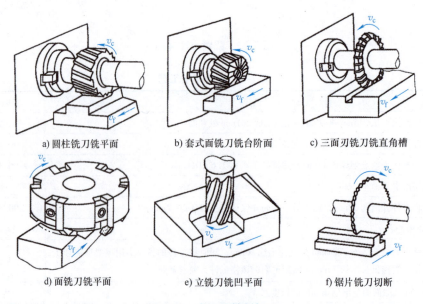

a) 圆柱铣刀铣平面　　　b) 套式面铣刀铣台阶面　　　c) 三面刃铣刀铣直角槽

d) 面铣刀铣平面　　　e) 立铣刀铣凹平面　　　f) 锯片铣刀切断

图 7-34　常见的铣削加工

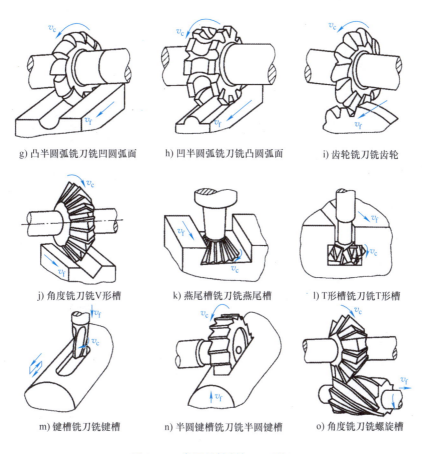

g) 凸半圆弧铣刀铣凹圆弧面　　h) 凹半圆弧铣刀铣凸圆弧面　　i) 齿轮铣刀铣齿轮

j) 角度铣刀铣V形槽　　k) 燕尾槽铣刀铣燕尾槽　　l) T形槽铣刀铣T形槽

m) 键槽铣刀铣键槽　　n) 半圆键槽铣刀铣半圆键槽　　o) 角度铣刀铣螺旋槽

图 7-34　常见的铣削加工（续）

7.2.2　铣床

铣床的种类众多，为不同零件的加工提供了各种可靠的加工方法，主要有卧式铣床、立式铣床、工具铣床、龙门铣床、万能回转头铣床和仿形铣床等，如图 7-35 所示。

1. 卧式铣床

卧式铣床（见图 7-35a）的特点是主轴轴线与工作台平面平行，呈水平位置。工作台可沿纵、横、垂直三个方向移动，万能卧式铣床可以在水平面内转动一定的角度，以适应铣削工件的需要。X6132 型万能卧式铣床的型号中 X 为铣床类代号，61 为卧式万能升降台铣床组系代号，32 为主参数工作台面宽度的 1/10，即工作台面宽为 320mm。

2. 立式铣床

立式铣床（见图 7-35b）与卧式铣床的主要区别是立式铣床的主轴与工作台面相垂直。立式铣床可用面铣刀高速切削，生产率高，应用广泛。X5032 型万能卧式铣床的型号中 X 为铣床类代号，50 为立式升降台铣床组系代号，32 为主参数工作台面宽度的 1/10，即工作台面宽为 320mm。

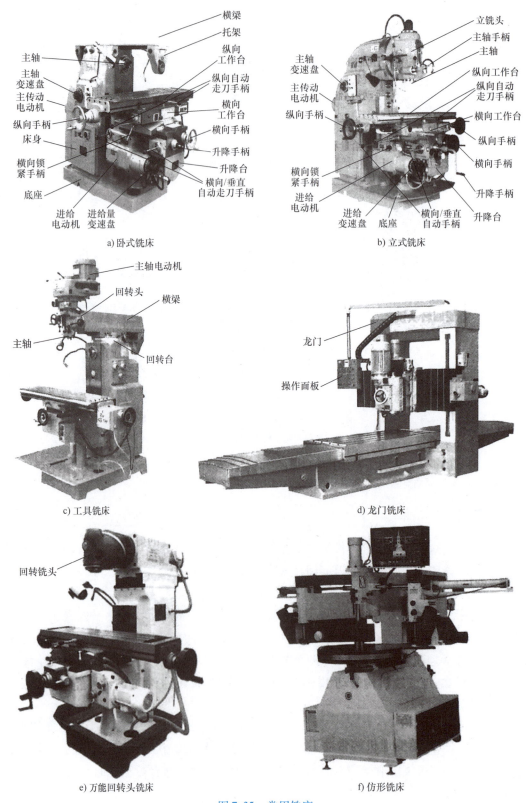

a) 卧式铣床

b) 立式铣床

c) 工具铣床

d) 龙门铣床

e) 万能回转头铣床

f) 仿形铣床

图 7-35　常用铣床

7.2.3 铣刀及其安装

1. 铣刀

铣刀即为具有圆柱体外形，并在圆周及底部带有切削刃，使其进行旋转运动来切削加工工件的切削刀具。铣刀种类很多，根据装夹方式方法的不同，可分为带孔铣刀和带柄铣刀两大类：采用孔装夹的铣刀称为带孔铣刀，一般多用于卧式铣床；采用柄部装夹的铣刀称为带柄铣刀，有锥柄和直柄两种形式，一般多用于立式铣床。常用铣刀的类型及其适用范围见表 7-5。

表 7-5　常用铣刀的类型及其适用范围

铣刀类型及其说明	适用类型
 圆柱形铣刀　　套式端铣刀　　硬质合金刀片　　可转位端铣刀 铣削平面主要用圆柱形铣刀和端铣刀。圆柱形铣刀分为粗齿和细齿两种，用于粗铣和半精铣平面；端铣刀有整体式、镶嵌式和机械夹紧式三种	铣削平面
 立铣刀　　　三面刃铣刀　　键槽铣刀　　　锯片铣刀 立铣刀的用途较为广泛，可以用来铣削各种形状的沟槽和孔、台阶平面和侧面、各种盘形凸轮与圆柱凸轮、内外曲面；三面刃铣刀分直齿、错齿，结构上又分为整体式、焊接式和镶齿式等几种，用于铣削各种槽、台阶平面、工件的侧面及凸台平面；键槽铣刀主要用于铣削键槽；锯片铣刀用于铣削各种窄槽，以及对板料或型材的切断	铣削直角沟槽
 T 形槽铣刀　　燕尾槽铣刀　　单角铣刀　　　双角铣刀 铣削特形沟槽用铣刀主要有 T 形槽铣刀、燕尾槽铣刀和角度铣刀，角度铣刀又分为单角铣刀、对称双角铣刀和不对称双角铣刀三种	铣削特形沟槽
 凸半圆铣刀　　凹半圆铣刀　　齿轮铣刀　　专用特形面铣刀	铣削特形面

2. 铣刀的装夹

在卧式铣床上多使用刀杆安装刀具，如图 7-36 所示。刀杆的一端为锥体，装入机床主轴前端的锥孔中，并用拉杆螺钉穿过机床主轴将刀杆拉紧。主轴的动力通过锥面和端面键来带动刀杆旋转。铣刀尽量安装在刀杆上靠近主轴的前端，以减少刀杆的变形。

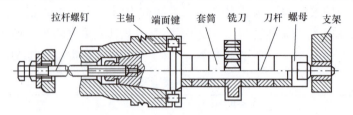

拉杆螺钉　主轴　端面键　套筒　铣刀　刀杆　螺母　支架

图 7-36　带孔铣刀的装夹

在立式铣床上多使用刀柄安装刀具，如图 7-37 所示，可分为锥柄和直柄。对于直径为 12～50mm 的锥柄铣刀，根据铣刀锥柄尺寸，选择合适的过渡套筒，将各配合面擦净，装入机床主轴孔中，用拉杆拉紧，如图 7-37a 所示。对于直径为 3～20mm 的直柄铣刀，可用弹簧夹头装夹。铣刀的直柄插入弹簧套内，旋紧螺母，压紧弹簧套的端面，使弹簧套的外锥面受压，缩小孔径，从而夹紧直柄铣刀，如图 7-37b 所示。

7.2.4　铣床附件及装夹方法

1. 铣床附件

铣床的主要附件包括用于安装工作的机用平口钳、回转工作台、分度头和用于安装刀具的万能铣头等，如图 7-38 所示。其主要作用是：减少划线和夹紧工件的辅助时间；便于装夹各种类型的零件，提高铣削效率；便于一次安装加工各种类型的零件，提高加工精度，减轻劳动强度，扩大铣床的使用范围。

2. 装夹方法

（1）平口钳　平口钳是机床上的通用夹具，适用于尺寸较小和形状简单的支架、盘套、板块、轴类零件。它有固定钳口和活动钳口，通过丝杠、螺母传动调整钳口间的距离，以装夹不同宽度的零件，如图 7-39a所示。铣削时，应当使铣削力方向朝向固定钳口方向，如图 7-39b 所示。

（2）压板螺栓　对于尺寸较大或形状特殊的零件，可以用压板、螺栓、垫铁和挡铁等装夹工具将零件固定在工作台上。根据零件形状和位置的不同，选择合适的装夹方法，如图 7-40 所示。

（3）回转工作台　回转工作台是利用转台进行圆弧面和圆弧槽等铣削工作，如图 7-41 所示，有手动和机动两种结构形式。将工件放在转台上面，利用转台中间的圆孔定位后，使用 T 形螺栓、螺母和压板

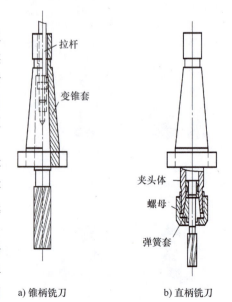

拉杆

变锥套

夹头体

螺母

弹簧套

a) 锥柄铣刀　　　　b) 直柄铣刀

图 7-37　带柄铣刀的安装

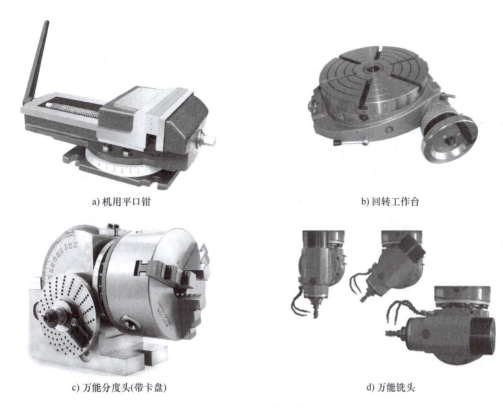

a) 机用平口钳　　　　　　　　　　　b) 回转工作台

c) 万能分度头(带卡盘)　　　　　　　d) 万能铣头

图 7-38　常用铣床附件

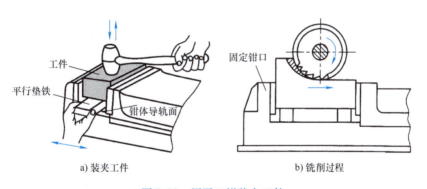

a) 装夹工件　　　　　　　　　　　b) 铣削过程

图 7-39　用平口钳装夹工件

将工件夹紧进行铣削。一般用于较大零件的分度工作和非整圆弧面的加工，分度时，在回转工作台上配上三爪自定心卡盘，可以铣削四方、六方等零件。

（4）分度头　分度头主要用来安装需要进行分度的零件（每铣过一个面或一个槽之后，转过一个角度，再铣削下一个面或下一个槽等的加工），利用分度头可铣削多边形、齿轮、花键、刻线、螺旋面及球面等。分度头的种类很多，有简单分度头、万能分度头、光学分度头、自动分度头等，其中用得最多的是万能分度头。分度头主要作用是：①能对工件在水平、垂直和倾斜位置进行分度，分别如图 7-42a、b、c 所示；②铣削螺旋槽或凸轮时，能配合工作台的移动使工件连续旋转，图 7-42d 所示为利用分度头铣削螺旋槽（图中 ω 为螺旋角）。

（5）万能铣头　为了扩大卧式铣床的工作范围，可在其上安装一个万能铣头，如

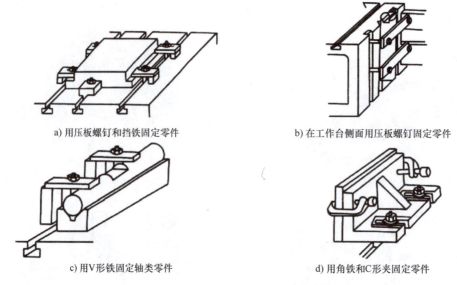

a) 用压板螺钉和挡铁固定零件   b) 在工作台侧面用压板螺钉固定零件

c) 用V形铁固定轴类零件   d) 用角铁和C形夹固定零件

图 7-40　用压板螺栓装夹工件

图 7-43 所示。铣头的主轴可以在相互垂直的两个平面内旋转，不仅能完成立铣和卧铣的工作，还可以在工件的一次装夹中，进行任意角度的铣削。

（6）**专用夹具**　专用夹具是根据某一零件的某一工序的具体加工要求而专门设计和制造的夹具。专用夹具一般有专门的定位和夹紧装置，零件无须进行找正即可迅速、准确地安装，既提高了生产率，又可保证加工精度。但设计和制造专用夹具的费用较高，故其主要用于成批和大量的生产。

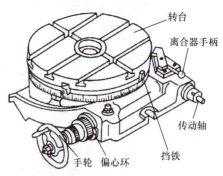

图 7-41　回转工作台

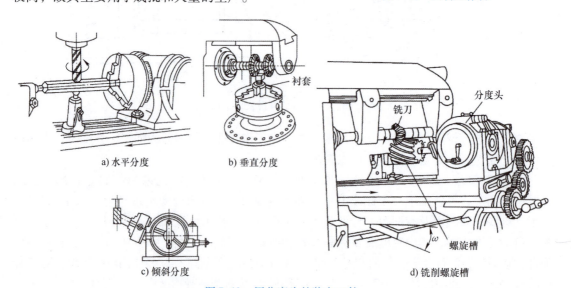

a) 水平分度   b) 垂直分度

c) 倾斜分度   d) 铣削螺旋槽

图 7-42　用分度头的装夹工件

7.2.5 铣削方式

铣削方式对铣刀的耐用度、工件表面质量、铣削平稳性和生产率都有很大影响。铣削时应根据它们的各自特点、采用合适的铣削方式。

1. 周铣与端铣

用圆柱铣刀圆周上的切削刃进行铣削称为周铣，如图 7-44a 所示；用端铣刀端面上的切削刃进行铣削称为端铣，如图 7-44b 所示。端铣的加工质量好，周铣的应用范围广，周铣和端铣的比较见表 7-6。

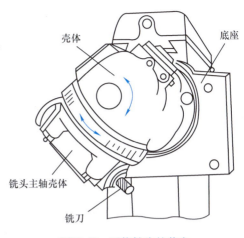

图 7-43 万能铣头的装夹

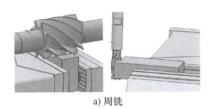

a) 周铣　　　　　　b) 端铣

图 7-44 周铣和端铣

表 7-6 周铣和端铣的比较

比较内容	周铣	端铣
修光刃/工件表面质量	无/一般	有/好
刀杆刚度/切削振动	小/大	大/小
同时参加切削的刀齿/切削平稳性	少/差	多/好
易否镶嵌硬质合金刀片/刀具耐用度	难/低	易/高
生产率/加工范围	低/广	高/较小

2. 顺铣和逆铣

用圆柱形铣刀铣削时，根据铣刀的旋转方向和切削进给方向之间的关系，可分为顺铣和逆铣两种，如图 7-45 所示。当铣刀的旋转方向和工件进给方向相同时称为顺铣，相反时则称为逆铣。顺铣和逆铣的比较见表 7-7。

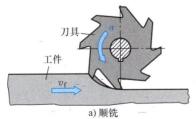
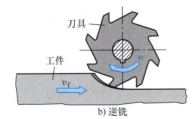

a) 顺铣　　　　　　b) 逆铣

图 7-45 顺铣和逆铣

表 7-7　顺铣和逆铣的比较

比较内容	顺铣	逆铣
切削过程稳定性	好	差
刀具磨损	小	大
工作台丝杠和螺母有无间隙	有	无
由工作台窜动引起的质量事故	多	少
加工对象	精加工	粗加工

3. 对称铣和不对称铣

用端铣刀加工平面时，按工件对铣刀的位置是否对称，分为对称铣和不对称铣，如图 7-46 所示。采用不对称铣削，可以调节切入和切出时的切削厚度。采用不对称逆铣，切削过程比较平稳；采用不对称顺铣，既可以减少黏刀，又能提高铣刀耐用度。

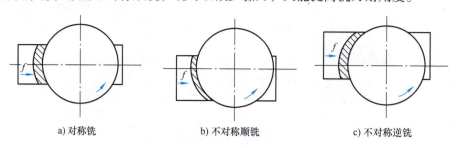

a) 对称铣　　　　　　b) 不对称顺铣　　　　　　c) 不对称逆铣

图 7-46　对称铣和不对称铣

7.3 刨削加工

刨削加工是用刨刀对工件做水平相对直线往复运动的切削加工方法。刨削是一种间歇性的切削加工方式，切削中会产生冲击和振动，而且返回行程刨刀不进行切削，所以生产率较低。由于刨削机床及刀具的结构简单、操作方便、价格低廉，故常用于单件、小批量生产及维修中。刨削加工的精度一般能达到 IT10~IT8 级，表面粗糙度 Ra 值一般为 6.3μm。

7.3.1 刨削的加工范围

刨削主要用来加工具有平面（水平面、垂直面、斜面）、沟槽（直槽、T 形槽、V 形槽、燕尾槽等）及成形面等类零件，如图 7-47 所示。

7.3.2 刨床

刨床可分为两大类：牛头刨床和龙门刨床。牛头刨床主要加工不超过 1000mm 的中小型工件，龙门刨床主要加工较大的箱体、支架、床身等。

牛头刨床主要由床身、滑枕、刀架、工作台、横梁、底座等组成，如图 7-48 所示。刨削加工时，刨刀的直线往复运动为主运动，而工作台带动工件间歇移动为进给运动。刨床结构简单，而且操作调整方便。牛头刨床的典型型号 B6065 中，B 表示刨床，60 表示牛头刨

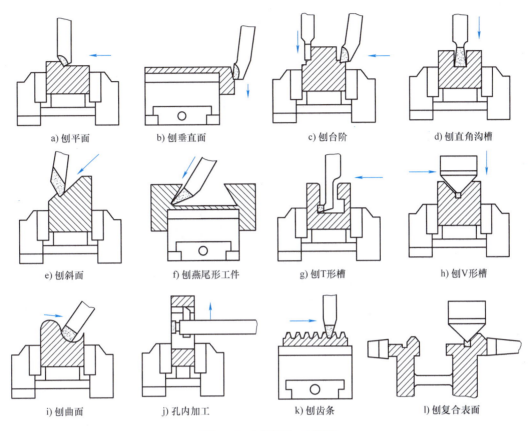

a) 刨平面　　　　b) 刨垂直面　　　　c) 刨台阶　　　　d) 刨直角沟槽

e) 刨斜面　　f) 刨燕尾形工件　　g) 刨T形槽　　h) 刨V形槽

i) 刨曲面　　　j) 孔内加工　　　k) 刨齿条　　　l) 刨复合表面

图 7-47　刨削的加工范围

床的组、系别代号，65 表示最大刨削长度的 1/10，即最大刨削长度为 650mm。

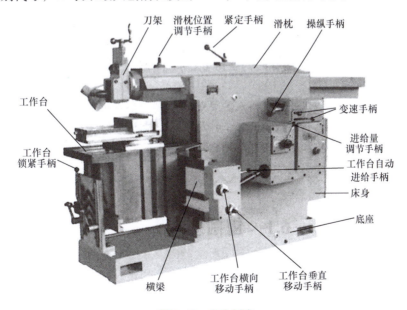

图 7-48　牛头刨床

龙门刨床因有一个"龙门"式的框架而得名，如图 7-49 所示；按其结构特点可分为单柱式和双柱式两种。龙门刨床的主运动是工作台（工件）的往复运动，进给运动是刀架（刀具）横向或垂直间歇移动。龙门刨床的典型型号 B2010A 中，B 表示刨床，20 表示龙门刨床的组、系别代号，10 表示最大刨削宽度的 1/100，即最大刨削宽度为 1000mm，A 表示第一次重大改进。

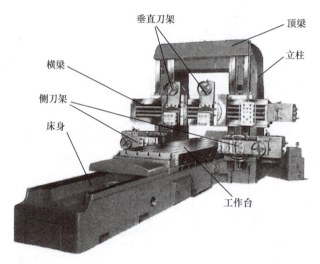

图 7-49　龙门刨床

7.3.3　刨刀及其装夹

1. 刨刀的结构特点

刨刀的结构、几何形状与车刀相似，但由于刨削属于断续切削，刨刀切入时，受到较大的冲击力，刀具容易损坏，所以一般刨刀刀体的横截面比车刀大 1.25 ~ 1.5 倍。刨刀的前角比车刀稍小，刃倾角取较大的负值（ $-20°$ ~ $-10°$ ），以增强刀具强度。

刨刀一般做成弯头，这是刨刀的一个显著特点，图 7-50 所示为弯头刨刀和直头刨刀的比较，图中 L 为伸出距离；R 为转动半径。刨削时，当弯头刨刀碰到工件表面上的硬点时，刀杆可绕 O 点向后上方产生弹性弯曲变形，不致啃入工件的已加工表面，而直头刨刀受力后产生弯曲变形会啃入工件的已加工面，将会损坏切削刃及已加工面。

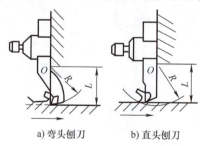

a) 弯头刨刀　　b) 直头刨刀

图 7-50　弯头刨刀和直头刨刀比较

2. 刨刀的种类及用途

刨刀的种类很多，按加工用途和加工方式的不同，使用不同种类的刨刀，常见的刨刀及其应用见表 7-8。

表 7-8　常见的刨刀及其应用

刨削名称	刨平面	刨垂直面	刨斜面	刨燕尾槽
刨刀名称	平面刨刀	偏刀	偏刀	角度偏刀
加工简图				

刨削名称	刨 T 形槽	刨直槽	刨斜槽	刨成形面
刨刀名称	弯切刀	切刀	切刀	成形刀
加工简图				

3. 刨刀的装夹

刨刀装夹的正确与否直接影响工件加工质量,如图 7-51 所示,刨削水平面时,在装夹刨刀前先松开转盘螺钉,调整转盘对准零线,以便准确地控制加工深度;转动刀架进给手柄,使刀架下端与转盘底部基本对齐,以增加刀架的刚度,减少刨削中的冲击振动;最后将刨刀插入刀夹内,刀头伸出长度一般为刀杆厚度 H 的 $1.5 \sim 2$ 倍,拧紧刀夹螺钉将刨刀固定。刨削斜面时,需调整刀座偏转一定角度,调整时,松开刀座螺钉,转动刀座。

7.3.4　工件的装夹方法

在刨床上零件的安装方法视零件的形状和尺寸而定,常用的有平口虎钳安装、工作台安装和专用夹具安装等,装夹零件的方法与铣削基本相同,可参考见本书"7.2.4 铣床附件及装夹方法"。

7.3.5　牛头刨床基本操作

1. 刨水平面

刨水平面时,刀架和刀座均在中间的垂直位置上,如图 7-52 所示。刨削步骤如下:
1) 正确安装刀具和工件。
2) 调整工作台的高度,刨刀离开工件待加工面 3 ~ 5mm。
3) 调整滑枕的行程长度和起始位置。如图 7-53 所示,根据工件的长度来相应调整滑枕

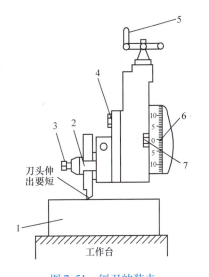

图 7-51　刨刀的装夹

1—工件　2—刀夹　3、4—刀座螺钉
5—刀架进给手柄　6—转盘对准零线
7—转盘螺钉

的行程，一般刨刀刀尖的起始位置应离开工件端点 5 ~ 10mm，终点位置应使刨刀超出工件 5 ~ 10mm，调整好后应将滑枕顶部压紧手柄固紧。

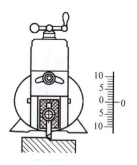

图 7-52　刨水平面

4）根据零件材料、形状、尺寸等要求，合理选择切削用量。一般为：切削速度 0.2 ~ 0.5m/s；进给量 0.1 ~ 0.6mm/dst；背吃刀量 0.1 ~ 4mm。粗刨时，背吃刀量、进给量取大值，切削速度取小值；精刨时，进给量、背吃刀量取小值，切削速度取大值。

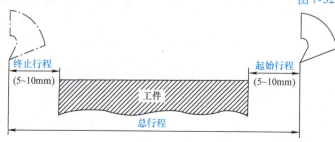

图 7-53　滑枕的行程

5）刨平面。调整各手柄位置，手动进给移动工作台使工件一侧靠近刀具，使刀尖接近工件；开动机床，使滑枕带动刨刀做直线往复运动，进给 0.5 ~ 1mm 后停车，测量尺寸；根据测量结果，调整背吃刀量，再使工作台带动工件做水平自动进给正式刨削平面。当零件表面粗糙度 Ra 值低于 6.3μm 时，应先粗刨，再精刨。

6）检验。零件刨削完工后，停车检验，尺寸和加工精度合格后即可卸下。

2. 刨垂直面

刨垂直面常用刀架垂直进给加工方法，如图 7-54 所示，主要用于加工狭长工件的两端面或其他不能在水平位置加工的平面。刨垂直面要采用偏刀，并使刀具的伸出长度大于整个刨削面的高度；刀架转盘应对准零线，以使刨刀沿垂直方向移动；刀座必须偏转 10° ~ 15°，以使刨刀在返回行程时离开零件表面，减少刀具的磨损，避免零件已加工表面被划伤。刨垂直面和斜面的加工方法一般在不能或不便于进行水平面刨削时才使用。

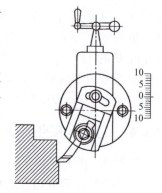

图 7-54　刨垂直面

3. 刨斜面

刨斜面与刨垂直面基本相同，只是刀架转盘必须按零件所需加工的斜面扳转一定角度，以使刨刀沿斜面方向移动。采用偏刀或样板刀，转动刀架手柄进行进给，可以刨削左侧或右侧斜面，如图 7-55 所示。

4. 刨矩形体工件

矩形体零件要求两个对面互相平行，两个相邻平面互相垂直。当工件采用平口钳装夹时，无论是刨削还是铣削，加工前 4 个面均要按照顺序进行，如图 7-56 所示，具体步骤如下：

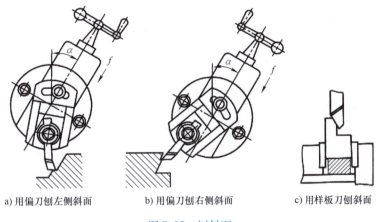

a) 用偏刀刨左侧斜面　　　　b) 用偏刀刨右侧斜面　　　　c) 用样板刀刨斜面

图 7-55　刨斜面

1）一般是先刨出面 1，作为基准面，如图 7-56a 所示。

2）将已加工的面 1 作为基准面紧贴固定钳口，在活动钳口与工件之间的中部垫一圆棒后夹紧，然后加工相邻的面 2，如图 7-56b 所示。面 2 对面 1 的垂直度取决于固定钳口与水平进给方向的垂直度。垫圆棒是为了使夹紧力集中在钳口中部，使面 1 与固定钳口可靠地贴紧。

3）将加工过的面 2 朝下，按步骤 2 同样方法使基面 1 紧贴固定钳口。加紧时，用锤子轻敲工件，使面 2 紧贴平口钳底面（或垫铁），夹紧后即可加工面 4，如图 7-56c 所示。

4）把面 1 放在平行垫铁上，工件直接夹在两个钳口之间。夹紧时要求用锤子轻敲工件，使面 1 平口钳底面（或垫铁），夹紧后即可加工面 3，如图 7-56d 所示。

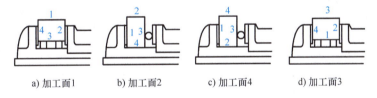

a) 加工面1　　　　b) 加工面2　　　　c) 加工面4　　　　d) 加工面3

图 7-56　矩形体工件刨削加工步骤

5. 刨 V 形槽

先按刨平面的方法把 V 形槽粗刨出大致形状，如图 7-57a 所示；然后用切刀刨 V 形槽底的直角槽，如图 7-57b 所示；再按刨斜面的方法用偏刀刨 V 形槽的两斜面，如图 7-57c 所示；最后用样板刀精刨至图样要求的尺寸精度和表面粗糙度，如图 7-57d 所示。

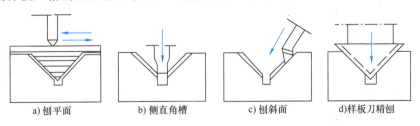

a) 刨平面　　　　b) 侧直角槽　　　　c) 刨斜面　　　　d)样板刀精刨

图 7-57　刨 V 形槽

7.3.6　插削与拉削

在插床上用插刀加工工件的方法叫作插削。插床实际上是一种立式刨床，如图 7-58 所示。B5020 型号中，B 表示刨床类机床、50 表示立式插床的组系代号、20 表示最大插削长度为 200mm。插削时，滑枕带动插刀在垂直方向上做上下直线往复运动（即主运动）。工作台由下滑板、上滑板及圆形工作台等三部分组成，下滑板做横向进给运动，上滑板做纵向进给运动，圆形工作台可带动工件回转。插床主要用于加工工件的内表面，如方孔、长方孔、各种多边形孔和孔内键槽等。插床与牛头刨床一样生产率低，多用于单件小批量生产。

在拉床（见图 7-59）上用拉刀（见图 7-60）加工工件的方法叫作拉削。拉削时，拉刀的直线移动为主运动，加工余量是借助于拉刀上一组刀齿分层切除的，尺寸精度一般为 IT9～IT7，表面粗糙度 Ra

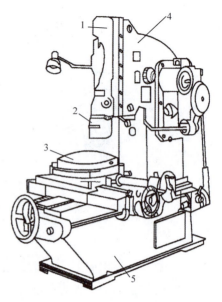

图 7-58　插床
1—滑枕　2—刀架　3—工作台
4—床身　5—底座

值为 $1.6～0.4\mu m$。工件可由一次拉削加工完毕，加工生产率高，质量好，但一把拉刀只能加工一种尺寸的表面，而且拉刀价格较昂贵，故拉削加工主要用于大批量生产。

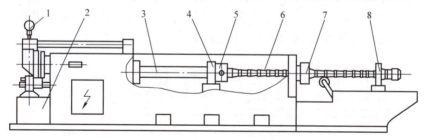

图 7-59　拉床
1—压力表　2—液压部件　3—活塞拉杆　4—随动支架　5—刀架　6—拉刀　7—工件　8—随动刀架

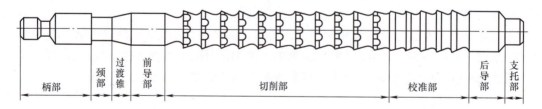

图 7-60　圆孔拉刀

7.4　磨削加工

在磨床上用砂轮作为切削工具对工件表面进行加工的方法称为磨削。磨削加工是零件精加工的主要方法之一，与车、钻、刨、铣等加工方法相比有以下特点：

1）由于磨削速度很快，在磨削过程中，产生大量切削热，磨削温度可达1000℃以上，为保证工件表面质量，磨削时必须使用大量的切削液。

2）磨削可以加工硬度很高、用金属刀具很难加工甚至不能加工的材料，如淬火钢、硬质合金等。

3）磨削加工尺寸公差等级为IT6～IT5，表面粗糙度 Ra 值为 $0.8\sim0.1\mu m$。高精度磨削时，尺寸公差等级可超过IT5，表面粗糙度 Ra 值小于 $0.05\mu m$。

4）磨削加工的切削深度较小，故要求零件在磨削之前先进行半精加工。

7.4.1　磨削的加工范围

磨削加工的用途很广，它可以利用不同类型的磨床分别磨削外圆、内圆、平面、沟槽、成形面（齿形、螺纹等）以及刃磨各种刀具，如图7-61所示。

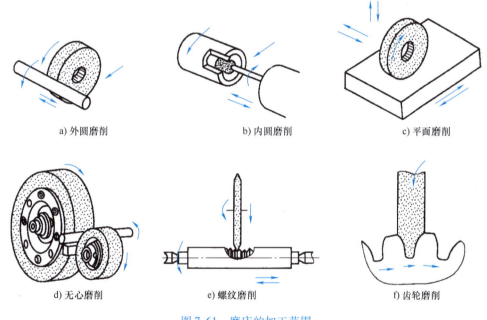

a) 外圆磨削　　b) 内圆磨削　　c) 平面磨削

d) 无心磨削　　e) 螺纹磨削　　f) 齿轮磨削

图 7-61　磨床的加工范围

7.4.2　磨床

磨床可分为万能外圆磨床、普通外圆磨床、内圆磨床、平面磨床、无心磨床、工具磨床、齿轮磨床和螺纹磨床等多种类型。

1. 平面磨床

平面磨床用于磨削平面，有卧轴和立轴两种类型，常用的是卧轴矩台平面磨床M7120A，如图7-62所示。在型号M7120A中，M为磨床代号；7为平面及端面磨床的组别代号；1表示卧轴矩台平面磨床系列代号；20表示工作台宽度的1/10，即工作台宽度为200mm；A表示在性能和结构上做过一次重大改进。

M7120A型平面磨床由床身、工作台、立柱、磨头及砂轮修整器等部件组成。矩形工作台安装在床身导轨上，由液压驱动做往复运动，也可以转动手轮操纵，以进行必要的调整。工作台上装有电磁吸盘或其他夹具，用来装夹工件。砂轮架沿着磨头拖板的水平导轨可以做横向进给运动，这可由液压驱动或手轮操纵。拖板可沿立柱的导轨垂直移动，这一运动也可由液压驱动或手动操纵。砂轮由装在磨头内的电动机直接驱动旋转。

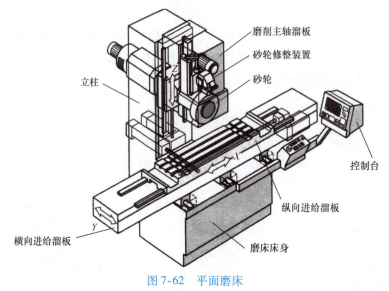

图 7-62　平面磨床

2. 外圆磨床

外圆磨床分为万能外圆磨床和普通外圆磨床。万能外圆磨床与普通外圆磨床的主要区别是万能外圆磨床增设了内圆磨头，而且砂轮架和工件头架的下面均装有转盘，能围绕自身的铅垂轴线扳转一定角度。万能外圆磨床除了能磨削外圆和锥度较小的外锥面外，还可磨削内圆和任意锥度的内外锥面。常用的是 M1432A 型万能外圆磨床，其中 M 为磨床代号；1 为外圆磨床的组代号；4 为万能外圆磨床的系代号；32 为最大磨削直径的 1/10，即最大磨削直径为 320mm；A 表明在性能和结构上做过一次重大改进。

M1432A 型万能外圆磨床由床身、工作台、头架、尾座和砂轮架等部件组成，如图 7-63 所示。

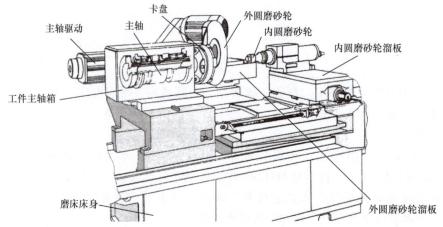

图 7-63　万能外圆磨床

3. 工具磨床

工具磨床是专门用于工具制造和刀具刃磨的机床，如图 7-64 所示，特别适用于刃磨各种中小型工具，如铰刀、丝锥、麻花钻、扩孔钻、铣刀、铣刀头、插齿刀，配合其他附件，还可以磨外圆、内圆和平面，以及磨制样板、模具等。工具磨床精度高、刚性好、经济实用。

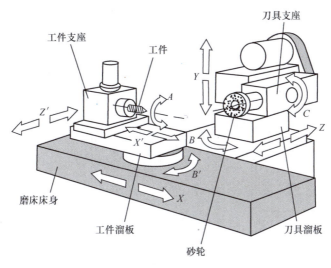

图 7-64　工具磨床

7.4.3　砂轮

1. 砂轮的构成要素、参数及其选择

砂轮是由磨料和结合剂以适当的比例混合，经压缩再烧结而成，其结构如图 7-65 所示。砂轮由磨粒、结合剂和空隙三个要素组成，磨粒相当于切削刃，起切削作用；结合剂使各磨粒位置固定，起支持磨粒的作用；空隙则有利于排屑。砂轮的性能由磨料、粒度、结合剂种类、硬度及组织等五个参数决定，如图 7-66 所示。

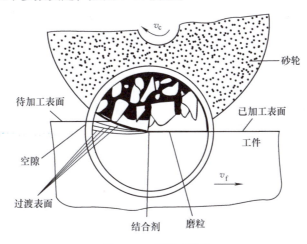

图 7-65　砂轮的结构

砂轮

- 磨粒
  - 磨料（种类）
  - 粒度
- 结合剂
  - 种类
  - 硬度
- 空隙
  - 组织

磨料

系别	名称	代号	颜色	性能	适用范围
氧化物	棕刚玉	A	棕褐色	硬度较低，韧性较好	磨削碳素钢、合金钢、可锻铸铁与青铜
	白刚玉	WA	白色	较A硬度高，磨粒锋利，韧性差	磨削淬硬的高碳钢、合金钢、高速钢、磨削薄壁零件、成形零件
	铬刚玉	PA	玫瑰红色	韧性比WA好	磨削不锈钢、成形磨削、刃磨刀具、高表面质量磨削
碳化物	黑碳化硅	C	黑色带光泽	比刚玉类硬度高，导热性好，但韧性差	磨削铸铁、黄铜、耐火材料及其他非金属材料
	绿碳化硅	GC	绿色带光泽	较C硬度高，导热性好，韧性较差	磨削硬质合金、宝石、光学玻璃
	碳化硼	BC	黑色	比刚玉、C、GC都硬，耐磨、高温易氧化	磨削硬质合金
高硬磨料	人造金刚石	MBD	白、浅绿、黑色	硬度最高，耐热性较差	磨削硬质合金、光学玻璃、大理石、宝石、陶瓷等高硬度材料
	立方氮化硼	CBN	棕黑色	硬度仅次于MBD，韧性较MBD好	磨削高性能高速钢、不锈钢、耐热钢及其他难加工材料

粒度

粒度标记	适用范围
F4~F14	荒磨
F14~F30	一般磨，加工表面粗糙度Ra值为0.8μm
F30~F100	半精磨、精磨和成形磨削，加工表面粗糙度Ra值为0.8~0.16μm
F100~F240	精磨、精密磨、超精磨、成形磨、刃磨刀具、珩磨
F150~F400	精磨、精密磨、超精磨、珩磨
F360及更细	超精密磨、镜面磨、精研，加工表面粗糙度Ra值为0.05~0.012μm

结合剂

名称	代号	特性	适用范围
陶瓷	V	耐热、耐油和耐酸碱的侵蚀，强度较高，较脆	除薄片砂轮外，还能制成各种砂轮
树脂	B	强度高，富有弹性，具有一定抛光作用，耐热性差，不耐酸碱	荒磨砂轮、磨管槽、切断用砂轮、高速砂轮、镜面磨砂轮
橡胶	R	强度更高，弹性更好，抛光作用更好，耐热性差，不耐油和酸，易堵塞	磨削轴承沟道的砂轮、无心磨导轮、切削薄片砂轮、抛光砂轮

硬度

等级名称	超软			软			中软		中		中硬			硬		超硬
代号	D	E	F	G	H	J	K	L	M	N	P	Q	R	S	T	Y
选择	磨未淬硬钢、精密磨削				磨淬火钢、精密磨削				磨淬硬合金钢选用L~N，磨淬火合金钢磨削时选用K~L、高表面质量磨削时选用H~K，刃磨硬质合金刀具选用H-J							磨削韧性大而硬度不高的材料

组织

组织号	0	1	2	3	4	5	6	7	8	9	10	11	12	13	14
磨粒率(%)	62	60	58	56	54	52	50	48	46	44	42	40	38	36	34
用途	成形磨削、精密磨削			磨淬火钢、精密磨削			磨削淬硬钢、刃磨刀具			磨削韧性大而硬度不高的材料			磨削热敏感性高的材料		

图7-66　砂轮的三个要素和五个参数

2. 砂轮的形状与代号

砂轮具有多种类型与规格。选用砂轮时，应根据工件的加工要求、形状、材料及磨床条件等各种因素综合考虑。常用砂轮的形状、代号及用途见表7-9。

表7-9　常用砂轮的形状、代号及用途

砂轮名称	型号	断面简图	基本用途
平形砂轮	1		根据不同尺寸，分别用在外圆磨、内圆磨、平面磨、无心磨、工具磨、螺纹磨和砂轮机上
双斜边砂轮	4		主要用于磨齿轮齿面和磨单线螺纹
双面凹一号砂轮	7		主要用于外圆磨削和刃磨工具，还用作无心磨的磨轮和导轮
平行切割砂轮	41		主要用于切断和开槽等
黏结或夹紧用筒形砂轮	2		用于立式平面磨床上
杯形砂轮	6		主要用其端面刃磨刀具，也可用其圆周磨削平面和内孔
碗形砂轮	11		通常用于刃磨刀具，磨机床导轨
碟形砂轮	12a		适于磨削铣刀、铰刀和拉刀等，大尺寸的一般用于磨削齿轮的齿面

砂轮的特性代号一般标注在砂轮端面上，用以表示砂轮的型号、形状、尺寸、磨料、粒度、硬度、结合剂、组织及允许最高线速度。如 $1-300 \times 32 \times 80 - WAF60K5V - 30m/s$，表示砂轮的形状为平行砂轮（1），尺寸外径为300mm，厚度为32mm，内径为80mm，磨料为白刚玉（WA），粒度为F60，硬度为中软（K），组织号为5，结合剂为陶瓷（V），最高工作速度为30m/s。

3. 砂轮的安装、平衡和修整

砂轮因在高速下工作，若使用不当破裂后会飞出伤人。砂轮在安装前首先应观察砂轮外观是否有裂纹，并用橡胶锤轻敲砂轮侧面，声响应当清脆。如果有裂纹或声音嘶哑禁用。首次安装的砂轮要进行静平衡试验，以保证砂轮能够平稳工作。砂轮工作一段时间后，表面的磨粒会变钝，工作表面空隙堵塞，需用金刚石进行修整，使钝化的磨粒脱落，露出新的磨粒，即可恢复砂轮的切削性能和形状精度。

7.5 齿形加工

齿轮是机械传动中传递力和运动的重要零件，在各种机械和仪器中应用非常普遍。产品的工作性能、承载能力、使用寿命及工作精度等都与齿轮本身的质量有着密切的关系。

齿轮传动机构形式多样，如图 7-67 所示，常见齿轮传动中直齿轮传动、斜齿轮传动和人字齿轮传动用于平行轴之间；螺旋齿轮传动和蜗杆传动常用于两交错轴之间；内齿轮传动可实现平行轴之间的同向转动；齿轮齿条传动可实现旋转运动和直线运动的转换；直齿锥齿轮传动用于相交轴之间的传动。

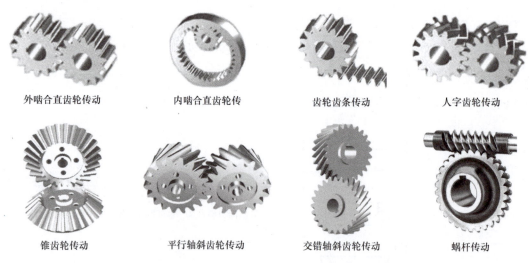

外啮合直齿轮传动　　内啮合直齿轮传　　齿轮齿条传动　　人字齿轮传动

锥齿轮传动　　平行轴斜齿轮传动　　交错轴斜齿轮传动　　蜗杆传动

图 7-67　常见齿轮传动机构形式

为了保证齿轮传动运动精确、工作平稳可靠，必须选择合适的齿形轮廓曲线。目前，齿轮齿形轮廓曲线有渐开线、摆线和圆弧线型等，其中因渐开线型齿形的圆柱齿轮具有安装方便、强度高、传动平稳等优点，所以应用最广。GB/T 10095.1—2022《圆柱齿轮　ISO 齿面公差分级制第 1 部分：齿面偏差的定义和允许值》规定，齿轮及齿轮副分为 13 个精度等级，由高至低依次为 0、1、2、…、12 级。其中 0~2 级为远景级，属于有待发展的精度等级；3~5 级属于高精度等级；6~8 级属于中精度等级，其中普遍应用 7 级精度；9~12 级为低精度等级。

7.5.1 齿轮加工的基本原理

齿轮加工一般分为齿坯加工和齿形加工两个阶段。齿坯加工主要是孔、外圆和端面的加工，是齿形加工时的基准，所以要有一定的精度和表面质量。齿形加工是齿轮加工的核心和关键。目前制造齿轮主要是用切削加工，也可以用铸造、精锻、辗压（热轧、冷轧）和粉末冶金等方法。用切削加工的方法加工齿轮齿形，按加工原理可分为两类：

（1）成形法加工　成形法加工是用与被切齿轮的齿槽形状相符的成形刀具切出齿形的方法，如铣齿、成形法磨齿等。

（2）**展成法加工**　展成法加工是利用齿轮的啮合原理加工齿轮的方法，如滚齿、插齿、剃齿和展成法磨齿等。

齿轮齿形加工方法的选择，主要取决于齿轮精度、齿面粗糙度的要求以及齿轮的结构、形状、尺寸和热处理状态等。4～9级精度圆柱齿轮常用的最终加工方法见表7-10，可作为选择齿形加工方法的依据和参考。

表 7-10　4～9 级精度圆柱齿轮常用的最终加工方法

精度等级	齿面粗糙度 $Ra/\mu m$	齿面最终加工方法
4	≤0.2	精密磨齿，对于大齿轮，精密滚齿后研齿或剃齿
5	≤0.2	精密磨齿，对于大齿轮，精密滚齿后研齿或剃齿
6	≤0.4	磨齿，精密剃齿，精密滚齿、插齿
7	1.6～0.8	滚齿、剃齿或插齿，对于淬硬齿面，磨齿、珩齿或研齿
8	3.2～1.6	滚齿、插齿
9	6.3～3.2	铣齿、粗滚齿

7.5.2　铣齿

铣齿属于成形法加工，是用成形齿轮铣刀在万能铣床上进行齿轮齿形加工，如图 7-68 所示。铣齿时，当模数 $m\leqslant 10mm$ 时，用盘状铣刀；当模数 $m>10mm$ 时，用指状铣刀，如图 7-69 所示。铣齿的工艺设备简单，成本低，生产率不高，加工精度较低。铣齿的加工精度一般为 IT9 级，表面粗糙度 Ra 值为 6.3～3.2μm。

铣齿时铣刀装在刀杆上旋转为主运动，工件紧固在心轴上，心轴安装在分度头和尾座顶尖之间随工作台做直线进给运动。每铣完一个齿槽，铣刀沿齿槽方向退回，用分度头对工件进行分度，然后再铣下一个齿槽，直至加工出整个齿轮。

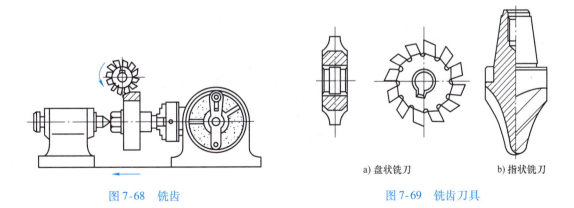

图 7-68　铣齿　　　　　　　　　　a) 盘状铣刀　　　　b) 指状铣刀

图 7-69　铣齿刀具

铣齿不但可以加工直齿、斜齿和人字齿圆柱齿轮，还可以加工齿条、锥齿轮及蜗轮等。但它仅适用于单件小批次生产或维修工作中加工精度不高的低速齿轮。

7.5.3　滚齿

滚齿是利用齿轮滚刀在滚齿机（见图 7-70）上加工齿轮的方法，其工作过程是齿轮刀具和工件按照一对交错轴螺旋齿轮相啮合的原理做对滚运动进行切削加工，如图 7-71 所示。

滚齿与铣齿比较有如下特点：滚刀的通用性好，一把滚刀可以加工与其模数、压力角相同而齿数不同的齿轮，铣齿时每把铣刀只能加工一定齿数范围内的齿轮；齿形精度及分度精度高，滚齿的精度一般可达 IT7 级，表面粗糙度 Ra 值为 $3.2 \sim 1.6\mu m$；滚齿的整个切削过程是连续的，生产率高；设备和刀具费用高，滚齿机为专用齿轮加工机床，其调整费时，滚刀较齿轮铣刀的制造、刃磨要困难。

滚齿应用范围较广，可加工直齿、斜齿圆柱齿轮和蜗轮等，但不能加工内齿轮和相距太近的多联齿轮。

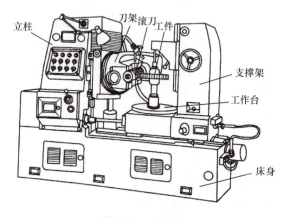

图 7-70　滚齿机

图 7-71　滚齿的工作过程

7.5.4　插齿

插齿是在插齿机（见图 7-72）上用插齿刀加工齿形的过程。插齿的工作过程是刀具和工件按照一对圆柱齿轮相啮合的原理进行加工。插齿刀实际上是一个用高速钢制造并磨出切削刃的齿轮。加工时，插齿刀和被切齿轮坯之间保持一对渐开线齿轮的啮合运动关系，同时插齿刀做上下往复切削运动，如图 7-73 所示。

插齿与滚齿、铣齿比较有如下特点：齿面粗糙度小，一般可达 1.6μm；插齿和滚齿的精度相当，比铣齿高，一般条件下能保证 IT7 级精度；插齿刀的制造、刃磨及检验均比滚刀方便，容易精确制造；插齿刀的通用性好，一把插齿刀可以加工与其模数、压力角相同而齿数不同的齿轮；插齿的生产率低于滚齿而高于铣齿。

插齿多用于加工滚齿难以加工的内齿轮、多联齿轮、带台阶齿轮、扇形齿轮、齿条及人字齿轮、端面齿盘等，但不能加工蜗轮。

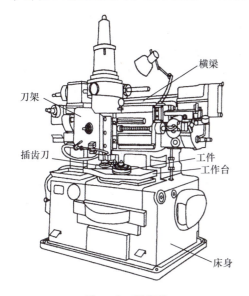

图 7-72　插齿机

图 7-73　插齿的工作过程

7.5.5　其他齿形加工方法

1. 剃齿

剃齿加工是根据一对交错轴斜齿轮啮合的原理，在剃齿机上进行展成加工的方法。剃齿加工的工作过程是利用剃齿刀与被加工齿轮在轮齿双面紧密啮合的自由展成运动中，借助于两者之间的相对滑移，实现细微切削，以提高齿面的精度，如图 7-74 所示。剃齿主要用来对调质和淬火前的直齿和斜齿圆柱齿轮进行精加工。剃齿的精度主要取决于剃齿刀的精度，标准公差等级一般可达到 IT7 ~ IT6 级，表面粗糙度 Ra 值为 0.8 ~ 0.4μm。

图 7-74　剃齿的工作过程

剃齿机结构简单，操作方便，剃齿生产率高，一般 2~4min 即可加工好一个齿轮。剃齿通常用于大批量生产中的齿轮齿形精加工，在汽车、拖拉机及机床制造等行业中应用很广泛。

2. 珩齿

珩齿是用珩磨轮在珩齿机上进行齿形精加工的方法。珩齿适用于消除淬火后的氧化皮和轻微磕碰而产生的齿面毛刺与压痕，可有效降低表面粗糙度，对齿形精度改善不大。珩齿后的齿面粗糙度 Ra 值为 $0.4~0.2\mu m$。

珩磨轮是将金刚砂或白刚玉磨料与环氧树脂等材料合成后浇铸或热压在钢制轮坯上的斜齿轮。珩齿的工作原理和方法与剃齿相似。珩齿时，珩磨轮高速旋转（$1000~2000r/min$），同时沿齿向和渐开线方向产生滑动进行切削。珩齿过程具有剃削、磨削和抛光的精加工的综合作用，刀痕复杂、细密。珩齿因余量很小，一般为 $0.01~0.02mm$，可以一次切除，生产率很高。

3. 磨齿

磨齿是利用磨齿机对齿轮的轮齿进行磨削加工方法。主要用于消除热处理后的变形和提高齿轮精度，磨削后齿的标准公差等级可达 IT4~IT3 级，表面粗糙度 Ra 值为 $0.4~0.2\mu m$。

展成法磨齿的切削运动与滚齿相似，主要利用不同类型的砂轮对齿形进行精加工，如锥形砂轮磨削、碟形砂轮磨削和蜗杆砂轮磨削。

延伸阅读

刘湘宾——"铣"亮"导航之眼"的大师

刘湘宾是陕西航天时代导航设备有限公司首席技师，2021 年大国工匠年度人物获得者。

正如眼睛是人类感官中最重要的器官之一，惯性导航系统好比是航天、防务等装备的眼睛，陀螺是惯性导航系统的核心部件，它关系着卫星能否到达预定轨道、导弹能否命中目标、潜水器能否到达指定海域。刘湘宾作为"铣"亮"导航之眼"的大国工匠，他的绝活就是能把陀螺零件的精度加工到微米和亚微米级，让大国重器的"眼睛"看得更准更远。从火箭军到嫦娥五号探测器，再到神舟十三号载人飞船发射升空……刘湘宾带领团队加工的惯性导航产品先后 100 多次应用于国家重大工程项目。

"铣床是我最好的朋友，它能帮助我实现梦想啊！虽然我不扛枪了，但我还能看到亲手打造的产品可以铸造卫国利器，保国家安全。"获得大国工匠年度人物称号后，刘湘宾更加明白自己肩上责任重大，只有尽全力做好企业一线生产的排头兵，才能承担好航天强国建设事业的光荣任务。

第8章 钳工加工技术

8.1 概述

钳工是以手工操作为主，并使用各种手工工具和部分机械设备来完成工件的加工、装配和维修等工作的工种。

8.1.1 钳工的工作范围

随着工业生产的发展与科学技术的进步，各种先进的加工方法层出不穷，但仍有很多工作需要由钳工来完成，特别是某些情况下用机械加工难以完成的工作。对钳工掌握的技术知识与实践技能要求也越来越高，形成了专业化分工，如普通钳工、划线钳工、模具钳工、工具钳工、装配钳工和维修钳工等。钳工大部分工作是手工操作，劳动强度大、生产率低。

钳工工作范围广泛，主要包括：①零件加工前准备工作，如毛坯清理、划线等；②零件加工过程中的工作，如锯削、锉削、錾削、刮削、研磨、钻孔、扩孔、铰孔、攻螺纹、套螺纹等，对精密零件的加工，如刮削零件、量具的配合表面和模具、样板制作等；③机器或零部件的装配，对互相配合的零件进行修配，装配后机器进行调试等；④机器设备维修。

8.1.2 钳工常用的设备和工具

钳工常用的设备有钳工工作台、台虎钳、砂轮机、钻床和手电钻等。常用的手用工具有划线盘、錾子、手锯、锉刀、刮刀、扳手、螺钉旋具和锤子等。

1. 钳工工作台

钳工工作台用来安装台虎钳，分类放置工具、夹具、量具和工件等。台面一般用坚实的木材或铸铁制成，要求牢固平稳，应设有防护网。台面高度一般为 800~900mm，以钳口高度恰好与人肘部平齐为宜，如图 8-1a 所示。

2. 台虎钳

台虎钳是用来夹持工件的通用夹具，如图 8-1b 所示，其固定安装在工作台上，常用的规格用钳口宽度表示，有 100mm、125mm、150mm。台虎钳应尽可能将工件夹在钳口中部，使钳口受力均匀；夹持工件的光洁表面时，应垫铜皮或铝皮加以保护；装夹工件时，转动台虎钳手柄，禁止用套管等接长手柄及用锤子敲击手柄，以免损坏台虎钳；锤击工件时，只能在钳口砧座上敲击。

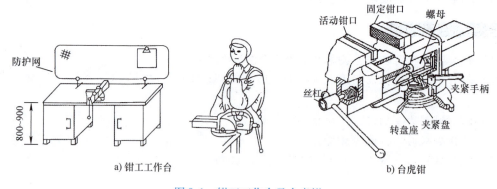

a) 钳工工作台　　　　　　　　　　b) 台虎钳

图 8-1　钳工工作台及台虎钳

8.2　划线

划线是根据图样要求，在毛坯或半成品工件上划出加工界线的一种操作。划线是机械加工工艺过程中的重要工序，如果将线划错，就会极易导致工件后续加工产生次品，甚至废品。划线的基本要求是：尺寸准确、位置正确、线条清晰、冲眼均匀。

8.2.1　划线的作用与分类

1. 划线的作用

1）合理分配工件的加工余量，使机械加工有明确的尺寸界线。

2）按划线找正和定位，便于在机床上安装复杂工件。

3）检查毛坯形状、尺寸，剔除不合格毛坯，避免加工后造成损失。

4）采用划线中的借料方法，可以使误差不大的毛坯得到补救，使加工后的零件仍能够符合要求。

2. 划线的分类

划线分为平面划线和立体划线两类：平面划线是在工件的一个表面划线后就能明确表示加工界限的操作，如图 8-2a 所示；立体划线是指需要在工件的几个互成不同角度的表面上划线，如图 8-2b 所示。

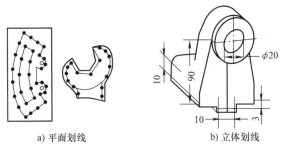

a) 平面划线　　　　　　　　b) 立体划线

图 8-2　平面划线和立体划线

8.2.2　划线工具及用途

划线的工具包括基准工具、支承工具、绘划工具等几类。

1. 基准工具

划线平台是划线的基准工具，如图 8-3 所示，一般由铸铁制成，它的工作表面（上表面）经过精刨和刮削加工，平直光洁，精度较高，是划线的基准平面。划线平台应安放稳固，且上平面应保持水平，要均匀地使用整个表面，以免局部磨损凹陷，严禁敲击、碰撞。

图 8-3　划线平台

2. 支承工具

划线的支承工具主要有千斤顶、V 形铁、划线方箱等。

（1）千斤顶　千斤顶用来支承较大或不规则的工件，通常三个为一组，分别调整其高度对工件进行找正，如图 8-4 所示。

（2）V 形铁　V 形铁用于支承圆柱形工件，V 形槽的角度为 90°，其相邻两边互相垂直，使工件轴线与平板平行，如图 8-5 所示。

（3）划线方箱　划线方箱用于夹持较小的工件，方箱上各相邻两个面互相垂直，相对两个面互相平行，通过翻转方箱，便可以在工件上划出所有互相垂直的线，如图 8-6 所示。

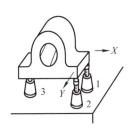

图 8-4　千斤顶的使用　　　　图 8-5　V 形铁的使用　　　　图 8-6　划线方箱的使用

3. 绘划工具

（1）划针与划线盘

1）划针是在工件上划线的工具，用工具钢或高速钢制成，其端部经磨锐后淬火，其形状及使用方法如图8-7所示。

2）划线盘是立体划线和校正工件位置的主要工具，如图8-8所示，分为普通划线盘和可调式划线盘。

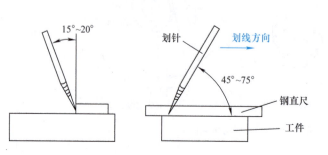 

图 8-7　划针的形状及使用方法 　　　　　　　　　图 8-8　划线盘

（2）划规与划卡

1）划规是划圆、圆弧和等分线段及量取尺寸等的平面划线工具，分为普通划规、圆弧划规、弹簧划规和滑杆划规等几种，如图8-9所示，它的用法与制图中的圆规类似。

2）划卡主要用于确定轴和孔中心位置，其外形及用法如图8-10所示。

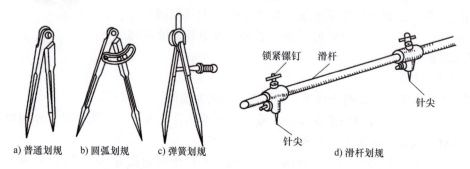

a) 普通划规　　b) 圆弧划规　　c) 弹簧划规　　　　　　d) 滑杆划规

图 8-9　划规

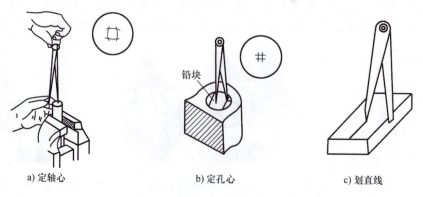

a) 定轴心　　　　　　　　b) 定孔心　　　　　　　　c) 划直线

图 8-10　划卡的外形及用法

（3）游标高度卡尺　游标高度卡尺由高度尺和划线盘组成，是一种精密工具，可在测量的同时用于划线，其原理和使用方法请查阅本书第 6 章相关内容。

（4）样冲　样冲是在工件上打出样冲眼的工具。划好的线段和钻孔的圆心都需要打样冲眼，以便所划的线模糊时，仍能识别线的位置，便于定位，如图 8-11 所示。

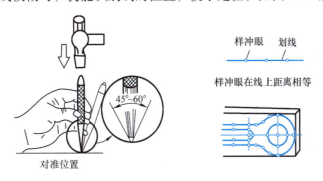

图 8-11　样冲及其使用方法

8.2.3　划线基准

划线时确定其他点、线、面位置的点、线、面称为划线基准。划线基准选择正确与否，对划线质量和划线速度有很大影响。

选择划线基准应根据工件的形状和加工情况综合考虑，尽量选择划线基准与设计基准相一致；尽量选择工件上已加工的表面；工件为毛坯时，选择较大的平面为基准；带孔的零件，选择重要孔的中心线为基准。常用的划线基准有：两个互相垂直的加工平面，如图 8-12a 所示；两条互相垂直的中心线，如图 8-12b 所示；一个平面和一条中心线等，如图 8-12c 所示。基准线一般用于平面划线，基准面一般用于立体划线。

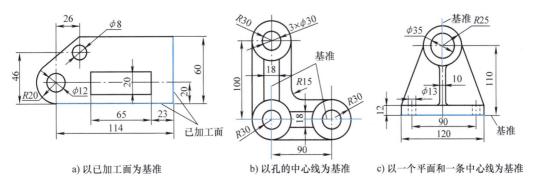

a) 以已加工面为基准　　　　b) 以孔的中心线为基准　　　　c) 以一个平面和一条中心线为基准

图 8-12　划线基准

8.2.4　划线方法与步骤

1）划线前，应仔细分析零件的技术要求和加工工艺，检查和分配加工余量，确定划线基准和划线部位。

2）检查并清理毛坯，剔除不合格件；在划线表面涂一层薄而均匀的涂料，其中对毛坯一般用石灰水，对已加工面可用蓝油。

3）工件有孔时，用铅块或木块塞孔并确定孔的中心。

4）正确安放工件，选择划线工具。

5）划线。首先划出基准线，再划出其他水平线；然后翻转找正工件，划出垂直线；最后划出斜线、圆、圆弧及曲线等。

6）根据图样，检查所划的线正确无误后，再打出样冲眼。

8.3 锯削

锯削是用手锯对材料或工件进行分割的一种切削加工方法。工作范围包括：分割各种材料或半成品、锯掉工件上多余的部分、在工件上锯槽等，如图 8-13 所示。锯削具有方便、简单和灵活的特点，应用较广，但加工精度低，尚需要进一步加工。

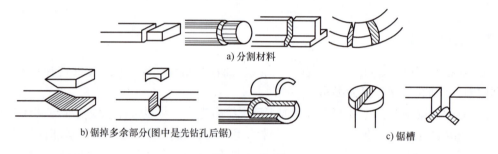

a) 分割材料

b) 锯掉多余部分(图中是先钻孔后锯)　　　　　　c) 锯槽

图 8-13　锯削

8.3.1　手锯

手锯由锯弓和锯条组成。锯弓用来安装并张紧锯条，分为固定式和可调式两种，如图 8-14所示，固定式锯弓只能安装一种长度规格的锯条，可调式锯弓通过调节安装距离可以安装几种长度规格的锯条。

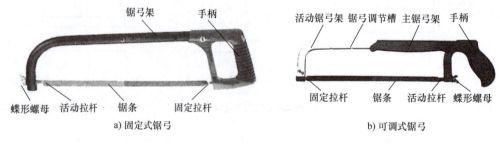

a) 固定式锯弓　　　　　　　　　　　b) 可调式锯弓

图 8-14　锯弓

锯条是开有齿刃的钢片条，锯齿是锯条的主要部分。锯条的锯齿按一定规律左右错开排列成一定的形状，从而形成锯路，常见的锯路有交叉形和波浪形，如图 8-15 所示。锯路使锯条两侧面不与工件直接接触，减少了锯条与工件的摩擦，减少热量的产生，也有利于金属屑的排空。随着锯齿的磨损渐渐失去锋利，锯路也会变得越来越窄，阻力也越来越大，到一定程度时，锯条便丧失切削功能。

锯条一般用碳素工具钢制成，其规格主要包括长度和齿距：长度是指锯条两端安装孔的中心距，一般有100mm、200mm、300mm 等几种，常用的规格有 300mm（长）×12mm（宽）×0.8mm（厚）等。齿距是指两相邻齿对应点的距离，按照齿距大小，可分为粗齿、中齿、细齿三种规格，锯齿粗细的划分及用途见表 8-1。

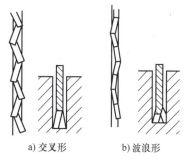

a) 交叉形　　　b) 波浪形

图 8-15　锯路

表 8-1　锯齿粗细的划分及用途

锯齿粗细	齿数/（25mm）	用途
粗齿	14 ~ 18	锯铜、铝等软金属、厚件及人造胶质材料
中齿	22 ~ 24	锯普通钢、铸铁、中厚件及厚壁管子
细齿	32	锯高碳钢、板材及薄壁管子

8.3.2　锯削操作

1. 锯条的安装

锯条安装在锯弓上，应注意：①只有锯齿向前才能正常切削，图 8-16a 所示的方向正确图 8-16b 所示的方向错误；②锯条的松紧适中，一般用两个手指的力能旋紧拉紧螺母为宜，太松或太紧锯条都容易崩断；③安装好后应无扭曲现象，锯条平面与锯弓纵向平面应在同一平面内或互相平行的平面内，否则锯削时锯条易折断。

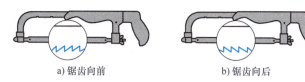

a) 锯齿向前　　　　　　　b) 锯齿向后

图 8-16　锯齿排列

2. 工件的装夹

工件尽可能装夹在台虎钳的左侧；工件伸出钳口要短，锯割线离钳口要近，防止锯切时产生振动；工件要夹紧，防止加工中产生移动，同时应避免变形或夹坏已加工面。

3. 锯削步骤

（1）起锯　起锯是锯削工作的开始，起锯方式有远边起锯和近边起锯两种：一般情况下采用远边起锯，因为此时锯齿是逐步切入材料，不易卡住，起锯比较方便，如图 8-17a 所示；若用近边起锯，锯齿突然切入过深，容易被工件棱边卡住，造成崩断或崩齿，如图 8-17b 所示。起锯时，

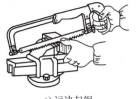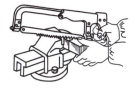

a) 远边起锯　　　　b) 近边起锯

图 8-17　起锯方法

以左手拇指靠住锯条，右手握住锯柄，锯条倾斜与工件表面形成起锯角度，起锯角 θ 控制在 15°为宜，过大锯齿易被工件卡住，过小锯齿不易切入工件，产生打滑，从而锯坏工件表面，如图 8-18 所示。起锯时压力要小，锯弓往复行程要短，速度要慢，这样可使起锯平稳，待锯缝深度达到 2mm 左右，可将手锯逐渐处于水平位置，进入正常锯削。

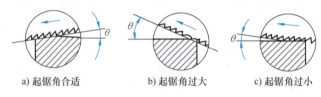

a) 起锯角合适　　　b) 起锯角过大　　　c) 起锯角过小

图 8-18　起锯角度

（2）锯削　正常锯削时，右手握锯柄推进，左手轻压锯弓前端，返回时不加压，锯条从工件上轻轻拉回。在整个锯切过程中，锯条应做直线往复，不可左右晃动，同时应尽量用锯条全长工作，以防锯条局部发热和磨损，如图 8-19 所示。要注意锯缝的平直情况，发现歪斜及时纠正。锯削速度以每分钟 20~40 次为宜，不宜过快。

（3）锯削结束　锯削快要结束时，用力要轻，速度要慢，锯条行程要短些。

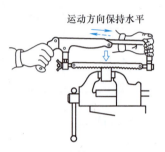

运动方向保持水平

图 8-19　锯削过程

4. 锯削方法

锯削不同的工件，需采用不同的锯削方法。为了得到整齐的锯缝，锯切扁钢应在较宽的面下锯；锯圆管不可从上到下一次锯断，应每锯到内壁则将工件向推锯方向转过一定角度再锯，直到锯断为止；锯厚件，当厚度大于锯弓高度时，先正常锯削，当锯弓碰到工件时，将锯条旋转 90°锯削，当锯削部分宽度大于锯弓高度时，将锯条转过 180°锯削。锯薄板，将薄板工件夹在两木块之间，防止薄板振动或变形，如图 8-20 所示。

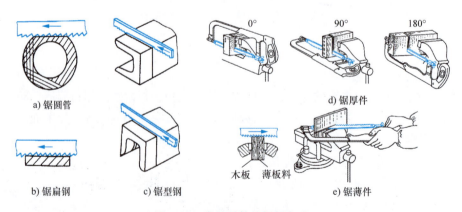

a) 锯圆管　　　　　　　　　　　　　　　　d) 锯厚件

b) 锯扁钢　　　　c) 锯型钢　　　木板　薄板料　　e) 锯薄件

图 8-20　常见零件的锯削方法

8.3.3　锯削工件质量问题与锯条损坏原因

锯削工件质量问题与锯条损坏原因见表 8-2。

表 8-2　锯削工件质量问题和锯条损坏原因

锯条损坏形式	产生原因	工件质量问题	产生原因
折断	锯条安装过紧或过松；工件抖动或松动；锯缝产生歪斜，靠锯条强行纠正；推力过大；更换锯条后，新锯条在旧锯缝中锯削	工件尺寸不对	划线不正确；锯削时未留余量
		锯缝歪斜	锯条安装过松或扭曲；工件未夹紧；锯削时，顾前不顾后；锯削时方向没有控制好，用力不正确，速度过快
崩齿	锯条粗细选择不当；起锯角过大；铸件内有砂眼、杂物等	表面锯痕多	起锯角过小；锯条未靠住左手大拇指定位
磨损过快	锯削速度过快；未加切削液		

8.3.4　其他锯削方法

用手锯锯削工件，劳动强度大，生产率低，对操作工人的技能水平要求高。为了改善工人的劳动条件，锯削操作也逐渐朝机械化方向发展。目前，已开始使用薄片砂轮机和电动锯削机等简易设备锯削工件。

8.4　锉削

锉削是用锉刀对工件表面进行切削加工的方法。锉削加工简单方便，工作范围广，多用于工件的錾削、锯削等之后的进一步加工，或机器装配时的工件修整。锉削的加工范围包括平面、台阶面、曲面、内外圆弧、沟槽以及成形样板、模具、型腔等其他表面进行加工。锉削一般能达到的标准公差等级为 IT8 ～ IT7，表面粗糙度 Ra 值可达 $1.6 \sim 0.8 \mu m$。

8.4.1　锉刀

1. 锉刀的材料及结构

锉刀是锉削的主要工具，一般用高碳钢如 T12、T13 等制成，并经过淬火处理。锉刀的结构如图 8-21 所示，由锉刀面、锉刀边、锉刀柄等部分组成。

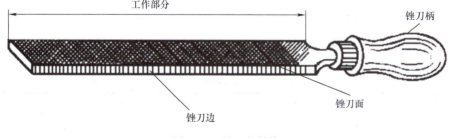

图 8-21　锉刀的结构

2. 锉刀的种类

锉刀种类较多，按用途可分为普通锉、整形锉和特种锉三类，常用的是普通锉。

（1）**普通锉**　按其截面形状可分为平锉、半圆锉、方锉、三角锉和圆锉 5 种，如图 8-22 所示。按其规格以工作部分的长度表示，常用的有 100mm、150mm、200mm、250mm、300mm、350mm 和 400mm 共 7 种。锉刀按每 10mm 锉面上齿数多少划分为粗齿锉（4～12 齿）、中齿锉（13～24 齿）、细齿锉（30～40 齿）和油光锉（50～62 齿），其特点和用途见表 8-3。

（2）**整形锉**　由若干把不同断面形状的锉刀组成一套，主要用于修理工件的细小部位或精密工件加工，如图 8-23 所示。

（3）**特种锉**　用于加工各种工件上的特殊表面，它有直的、弯的两种，其截面形状较多，如图 8-24 所示。

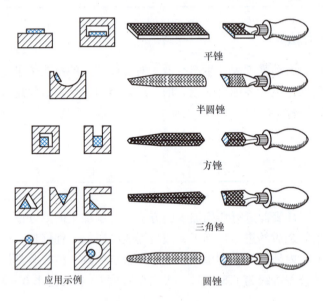

平锉

半圆锉

方锉

三角锉

应用示例　　　　　圆锉

图 8-22　普通锉

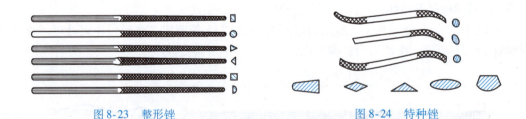

图 8-23　整形锉　　　　　　　　　　图 8-24　特种锉

表 8-3　各种普通锉的特点和用途

锉齿粗细	齿数	特点和应用	尺寸精度/mm	加工余量/mm	Ra/mm
粗齿	4～12	齿间大，不易堵塞，宜粗加工或锉铜、铝等有色金属	0.2～0.5	0.5～1	12.5～50
中齿	13～24	齿间适中，适于粗锉后加工	0.05～0.2	0.2～0.5	3.2～6.3
细齿	30～40	锉光表面或锉硬金属	0.01～0.05	0.05～0.2	1.6
油光锉	50～62	精加工时修光表面	0.01 以下	0.05 以下	0.8

3. 锉刀的选用

合理选用锉刀, 对提高工作效率、保证加工质量、延长锉刀的使用寿命有很大帮助。锉刀齿纹粗细的选择, 取决于工件材料的性质、加工余量的大小、加工精度以及表面粗糙度的要求; 锉刀截面形状的选择, 取决于工件加工面的形状; 锉刀长度规格的选择, 取决于工件加工面和加工余量的大小。

8.4.2 锉削操作

锉削时, 必须正确掌握工件装夹、握锉方法以及正确的施力变化, 以提高锉削质量和锉削效率。对工件装夹的要求, 锉削和锯削基本相同, 要位置适当、牢固可靠, 避免破坏已加工面。锉刀的握法应根据锉刀大小和形状的不同来选择, 如图 8-25 所示。锉削时施加压力的变化, 如图 8-26 所示, 锉刀向前推进时施加压力, 并保持水平; 返回时, 不宜压紧工件, 以免磨钝锉齿或损伤已加工面。锉削速度一般为每分钟 30 ~ 50 次, 推锉前行时稍慢, 回程时稍快, 动作要自然协调。

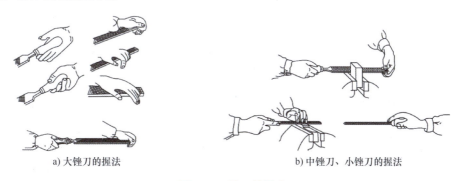

a) 大锉刀的握法   b) 中锉刀、小锉刀的握法

图 8-25 锉刀的握法

图 8-26 锉削时施加压力的变化

锉削过程中切勿用手摸锉削表面或锉刀工作面, 以免污染后打滑。工件上的锉屑应用毛刷清除。锉齿上的锉屑应用细铜丝刷顺着锉纹方向刷去。锉刀材质硬脆, 应防止跌落而断裂。

8.4.3 锉削方法

1. 平面的锉削

锉削平面的方法有三种: 顺向锉法、交叉锉法和推锉法, 如图 8-27 所示。锉削平面时, 锉刀要按照一定方向进行锉削, 并在锉削回程时稍作平移, 这样逐步将整个面锉平。

2. 曲面的锉削

锉削外圆弧面时, 一般用锉刀顺着圆弧面进行锉削, 锉刀在做前进运动的同时绕工件圆

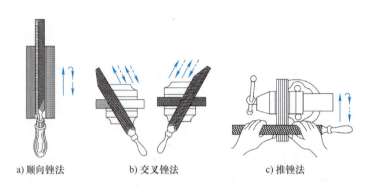

a) 顺向锉法　　　　b) 交叉锉法　　　　c) 推锉法

图 8-27　平面锉削方法

弧中心摆动。当加工余量较大时，可先采用横锉法去除余量（见图 8-28a），再采用滚锉法顺着圆弧精锉（见图 8-28b）。

锉削内圆弧面时，应使用圆锉或半圆锉，并使其完成前进运动、左右移动（约半个至一个锉刀直径）、绕锉刀中心线转动三个动作，如图 8-29 所示。

a) 横锉法　　　　　　　　b) 滚锉法

图 8-28　外圆弧面锉削　　　　　图 8-29　内圆弧面锉削

8.4.4　锉削质量的检验

锉削时，工件的尺寸可用钢直尺和游标卡尺检查，工件的平直和直角可用直角尺根据能否透过光线来检查（见图 8-30），工件的表面粗糙度可用表面粗糙度样板对照检查（见图 8-31）。

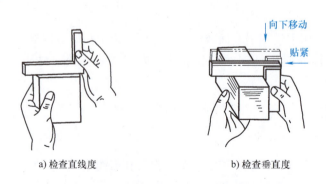

a) 检查直线度　　　　　　　　b) 检查垂直度

图 8-30　用直角尺检查直线度和垂直度

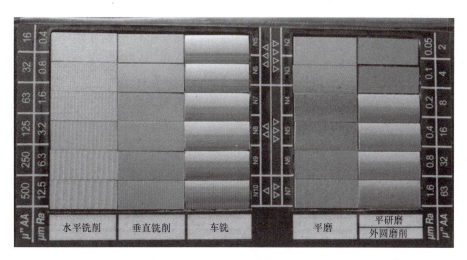

图 8-31　表面粗糙度样板

8.5　孔的加工

孔的加工是用钻头或扩孔钻等在钻床上加工模具零件孔的方法，其操作简便，适应性强，应用很广。零件上的孔，除去一部分由车、镗、铣和磨等机床加工完成外，很大一部分是由钳工利用各种钻床和钻孔工具完成的。在钻床上可以完成钻孔、扩孔、铰孔、攻螺纹和锪孔等操作，一般情况下，孔加工刀具都应同时完成两个运动：主运动，即刀具绕轴线的旋转运动；进给运动，即刀具沿着轴线方向对着零件的直线运动。钻削的加工范围如图 8-32 所示。

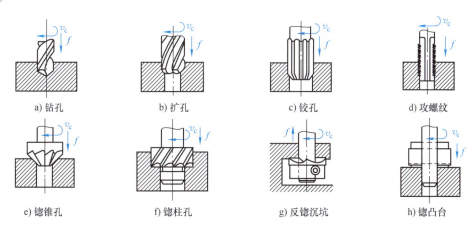

图 8-32　钻削的加工范围

8.5.1　钻床

常用的钻床主要有台式钻床、立式钻床、摇臂钻床和手电钻等。

1. 台式钻床

台式钻床是放在台桌上使用的小型钻床，简称台钻，如图 8-33 所示。台钻结构简单，操作方便，适于加工小型零件上直径在 12mm 以下的孔。常用的型号有 Z4012，Z 表示钻床类，40 表示台式钻床，12 表示钻孔最大直径为 12mm。

2. 立式钻床

立式钻床简称立钻，如图 8-34 所示。立钻是一种中型钻床，刚性好，功率大，因而允许采用较大的切削用量，生产率高，加工精度也较高，适用于加工中小型工件上的中小孔。常用的型号有 Z5125，Z 表示钻床类，51 表示立式钻床，25 表示钻孔最大直径为 25mm。

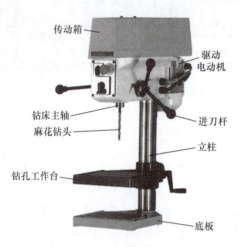

图 8-33　台式钻床

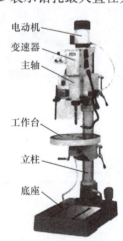

图 8-34　立式钻床

3. 摇臂钻床

摇臂钻床，如图 8-35 所示，可以很方便地调整刀具位置，以对准待加工孔的中心，而不需要移动工件来进行加工，适用于大型工件及多孔工件的孔加工。常用的型号有 Z3050，Z 表示钻床类，30 表示摇臂钻床，50 表示钻孔最大直径为 50mm。

4. 手电钻

手电钻主要用于钻直径不大于 12mm 的孔，由于手电钻携带方便，操作简单，使用灵活，常用于不便使用钻床钻孔的场合，有使用交流电源和锂离子电池充电等几种类型。

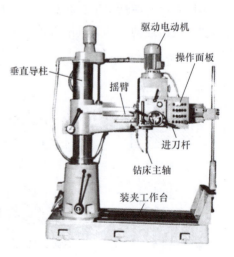

图 8-35　摇臂钻床

8.5.2　钻孔

钻孔是用钻头在实体工件上加工孔的方法。钻孔的加工精度低，一般为 IT12～IT11，表面粗糙度 Ra 值可达 12.5μm。

1. 钻头

用于钻孔的刀具称为钻头，一般由工具钢或高速钢制成。标准麻花钻头是最常用的工具，由柄部、颈部和工作部分组成，如图 8-36 所示，图中 L_o 为钻头长度；d_o 为钻头直径；2ϕ 为顶角；Ψ 为横刃斜角。

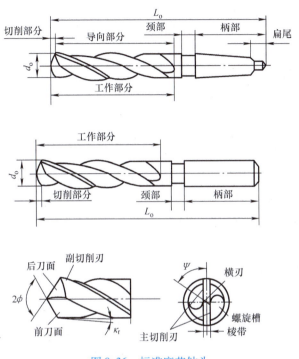

图 8-36　标准麻花钻头

柄部是钻头的夹持部分，主要起传递动力的作用，有直柄和锥柄两种。直径小于 13mm 的为直柄，一般用钻夹头夹持；直径大于或等于 13mm 的一般用莫氏锥柄，锥柄钻头直接或者加接钻套后装入钻床主轴锥孔内。

颈部是工作部分和柄部之间的连接部分。制造钻头时砂轮磨削的退刀槽，钻头直径、材料、厂标等一般也标在颈部。

工作部分包括导向部分与切削部分。导向部分由两条对称分布的螺旋槽组成，用来排除切屑和输送切削液。切削部分由前刀面和后刀面相交形成两条对称的主切削刃，其夹角为 $118° \pm 2°$。由两后面相交形成的横刃起切削作用，两条副切削刃起修光孔壁及导向的作用。

2. 工件的装夹

工件常用手虎钳、平口钳、V 形铁和压板等夹具装夹，如图 8-37 所示。加工时，应根据工件钻孔直径、形状、大小和数量等来选择。

薄壁小工件可用手虎钳夹持，如图 8-37a 所示；中小型平整工件用平口钳夹持，如图 8-37b 所示；轴或套类工件可用 V 形铁夹持，如图 8-37c 所示；大型工件用压板螺栓装夹在钻床工件台上，如图 8-32d 所示。在成批和大量生产中广泛应用钻模夹具。

3. 钻孔操作

1）钻孔前，工件一般要划线定心，并打上样冲眼。

2）安装好钻头、装夹好工件。

3）先用钻头在孔中心锪一小窝，检查小窝与所划圆是否同心，如有偏位则需矫正。

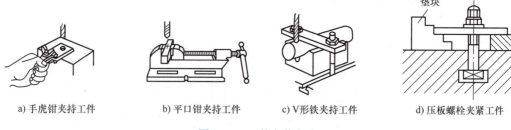

a) 手虎钳夹持工件　　b) 平口钳夹持工件　　c) V形铁夹持工件　　d) 压板螺栓夹紧工件

图 8-37　工件夹装方法

4）在钻削过程中，要经常退出钻头，以便排屑和冷却，以防切屑堵塞、钻头过热或折断，并影响加工质量。

5）钻通孔时，快要钻透时，应减小进给速度。钻削盲孔时，要根据钻孔深度做好标记，避免孔钻得过深或过浅。钻孔孔径大于 30mm 时，孔应分两次或两次以上钻出，最后一次用所需直径的钻头将孔扩大到所要求的直径。

6）注意安全操作。严禁戴手套或垫棉纱操作，严禁用手摸、用嘴吹除切屑。

8.5.3　扩孔

扩孔是用扩孔钻对工件上已有的孔进行扩大孔径加工的一种方法。扩孔精度一般可达 IT10～IT9，表面粗糙度 Ra 值为 6.3～3.2μm。一般小批量加工时可用麻花钻代替扩孔钻使用，当扩孔精度要求较高或生产批量较大时，应采用专用的扩孔钻，如图 8-38 所示。

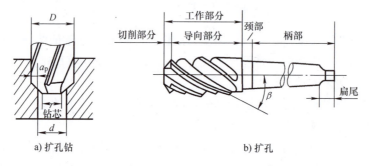

a) 扩孔钻　　　　　　　　　　　　　　b) 扩孔

图 8-38　扩孔钻与扩孔

扩孔钻一般有 3～4 条切削刃，导向性好；无横刃，改善了切削条件；切削余量较小，容屑槽小，钻芯粗大刚性好，切削时，可用较大的切削用量。

8.5.4　铰孔

铰孔是铰刀从工件孔壁上切除微量金属层，以提高其尺寸精度和表面质量的方法。铰孔是孔的精加工方法之一，在生产中应用很广。对于较小的孔，相对于内圆磨削及精镗而言，铰孔较为经济实用。铰孔的加工余量较小，粗铰 0.15～0.5mm，精铰 0.05～0.25mm。铰孔的加工精度一般可达 IT7～IT6 级，表面粗糙度 Ra 值为 1.6～0.8μm。

铰刀分为机用铰刀和手用铰刀两种，机用铰刀多为锥柄，装夹在机床上的锥孔上进行铰孔，且一般应采用浮动夹头连接，手用铰刀为直柄，柄尾有方头，工作部分较长，如

图 8-39所示。铰刀工作部分的前端作为前导锥，便于引入工件；切削部分起主要切削作用；校准部分用以修光和校准孔，且起导向作用，并磨有倒锥，可减小与孔壁摩擦，其工作过程如图 8-40 所示。

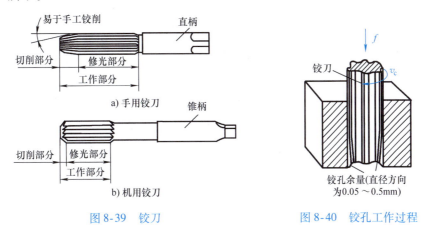

图 8-39　铰刀　　　　　　　图 8-40　铰孔工作过程

8.5.5　锪孔

锪孔是指在已加工的孔上用锪钻加工圆柱形沉头孔、锥形沉头孔和凸台面等的加工方法。锪钻一般用高速钢制造，根据使用目的不同分为柱形锪钻（用于锪圆柱形埋头孔）、锥形锪钻（用于锪锥形孔）、端面锪钻（专门用来锪平孔口端面），如图 8-41 所示。

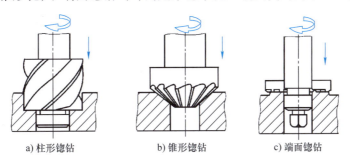

a) 柱形锪钻　　　　　b) 锥形锪钻　　　　　c) 端面锪钻

图 8-41　锪钻与锪孔的分类

8.6　攻螺纹与套螺纹

8.6.1　攻螺纹

攻螺纹是用丝锥加工出内螺纹，如图 8-42 所示。

1. 丝锥与铰杠

丝锥是用来加工内螺纹的刀具。丝锥由切削部分、校准部分和柄部组成，如图 8-43 所示。切削部分磨出锥角，以便将切削负荷分配在几个刀齿上；校准部分有完整的齿形，用于校准已切出的螺纹，并引导丝锥沿轴向运动；柄部有方榫，便于装在铰手内传递转矩。铰杠是用来夹持丝锥的工具，如图8-44所示，常用的是可调式铰杠。铰杠规格应根据丝锥规格来选择。

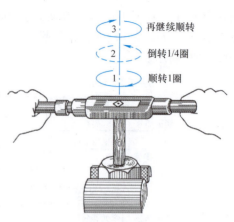

图8-42　攻螺纹

2. 攻螺纹操作方法及注意事项

1）根据工件上螺纹孔的规格，正确选择丝锥和铰杠。

2）工件装夹时，要使孔中心垂直于钳口，防止螺纹攻歪。

3）将螺纹底孔孔口倒角，以便于丝锥切入工件。

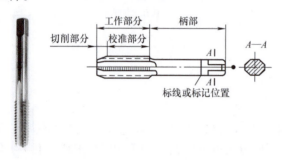

图8-43　丝锥

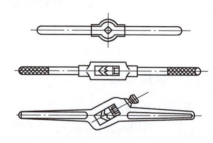

图8-44　铰杠

4）将丝锥方头夹于铰杠方孔内，将头锥垂直放入工件孔内，两手均匀加压，转动铰杠，旋入1～2圈，检查丝锥是否与孔端面垂直。当切削部分已切入工件后，每转1～2圈应反转1/4圈，以便断屑。攻完头锥再继续攻二锥、三锥。每更换一锥，先要用手旋入1～2圈，扶正定位，再用铰杠，此时不加压。

5）攻钢件上的内螺纹时，要加机油润滑，可使螺纹光洁，还可延长丝锥的使用寿命；攻铸铁上的内螺纹时可不加润滑剂，必要时加煤油润滑；攻铝合金、纯铜上的内螺纹时，可加乳化液润滑。

6）不要用嘴直接吹除切屑，以防切屑飞入眼内。

7）加工结束后，丝锥反向旋转慢慢退出，不能直接向外拔出。

8.6.2　套螺纹

套螺纹是用板牙在圆杆上加工出外螺纹。

1. 板牙与板牙架

板牙是加工外螺纹的标准刀具，其外形像一个圆螺母，端面上开了四条排屑槽形成切削刃，并且两端孔口有刀锥，形成校准部分和导向部分。板牙的外圆上有四个螺钉坑，用于定位、紧固和传递转矩；板牙架用来装夹板牙、传递转矩的工具，如图8-45、图8-46所示。

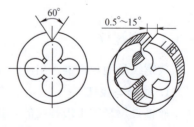

图8-45　板牙

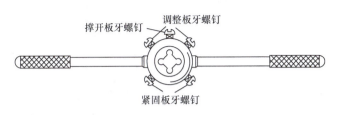

图 8-46　板牙与板牙架

2. 套螺纹操作方法及注意事项

套螺纹的操作过程与攻螺纹相似，如图 8-47 所示。

1）套螺纹的圆杆端部应倒角 60° 左右，使板牙容易对准中心和切入。

2）夹紧圆杆，使套螺纹部分尽量离钳口近些，为了不损伤已加工表面，可在钳口与工件之间垫铜皮或硬木块。

图 8-47　套螺纹

3）将板牙垂直放至圆杆顶部，施压慢慢转动。套入几牙后，不再施压，但要经常反转来断屑。

4）在套螺纹过程中，应加切削液冷却润滑，以提高螺纹加工质量并延长板牙的使用寿命。

8.7　刮削和研磨

8.7.1　刮削

刮削是用刮刀从工件表面刮去一层很薄的金属的方法。刮削时刮刀对工件既有切削作用，又有压光作用，可提高工件的表面质量和耐磨性。刮削用具简单，不受工件形状和位置以及设备条件的限制，具有切削量小、切削力小、产生热量小和装夹变形小等特点，能获得很高的形位精度、尺寸精度、接触精度、传动精度及较低的表面粗糙度值。刮削是钳工中一种精密加工方法，表面粗糙度 Ra 值可达到 $0.4 \sim 0.1\mu m$，一般用于零件相互配合的滑动表面的加工及难以进行磨削加工的场合。刮削的缺点是生产率低、劳动强度大。

1. 刮削工具

（1）刮刀　刮刀是刮削工作中的主要工具，包括平面刮刀和曲面刮刀两类。平面刮刀主要用于刮削平面（如平板、导轨面等），也可用来刮花、刮削外曲面。使用时，平面刮刀做前后直线运动，往前推是切削，往回收是空行程。平面刮刀与所刮表面的角度要恰当，如图 8-48a 所示。曲面刮刀主要用于刮削内曲面，常用的曲面刮刀有三角刮刀、蛇头刮刀、柳叶刮刀等。图 8-48b 所示的是用三角刮刀刮削轴瓦。

（2）校准工具　校准工具也称为研具、检验工具，是用来研磨接触点及检查被刮面准确性的工具。校准工具的工作面必须平直、光洁，且能保证刚度不变形。常用的校准工具有检验平板、检验平尺等，如图 8-49 所示。

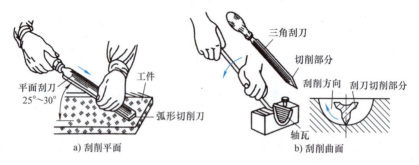

图 8-48　刮削加工

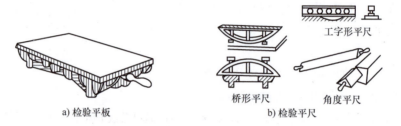

图 8-49　校准工具

2. 刮削方法

刮削基本操作主要包括平面刮削（见图 8-48a）和曲面刮削（见图 8-48b）。

（1）平面刮削　平面刮削可分为粗刮、细刮、精刮和刮花 4 个步骤。

1）粗刮是用粗刮刀在刮削面上均匀地铲去一层较厚的金属，可以采用连续推铲的方法，刀迹要连成长片。每 25mm × 25mm 的方框内有 2～3 个研点。

2）细刮是用精刮刀在刮削面上刮去稀疏的大块研点，每 25mm × 25mm 的方框内有 12～15 个研点。

3）精刮就是用精刮刀更仔细地刮削研点，每 25mm × 25mm 的方框内有 20 个以上研点。

4）刮花是在刮削面或机器外观表面上用刮刀刮出装饰性花纹。

（2）曲面刮削　曲面刮削时，应该根据其不同形状和不同的刮削要求，选择合适的刮刀和显点方法，常用于要求较高的滑动轴承的轴瓦、衬套等。

8.7.2　研磨

用研磨工具和研磨剂从已加工工件上磨去一层极薄金属的加工方法称为研磨。研磨是精密加工，它可使工件表面粗糙度 Ra 值达到 0.8～0.05μm，标准公差达到 IT5～IT3。研磨可提高零件的耐磨性、疲劳强度和抗腐蚀性，延长零件的使用寿命。一般用于钢、铁、铜等金属材料，也可用于玻璃、水晶等非金属材料。

一般的工件材料应比研磨工具的材料硬，不同形状的工件用不同形状的研磨工具研磨。常用的研磨工具有研磨平板、研磨环、研磨棒等。

研磨剂由磨料和研磨液调和而成。常用的磨料有氧化铝、碳化硅、人造金刚石等，起切削作用；常用的研磨液有机油、煤油、柴油等，起调和、冷却、润滑作用，某些研磨剂还起化学作用，从而加速研磨过程。目前，工厂中一般是用研磨膏，它由磨料加入黏结剂和润滑剂调制而成。

研磨方法有平面研磨、外圆研磨和内孔研磨等，如图 8-50 所示。

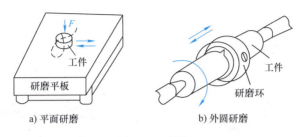

a) 平面研磨　　　　　　　　　b) 外圆研磨

图 8-50　研磨

8.8 装配

在产品设计及零部件加工制造的基础上，按照图样要求实现机械零件或部件的连接，使零件、套件、组件和部件间获得一定的相互位置关系，最终把机械零件或部件组合成机器的工艺过程，称为装配。装配是保障机器达到各项技术指标的重要工序，装配的好坏对机械产品的性能影响很大，如果装配不当，即使是全部合格的零部件也不能形成合格的产品。

8.8.1 装配的工艺过程

1. 装配单元

零件是组成机器的最小单元，简单的产品可由零件直接装配而成。复杂产品的装配可分为组件装配、部件装配、总装配。

（1）组件装配　将若干个零件安装在一个基础零件上，例如车床主轴组件如图 8-51a 所示。

（2）部件装配　将若干个零件、组件安装在另一个基础零件上，例如车床主轴箱部件如图 8-51b 所示。

（3）总装配　将若干个零件、组件、部件安装在另一个较大、较重的基础零件上构成产品，例如车床总装如图 8-51c 所示。

2. 连接方式

按照零件或部件连接方式的不同，连接可分为固定连接与活动连接两类。零件相互间没有相对运动的连接称为固定连接。零件相互之间在工作情况下可按规定的要求做相对运动的连接称为活动连接，装配时常用的连接方法见表 8-4。

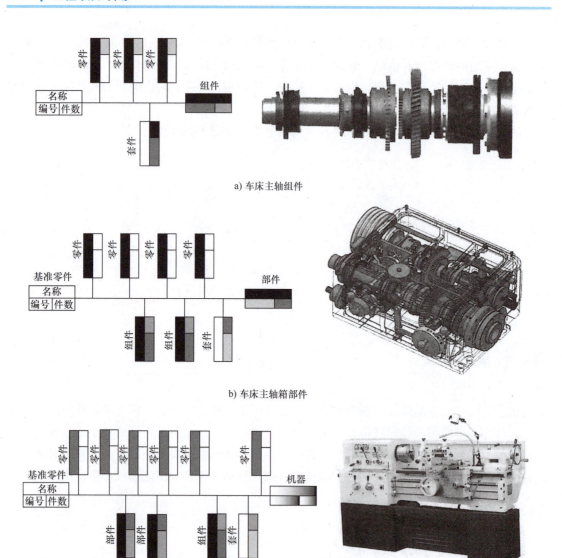

a) 车床主轴组件

b) 车床主轴箱部件

c) 车床总装

图 8-51　装配的组合形式

表 8-4　装配时常用的连接方法

固定连接		活动连接	
可拆卸的	不可拆卸的	可拆卸的	不可拆卸的
螺纹、键、销等	铆接、焊接、压合、胶合、热压等	轴与轴承、丝杆与螺母、柱塞与套筒等	任何活动连接的铆合头

3. 装配方法

　　为保证机器装配精度，必须保证零件、部件之间的配合要求。根据零件的结构、生产条件和生产批量的不同，常用的装配方法有互换法、修配法和调整法。

　　（1）互换法

　　1）完全互换法：在装配时各配合零件不经修配、选择和调整，即可达到装配精度。其优点是装配过程简单，维修时零件互换方便，便于企业内外的协作，但对零件的加工精度要求较高，增加了制造成本。

2）不完全互换法：通过适当降低零件标准公差等级，克服完全互换法中对零件的加工精度高和成本高的缺点，使制造方便、降低成本。装配时要将少量超差的零件剔除，其余零件进入装配工序进行装配，它适用于大批量生产中。

3）分组互换法：在成批或大量生产中，将产品各配合的零件按实测尺寸分组，然后按相应的组分别装配。其特点是以相对低精度的零件，却能装配出高精度的机器。该方法降低了加工成本，但增加了零件测量分组工作量。

（2）修配法　在装配过程中，根据实际需要，通过刮削或研磨修去某一配合件上的少量预留量，以消除其积累误差，达到装配精度要求的方法。这种边修、边装的方法生产率较低，对工人技术水平要求较高，适用于单件、小批量生产。

（3）调整法　装配时，通过改变零件尺寸大小或相应位置，来消除相关零件在装配过程中形成的累积误差，达到装配精度要求的方法。调整法可进行定期调整，易于保证和恢复配合精度，可降低零件的制造成本，适合单件、批量生产。

4. 配合种类

（1）间隙配合　配合面有一定的间隙量，以保证配合零件符合相对运动的要求，如滑动轴承与轴的配合。

（2）过渡配合　配合面有较小的间隙或过盈，以保证配合零件有较高的同轴度，且装拆容易如齿轮、带轮与轴的配合。

（3）过盈配合　装配后，轴和孔的过盈量使零件配合面产生弹性压力，形成紧固连接，如滚动轴承内孔与轴的配合。

5. 装配基本步骤

1）研究和熟悉装配图、工艺文件和技术要求，了解产品的结构、零部件的作用及相互间的连接关系和装配精度要求等。

2）确定装配的方法和程序，准备所需工具。

3）备齐零件，清理和洗涤零件上的毛刺、切屑、油污、锈蚀等。

4）装配时按组件装配→部件装配→总装配的顺序进行。

5）调整零件或机构的相互位置、配合精度，试车并检验各部分的几何精度、工作精度和整机性能。

6）为防止生锈，机器的加工表面应涂防锈油，然后装箱入库。

6. 装配工作要求

1）装配时，首先检查零件有无变形、损坏、形状和尺寸精度是否合格，并对零件进行标记，以防止错装。

2）固定连接的零部件，不得有间隙。活动连接的零部件，应保证合理间隙，使之灵活均匀地按规定方向运动，不应有跳动。

3）各运动部件的接触表面，必须保证有足够的润滑，油路必须保持畅通。

4）各种管道和密封部位，装配后不得有渗漏现象。

5）试车前，应检查各部件连接的可靠性和运动的灵活性，各操纵手柄是否灵活和手柄位置是否在合适的位置。试车应从低速到高速逐步进行。

8.8.2 典型零件的装配方法

1. 紧固零件装配

紧固连接分为可拆卸与不可拆卸两类。可拆卸连接是指拆开连接时零件不会损坏，重新安装仍可使用的连接方式，如螺纹、键、销等，如图 8-52 所示。不可拆卸连接有铆接、焊接等。

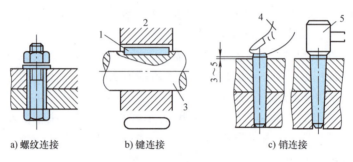

a) 螺纹连接　　b) 键连接　　c) 销连接

图 8-52　可拆卸连接

1—键　2—毂　3—轴　4—手指　5—锤

用螺栓、螺母连接零件时，要求各贴合表面平整光洁，清洗干净，然后选用合适尺寸的扳手旋紧。松紧程度必须合适：用力太大，会出现螺栓拉长或断裂，螺纹面拉坏、滑牙，使机件变形；用力太小，不能保证机器工作时的稳定性和可靠性。如果装配成组螺栓、螺母时，要按一定的顺序拧紧，做到分次、对称、逐步拧紧，以保证零件贴合面受力均匀，如有定位销，应从靠近定位销的螺栓（螺钉）开始，如图 8-53 所示。在有振动或冲击的场合，为了防止螺栓或螺母松动，必须有可靠的防松装置，如图 8-54 所示。

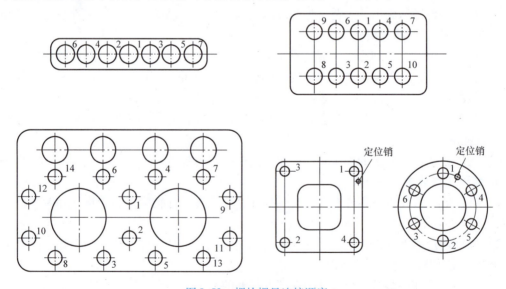

图 8-53　螺栓螺母连接顺序

用平键连接时，键与轴上键槽的两侧面应留一定的过盈量。装配前，去毛刺、配键，洗净加油，将键轻轻敲入槽内并与底面接触，然后试装轮子。轮毂上的键槽若与键配合过紧，

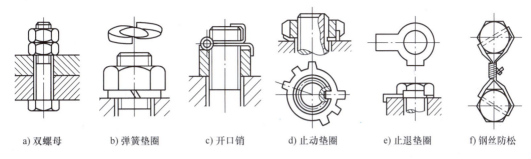

a) 双螺母　　b) 弹簧垫圈　　c) 开口销　　d) 止动垫圈　　e) 止退垫圈　　f) 钢丝防松

图 8-54　螺纹连接防松装置

则需修正键槽，但不能松动。键的顶面与槽底间留有间隙。

用铆钉连接零件时，在被连接的零件上钻孔，插入铆钉，用顶模支持铆钉的一端，另一端用锤子敲打，如图 8-55 所示。

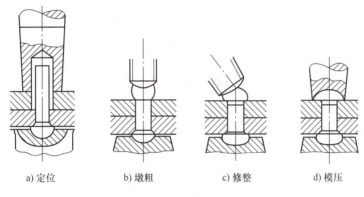

a) 定位　　　b) 墩粗　　　c) 修整　　　d) 模压

图 8-55　铆接过程

2. 滚珠轴承装配

滚珠轴承配合的作用是使得轴承的静止圈和旋转圈分别与安装部位的静止部分（通常是轴承座）和旋转部分（通常是轴）固定连接在一起，从而实现在旋转状态下传递载荷和限定运动系统相对于静止系统位置的基本任务。滚珠轴承内圈与轴为基孔制，多采用过盈配合；外圈与轴承座孔之间为基轴制，多采用过渡配合。

滚珠轴承装配是用锤子或压力机压装，轴承结构不同，安装方法有区别。若将轴承装在轴上，要施力于内圈端面，如图 8-56a 所示。若压到基座孔中，则要施力于外圈端面，如图 8-56b所示。若同时压到轴上和基座孔中，则应施力于内外圈端面，如图 8-56c 所示。轴承装配时，通过加热轴承或轴承座，利用热膨胀转变松紧配合。热装前把轴承放入油箱中均匀加热 80～100℃，然后从油中取出尽快装到轴上，为防止冷却后内圈端面和轴肩贴合不紧，轴承冷却后可以再进行轴向紧固。

8.8.3　装配实例

图 8-57 所示是减速器组件的装配，其装配顺序如下：

1）将键装入轴上的键槽内。

2）将键装入齿轮毂中，实现轴与齿轮的连接。

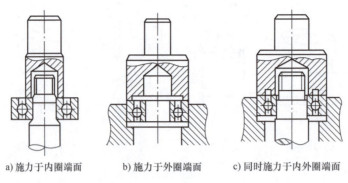

a) 施力于内圈端面   b) 施力于外圈端面   c) 同时施力于内外圈端面

图 8-56　滚珠轴承装配

3）大轴右端装入垫圈，压装右轴承。

4）压装左轴承。

5）毡圈放入透盖槽中，将透盖装在轴上。

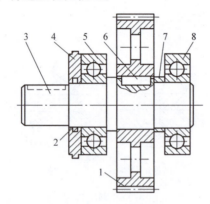

图 8-57　减速器组件的装配

1—齿轮　2—毡圈　3—传动轴　4—透盖　5—左轴承　6—键　7—垫圈　8—右轴承

8.8.4　拆卸工作的要求

1）机器拆卸工作，应按其结构的不同，预先考虑操作顺序，以免先后倒置，造成零件的损伤或变形。

2）拆卸的顺序，一般应与装配的顺序相反。

3）拆卸时，使用的工具必须保证对合格零件不会造成损伤，严禁用锤子直接在零件的工作表面上敲击。

4）拆卸时，零件的旋松方向必须辨别清楚。

5）拆下的零件必须有次序、有规则地放好，并按原来结构套在一起，配合件上做记号以免弄乱。对丝杠、长轴类零件必须正确放置，防止变形。

8.9　钳工实习作业件

图 8-58 所示为一个钳工实习零件——鸭嘴小锤锤头，该零件的材料为 45 钢，毛坯尺寸

为 110mm×19mm×24mm。该工件属于长方体零件，其标准公差等级和表面粗糙度要求均不高，钳工可以独立完成此件。其制作工艺步骤见表 8-5。

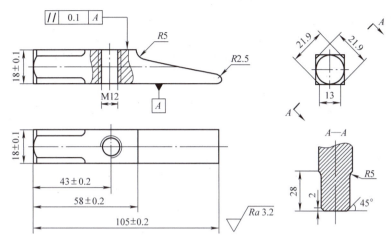

图 8-58　鸭嘴小锤锤头

表 8-5　鸭嘴小锤锤头制作工艺步骤

序号	工序内容	简图及技术要求	工具
1	确定划线基准：选一未加工面锉平作为基准面（图示 A 面），并检验其平直度		锉刀、划线平台
2	划线（先将工件表面涂上颜色，便于划线）：①将工件长度方向竖立，基准面靠平 V 形铁，先划 1mm 作为锤底面基准线；②划小锤前端 58mm 高度线；③划小锤中部 R5 圆弧线；④划小锤总长 105mm 高度线；⑤划小锤基准面平放，在平台上划小锤厚度线 18mm；⑥划小锤 R5 圆弧最低点线 13mm；⑦划小锤鸭嘴部线 5mm		划线平台、游标高度卡尺
3	打样冲眼：在划出的轮廓线上每隔 5～6mm 打上清晰可见的样冲眼		样冲
4	锯削：①将工件沿长度方向夹紧在台钳上，锯 58mm 直线至 R5 圆弧线中间；②将工件沿纵向适当位置夹紧，从鸭嘴线端面起锯，锯斜面线至 R5 圆弧线中段；③将工件横向夹紧在圆弧线中段，将毛坯余量锯断	锯削时要沿线条外围锯切，保证锯完后能清晰看到原有线条	锯弓、锯条
5	锉削：①将工件横向水平夹紧在台钳上，先锉 58mm 尺寸，保证与基准面平行，平行度为 0.1，工件厚度为 18±0.1；②将工件斜平面置水平方向约 30°夹紧，锉圆弧面 R5 及斜平面至尺寸	锉削时要用铜丝刷清除锉刀金属屑，不得用手直接触摸，更不能用嘴吹工件	12 寸（1 寸＝0.033m）平锉、8 寸平锉、圆锉、游标卡尺
6	钻孔：先划螺纹孔 M12 中心线。①将工件竖立靠在 V 形铁，划底面置孔中心线 43mm；②将工件水平放置，按工件实际尺寸划一中心线；③在两中心线交叉点上打上样冲眼；④在老师指导下在钻铣床上钻出 φ10.5mm 的孔	样冲眼要打准确，并能使钻头横刃落入样冲眼	平台、游杆高度卡尺、样冲、φ10.5 钻头

（续）

序号	工序内容	简图及技术要求	工具
7	成型：①将两刨削面锉平至尺寸；②将小锤底面1mm余量锉平；③将鸭嘴部分多余材料锯掉，并锉成R2.5半圆弧形；④划四条倒角线28mm×2.5mm，先锉圆弧R5，再锉四棱小平面（不要将小平面锉成圆弧面）；⑤锉底面圆弧倒角面，即将锉刀面侧斜45°旋转锉圆与18mm×18mm成内切圆；⑥攻M12螺纹；⑦用6寸小锉对各加工表面用推锉法推锉一遍，再用0号砂布顺长度方向抛光	丝锥切入时要与工件表面垂直；顺时针转一圈退半圈，以便及时排出金属屑；可适当加入润滑油	锉刀、游标卡尺、M12丝锥、铜口钳
8	检验：自检后打上本人学号后三位数，交老师检验		

延伸阅读

"航空"手艺人——胡双钱

胡双钱是上海飞机制造有限公司的高级技师，一位坚守航空事业三十余载加工数十万飞机零件无一差错的钳工。他攻坚克难、创新工作方法，在我国自主研发的大型客机C919的首架样机上，有很多老胡亲手打磨出来的"前无古人"的全新零部件。在精密锻造的钛合金零件上制作了36个大小不一、精度要求0.24mm的孔。这些孔是胡双钱用那双"金属雕花"的手和一台普通铣钻床打造完成的，而且一次性通过检验。

安下心来，专心致志，迷恋大飞机事业，在胡双钱的从业生涯中，从运10飞机到ARJ21新支线飞机，再到C919大型客机，他不断追求，只为更加严慎细实；他不断突破，只为更加精益求精，所加工的数十万个零部件中没有一个次品，由此被称为"航空手艺人"；他喜欢和自己"较劲"，相信普通岗位也出彩，在"四个一点"（慢一点：慢动手，看清图样工艺要求，备齐工装刀钻量具，核查毛坯尺寸质量；稳一点：稳加工，摸准零件关键要素，正确稳妥装夹零件，规范操作谨慎开工；精一点：精把控，生产流程细心观察，自检复查零件尺寸，多次加工直至精确；准一点：准尺寸，准确完成每道工序，严格执行标准作业，确保产品缺陷为零）工作法中总结出了"对比复查法""反向验证法"；他善于和质量"较量"，凭着自己的良心，无论是小至曲别针形状的精密零件还是大型锻件机加工，他用"三审三校"的方法将质量问题"屏蔽"。

胡双钱最大的愿望是："最好再干10年、20年，为中国大飞机多做一点。"

第9章 计算机辅助设计与制造技术

随着人们生活水平的提高，消费者的价值观正发生结构性的变化，并呈现出多样化与个性化的特征，用户对各类产品的质量，产品的更新换代速度，以及产品从设计、制造到投放再到市场的周期都提出了越来越高的要求。为了适应这种变化，工厂的产品也向着多品种、中小批量和个性化的方向发展，要求生产更具有柔性。计算机辅助设计与制造就是利用计算机辅助进行产品的设计和制造，以满足这种新的要求的制造技术与方法。机械 CAD/CAM 技术形成于 20 世纪 60 年代，发展至现在，它可以实现零件的设计和分析、有限元分析、虚拟装配和仿真、数控加工和仿真等许多计算机辅助功能，从而成为工程设计制造人员的主要设计制造工具，在现代的设计制造业中发挥着越来越重要的作用，在各种机械产品的生产和设计过程中有举足轻重的作用和重要地位。CAD/CAM 技术应用已经快速地从军事工业向民用工业转移和发展，由大型企业向中小型企业推广，由高新技术产业逐步向汽车、日用家电、轻工业普及。

9.1 CAD/CAM 技术概述

9.1.1 基本概念

CAD/CAM（Computer Aided Designand/Computer Aided Manufacturing）技术以计算机及周边设备和系统软件为基础，是制造工程技术与计算机技术相互结合、相互渗透而发展起来的一项综合性技术。CAD/CAM 技术的特点是将人的创造能力和计算机的高速运算能力、巨大存储能力和逻辑判断能力有机地结合起来，通过网络技术，使异地、协同、虚拟设计及实时仿真技术在 CAD/CAE/CAM 中得到了广泛应用。

CAD（计算机辅助设计）是指工程技术人员在计算机及各种软件工具的帮助下，应用自身的知识和经验，对产品进行包括方案构思、总体设计、工程分析、图形编辑和技术文档管理等设计活动的总称。CAD 技术是一个在计算机环境及相关软件的支撑下完成对产品的创造、分析和修改，以期达到预期目标的过程。

CAM（计算机辅助制造）是利用计算机来进行生产设备管理控制和操作的过程，有狭义和广义的两个概念。广义的 CAM 技术是指利用计算机技术进行产品设计和制造的全过程以及与其相关联的一切活动，包括产品设计（几何造型、分析计算、工程绘图、结构分析、优化设计等）、工艺准备（工艺计划、工艺装备设计制造、NC 自动编程、工时和材料定额等）、生产计划、物料作业计划和物流控制（加工、装配、检验、传递和存储等），另外还有生产控制、质量控制及工程数据管理等。狭义的 CAM 技术是指从产品设计到加工制造之间的一切生产准备活动，它包括 CAPP（计算机辅助工艺过程设计）、NC 编程、工时定额的计算、生产计划的制订、资源需求计划的制订等，狭义的 CAM 概念甚至更进一步缩小为 NC 编程的同义词，CAPP 已被作为一个专门的子系统，而工时定额的计算、生产计划的制订、资源需求计划的制订则划分给 MRP Ⅱ/ERP 系统来完成。

9.1.2 功能与任务

由于 CAD/CAM 系统所研究的对象任务各有不同，则所选择的支撑软件不同，对系统的硬件配置、选型也不同。系统总体与外界进行信息传递与交换的基本功能是靠硬件提供的，而系统所能解决的具体问题是由软件决定的。

CAD/CAM 系统的基本功能主要包括人机交互功能、图形显示功能、存储功能、输入输出功能。

（1）人机交互功能 采用友好的用户界面，是保证用户直接、有效地完成复杂设计任务的基本和必要条件。

（2）图形显示功能 从产品的造型、构思、方案的确定，结构分析到加工过程的仿真，系统应保证用户实时编辑处理，在整个过程中，用户的每步操作，都能从显示器上及时得到反馈。

（3）存储功能 为保证系统能够正常运行，CAD/CAM 系统必需配置容量较大的存储设备，以支持数据在各模块运行时的正确流通。

（4）输入输出功能 一方面用户必须不断地将有关设计要求、计算步骤的具体数据等输入计算机内；另一方面通过计算机的处理，能够将系统处理的结果及时输出。

CAD/CAM 系统的主要任务是对产品设计、制造全过程的信息进行处理。这些信息主要包括设计、制造中的数值计算、设计分析、工程绘图、几何建模、机构分析、计算分析、有限元分析、优化分析、系统动态分析、测试分析、CAPP、工程数据库的管理、数控编程和加工仿真等各个方面。图 9-1 所示为 CAD/CAM 软件的部分功能。

9.1.3 常用 CAD/CAM 应用软件

随着计算机软硬件的不断发展，商品化的 CAD/CAM 软件正在为广大技术人员所掌握，

a) 零部件的设计与装配　　　b) 整机的装配与仿真　　　c) 零部件的有限元分析

图 9-1　CAD/CAM 软件的部分功能

主要包括 UG、Creo（Pro/E）、CATIA、Solidworks、Mastercam、Cimatron、CAXA 等。常用 CAD/CAM 软件简介见表 9-1。

表 9-1　常用 CAD/CAM 软件简介

软件名称	软件介绍
UG	该软件是集成化的 CAD/CAE/CAM 系统，是当前国际、国内最为流行的工业设计平台之一。其主要模块有数控造型、数控加工、产品装配等通用模块和计算机辅助工业设计、钣金设计加工、模具设计加工、管路设计布局等专用模块
Creo（Pro/E）	该软件开创了三维 CAD/CAM 参数化的先河，采用单一数据库的设计，是基于特征、全参数、全相关性的 CAD/CAE/CAM 系统。该软件包含了零件造型、产品装配、NC 加工、模具开发、钣金件设计、外形设计、逆向工程、机构模拟和应力分析等功能模块
CATIA	该软件最早用于航空业的大型 CAD/CAE/CAM 软件，目前 60% 以上的航空业和汽车工业都使用该软件。该软件是最早实现曲面造型的软件，它开创了三维设计的新时代。目前 CATIA 系统已发展成为从产品设计、产品分析、NC 加工、装配和检验，到过程管理、虚拟动作等众多功能的大型软件
Solidworks	该软件具有极强的图形格式转换功能，几乎所有的 CAD/CAE/CAM 软件都可以与 Solidworks 软件进行数据转换，美中不足的是其数控加工功能不够强大（可以采用 SolidCAM）。该软件具有产品设计、产品造型、产品装配、钣金设计、焊接及工程图等功能
Mastercam	该软件是基于 PC 平台集二维绘图、三维曲面设计、体素拼合、数控编程、刀具路径模拟及真实感模拟功能于一身的 CAD/CAM 软件，对于复杂曲面的生成与加工具有独到的优势，但其对零件的设计、模具的设计功能相对较弱
Cimatron	该软件是一套集成 CAD/CAE/CAM 的专业软件，它具有模具设计、三维造型、生成工程图、数控加工等功能。该软件在我国得到了广泛的使用，特别是在数控加工方面更是占有很大的比重
CAXA 制造工程师	该软件是我国自行研制开发的全中文、面向数控铣床与加工中心的三维 CAD/CAM 软件，它既具有线框造型、曲面造型和实体造型的设计功能，又具有生成 2～5 轴加工代码的数控加工功能，可用于加工具有复杂三维曲面的零件

9.2　CAXA 制造工程师的使用

CAXA 制造工程师可以方便地进行三维实体的特征造型、自由曲面造型和灵活的曲面实体造型，具有高效、准确自动编写数控加工程序的能力，使 CAD 模型与 CAM 加工技术无缝集成。

CAXA 制造工程师基本界面如图 9-2 所示，各种应用功能通过菜单条和工具条等进行驱动；状态条指导用户操作并提示当前状态和所处位置；设计树和加工树记录了历史操作和相互关系，可进行参数修改，还含立即菜单；工作区显示各种功能操作结果。

CAXA 制造工程师进行辅助设计的关键是绘制符合图样要求的模型，特别要注意的是：特征图（实体图）的制作必须在草图状态下绘制，再进行三维实体制作；平面轮廓图和三维曲面图则在非草图下产生。CAXA 制造工程师进行辅助制造的关键是设置好加工的规则和加工参数，自动生成零件的加工程序。

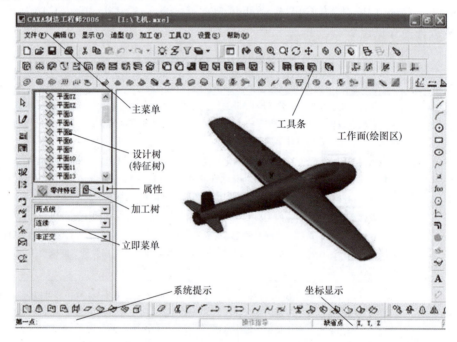

图 9-2　CAXA 制造工程师基本界面

图形的绘制、编辑和查看等操作可通过软件的各个菜单目录下各个功能指令进行，也可以使用工具条中的快捷图标或快捷键进行操作，常用的快捷图标如下：

⟳三维旋转；🔍图形缩放；🔍显示窗口；🔍显示全部；🔄刷新重绘制；✛图形平移；✎删除；✐草图开关；✂曲线裁剪；⬓构造基准面；〜样条线；／直线；⌒圆弧；⊕整圆；厂曲线过渡。

CAXA 制造工程师常用快捷键见表 9-2。

表 9-2　CAXA 制造工程师常用快捷键

快捷键	功　能
〈F1〉	请求系统帮助
〈F2〉	草图器，用于绘制草图状态与非绘制草图状态的切换
〈F3〉	显示全部

（续）

快捷键	功　　能
〈F4〉	重画
〈F5〉	将当前平面切换至 *XOY* 面。同时，将显示平面置为 *XOY* 面，将图形投影到 *XOY* 面内进行显示
〈F6〉	将当前平面切换至 *YOZ* 面。同时，将显示平面置为 *YOZ* 面，将图形投影到 *YOZ* 面内进行显示
〈F7〉	将当前平面切换至 *XOZ* 面。同时，将显示平面置为 *XOZ* 面，将图形投影到 *XOZ* 面内进行显示
〈F8〉	显示轴测图
〈F9〉	切换作图平面（*XOY*，*XOZ*，*YOZ*）
方向键	显示平移
〈Shift〉 + 方向键	显示旋转
〈Ctrl + ↑〉	显示放大
〈Ctrl + ↓〉	显示缩小
〈Shift〉 + 鼠标右键	显示缩放
〈Shift〉 + 鼠标左键	显示旋转
〈Shift〉 + 鼠标中键	显示平移

9.2.1　程序录入与轨迹生成训练

（1）程序输入　用 Windows 自带的"记事本"程序输入零件的数控加工程序，并保存成文本文件"*.txt"格式。按 ISO 指令代码和规则输入零件程序，程序段前应用标识符"%"，每行为一个程序段，用 M30 指令结束程序。将以下数控加工程序输入计算机（字母用大写；空格、不空格均可；注意区分字母 I 和数字 1）：

```
%
N10G90
N20M03S200F200
N30G00X - 27Y - 15
N40G01Z - 0.7
N50G03X - 20Y - 22I7J0
N60G01X20Y - 22
N70G03X27Y - 15I0J7
N80G01X27Y15
N90G03X20Y22I - 7J0
N100G01X - 20Y22
N110G03X - 27Y15I0J - 7
N120G01X - 27Y - 15
N130G00Z2.4
N140X10Y0
N150G01Z - 2.4
N160G02X10Y0I - 10J0
N170M30
```

（2）代码反读，生成加工轨迹图　单击"加工"→"后置处理"→"校核 G 代码"，弹出对话框，输入"文件名.txt"并打开。出现一对话框，定义圆心，选"圆心对起点"，按"确定"生成加工轨迹，如图 9-3 所示；按 F8 生成轴测图，放大，观察该图形的特点（注意加工内圆前的抬刀、下刀轨迹），保存该图形。

本方法一般用来验证数控加工程序，如果图形正确，程序即可传输到数控机床上进行数控加工。

9.2.2　特征造型

1. 饭盒零件的设计

（1）作草图　在特征树中单击"平面 XY"，打开草图开关 $\boxed{\nearrow}$（处于按下状态），单击直线图标 $\diagup$，按〈Enter〉键，出现坐标输入框，依次输入每点坐标值（X，Y，Z）：（100，65，0）、（−100，65，0）、（−100，−65，0）、（100，−65，0）、（100，65，0），每次仅输入一组坐标确定一个坐标点，按〈Enter〉键后，再输入下一个点的坐标，全部输入后单击鼠标右键确认。注：所有坐标输入中的分隔符均为英文"，"（下同）。

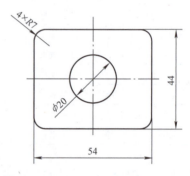

图 9-3　零件加工轨迹

（2）关闭草图开关 $\boxed{\nearrow}$　图标处于未按下状态。

（3）按〈F8〉键　使视图转为轴测图。

（4）拉伸基本体　单击"造型"→"特征生成"→"增料"→"拉伸"或单击图标 $\boxed{}$，在对话框中输入深度 70，单位 mm，下同。若显示"草图未准备好"，需用鼠标单击草图，或到设计树中单击该草图的记录。

（5）竖直棱边的过渡　单击"造型"→"特征生成"→"过渡"或单击图标 $\boxed{}$，在对话框中输入半径 20，单击基本拉伸体的 4 条竖直棱边，可用三维旋转图标 $\circlearrowright$，用鼠标中键选中实体后拖动旋转，对话框显示过渡边："4 条边、0 个面"，单击"确定"。

（6）底面边（下表面）的过渡　单击"造型"→"特征生成"→"过渡"或单击图标 $\boxed{}$，在对话框中输入半径 6，单击三维旋转图标 $\circlearrowright$ 拖动所绘制图形，观察基本拉伸体各个面，单击基本拉伸体下表面，单击"确定"。

（7）抽壳　单击"造型"→"特征生成"→"抽壳"，或单击图标 $\boxed{}$，在对话框中输入厚度 2，旋转实体，单击基本拉伸体的上表面，单击"确定"即完成，如图 9-4 所示。

通过"设置"→"材质"/"光源"等可以设置模型相关材料的材质、颜色等信息。

图 9-4　饭盒零件

2. 连杆零件的设计

（1）作基本拉伸体草图　如图 9-5 所示。

1）在特征树中，单击"平面 XY"，打开草图开关 $\nearrow$；单击整圆图标 $\oplus$，选"圆心-半径"，按〈Enter〉键；出现坐标输入框，输入圆心坐标（70，0，0），按〈Enter〉键；输入半径 20，按〈Enter〉键；单击鼠标右键确认，按〈Enter〉

键；输入圆心坐标（–70，0，0），按〈Enter〉键；输入半径 40，按〈Enter〉键；单击鼠标右键确认。

2）选"两点—半径"，按〈Space〉键，选"切点"，用鼠标单击两圆内侧上端（即左边圆的第一象限，右边圆的第二象限），按〈Enter〉键，输入半径值 250，形成圆 3，用鼠标单击两圆内侧下端，按〈Enter〉键，输入半径值 250，形成圆 4。

3）单击"造型"→"曲线编辑"→"曲线裁剪"，或单击图标，单击圆 3 上端、圆 4 下端，以及 R40、R20 两圆内侧，裁掉多余部分，形成如图 9-5 所示的轮廓图。

4）关闭草图开关，完成草图制作，按〈F8〉键，转轴测图。

（2）生成基本拉伸体　单击"造型"→"特征生成"→"增料"→"拉伸"或单击图标；类型选择"固定深度"，输入深度 10；选择"增加拔模斜度"，角度为 5°；其余选项不变，单击"确定"，基本拉伸体生成。

（3）拉伸小凸台

1）单击基本拉伸体的上表面，打开草图开关，制作草图 1（小圆），单击整圆图标；选"圆心–半径"，按〈Enter〉键；输入圆心坐标（70，0，0），按〈Enter〉键；按〈Space〉键，选"最近点"；用鼠标单击基本拉伸体的边缘来确定半径，单击鼠标右键结束操作。关闭草图开关，完成草图 1。

2）单击"造型"→"特征生成"→"增料"→"拉伸"或单击图标；类型选择"固定深度"，输入深度 = 10；选择"增加拔模斜度"，角度为 5°；其余选项不变，单击"确定"，小凸台生成，如图 9-6 右侧所示。

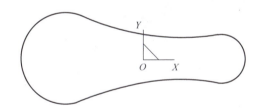

图 9-5　连杆造型过程 1

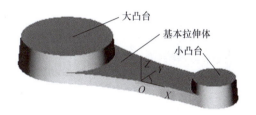

图 9-6　连杆造型过程 2

（4）拉伸大凸台

1）单击基本拉伸体的上表面，打开草图开关，制作草图 2（大圆），方法与草图 1 相同，圆心坐标改为（–70，0，0）。关闭草图开关，完成草图 2。

2）单击图标，类型选择"固定深度"，输入深度 15；选择"增加拔模斜度"，角度为 5°；其余选项不变，单击"确定"，大凸台生成，如图 9-6 左侧所示。

（5）两凸台之间生成一凹槽

1）选中基本拉伸体上表面，打开草图开关，单击图标（相关线），在立即菜单中选用实体边界，分别单击大小凸台与基本拉伸体的交线和基本拉伸体两侧面轮廓线，单击图标作等距线，方向向里，并取距离，距大圆 10、距小圆 7、距两侧边界 4。删除以上实体边界，用线裁剪去掉多余线条，并用线过渡工具对图形的四个尖角进行过渡，过渡半径 3，如图 9-7 所示。

2）关闭草图开关，用拉伸除料，单击草图，深度选4，单击"确定"，凹槽形成。

（6）形成小凸台凹坑

1）在设计树选中"平面 XZ"，打开草图开关，单击直线图标，选"两点线"，按〈Space〉键，选取"端点"，单击小凸台上端面外端点（右侧边缘处），再按〈Space〉键，选取"中点"，单击小凸台上端面外端点的对面圆弧线，形成小圆直径，记作直线1；在立即菜单中选"平行线"，选取"距离"，填入距离为10，用鼠标单击直线1，再单击向上箭头，形成直线2，如图9-8所示。

2）以直线2的中点为圆心，做圆：单击整圆图标，选"圆心–半径"，按〈Space〉键，选"中点"，单击直线2，按〈Enter〉键，输入半径15，按〈Enter〉键，单击右键确认。单击"编辑"→"删除"或单击图标，选直线1，单击右键，删除直线1，单击"造型"→"线面编辑"→"曲线裁剪"，或单击图标，单击直线2圆外部分和上半圆，剩下下半圆，如图9-9所示。

3）关闭草图开关，单击直线图标，选"两点线"，按〈Space〉键，选取"缺省点"，单击半圆直径（直线2）两端交点，形成与直径相重合的空间直线，作为旋转轴。单击"造型"→"特征生成"→"除料"→"旋转"，或单击图标，弹出对话框，单击旋转轴和草图（半圆），单击"确定"，形成小凹坑。将旋转轴删除（用鼠标左键选取，单击右键删除）。

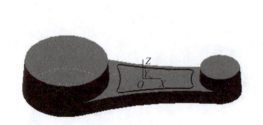

图9-7　连杆造型过程3

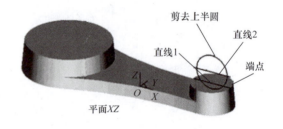

图9-8　连杆造型过程4

（7）形成大凸台凹坑　大凸台凹坑形成的方法及步骤与小凸台凹坑相同，只需将平行线距离改为20，圆半径改为30即可。

（8）生成过渡

1）单击"造型"→"特征生成"→"过渡"，或单击图标，在对话框中输入半径10，单击大凸台和基本拉伸体的交线1，如图9-9所示，单击"确定"，单击过渡图标，输入半径5，单击小凸台和基本拉伸体的交线2，单击"确定"，单击过渡图标，输入半径2，单击所有棱边（不包括底面棱边、凹槽只单击两条较长棱边），单击"确定"，完成所有过渡，如图9-10所示。

2）在两凹坑中间打通孔：将特征（实体）图翻转，单击"造型"→"特征生成"→"孔"，或单击图标，选取实体下表面，在"孔的类型"对话框中选择第一种类型，再用鼠标单击打孔的大概位置，按〈Enter〉键，输入大圆圆心坐标（-70，0，0），单击参数表中的"下一步"，输入直径20，选择"通孔"，单击"完成"。

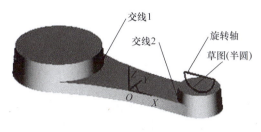

图 9-9　连杆造型过程 5　　　　　　　　　图 9-10　连杆造型过程 6

3）用同样的方法，在小凹坑的中间位置钻一个直径为 10 的通孔。

4）连杆特征图完成，如图 9-10 所示。

3. 连杆凸、凹模的设计

（1）将图 9-10 所示连杆实体的文件打开　在下拉"文件"菜单中，选择"另存为"，在对话框"保存类型"中选择"*.x_t"文件格式，文件命名为"LG"，将此文件保存在相关的文件夹中，为进行布尔运算做准备，如图 9-11 所示。

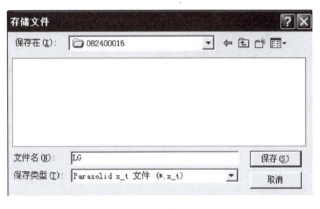

图 9-11　连杆模具设计 1

（2）制作一个长方体

1）新建草图 0：新建一文件，单击特征树中"平面 *XY*"，打开草图开关。单击矩形图标，立即菜单选择"中心_ 长_ 宽"选项，输入长度 220、宽度 100，按〈Enter〉键，输入矩形中心坐标（－10，0，0），按〈Enter〉键，单击鼠标右键确认。按〈F2〉键，关闭草图 0。

2）创建长方体实体：按〈F8〉键和〈F3〉键，选择草图 0，单击拉伸增料图标，选择"固定深度"、深度"10"，选择"反向拉伸"，单击"确定"。长方体实体生成。

（3）制作连杆的凸模　将连杆并入，与当前零件实现并的运算，制作连杆的凸模。

1）单击"造型"→"特征生成"→"实体布尔运算"，或单击图标，弹出、打开对话框，选取以上文件"LG. x_ t"，单击"打开"，弹出布尔运算对话框，如图 9-12 所示。

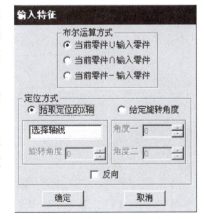

图 9-12　连杆模具设计 2

2）选择布尔运算方式：当前零件∪输入零件，系统提示，给出定位点，用鼠标单击实体上的坐标原点。

3）在对话框中选择定位方式"拾取定位的 X 轴"，单击"确定"，完成操作。连杆凸模制作完毕，如图9-13所示。

（4）制作连杆的凹模

1）按前述制作连杆凸模的方法创建草图0。

2）创建长方体实体：选择草图0，单击拉伸增料图标 🔲，选择"固定深度"、深度"30"，不选"反向拉伸"，单击"确定"。长方体生成。

3）将连杆（仍选以上"LG. x_ t"文件）并入，与当前零件实现差的运算：选择布尔运算方式 ⊙ 当前零件－输入零件，给出定位点，用鼠标单击实体上的坐标原点。

4）在对话框中选择定位方式"拾取定位的X轴"，单击"确定"，完成操作。连杆凹模制作完毕，如图9-14所示。

 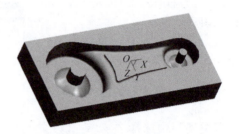

图 9-13   连杆凸模   图 9-14   连杆凹模

4. 轴套零件的设计

根据图9-15所示的轴套零件，生成三维特征实体。

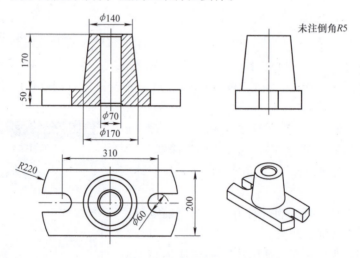

图 9-15   轴套零件

（1）创建底板 按〈F5〉键，选择"XOY面"为作图平面和视图平面，单击特征树内基准面"平面XY"，按〈F2〉键进入草图状态，单击整圆图标 ⊙，在立即菜单中选择"圆心_半径"，按系统提示捕捉系统坐标原点为圆心，输入半径为220，绘制圆。单击直线图标 ╱，在立即菜单中选择"两点线""单个""非正交"，按系统提示捕捉圆起始点为第一点、捕捉与其对应的型值点（注：按〈Space〉键弹出）为第二点，绘制一直线。单击等距

线图标 🔁，在立即菜单中选择"单根曲线"和"等距"，输入"距离"100，等距线方向分别为向上和向下，得到两等距线。单击曲线裁剪图标 🔏，在立即菜单中选择"正常裁剪"和"快速裁剪"，将多余直线删除，结果如图 9-16a 所示。单击拉伸增料图标 🔁，打开"拉伸增料"对话框，按图 9-16b 所示填写对话框（深度为 50）后，单击"确定"按钮得到底板，按〈F8〉键，结果如图 9-16c 所示。

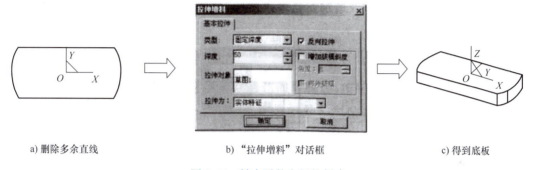

a) 删除多余直线　　　　b)"拉伸增料"对话框　　　　c) 得到底板

图 9-16　轴套零件底板的创建

（2）创建圆台　按〈F7〉键，选择面为作图平面和视图平面，单击特征树内基准面"平面 XZ"，按〈F2〉键进入草图状态，单击直线图标 ✏，在立即菜单中选择"两点线""单个""正交""长度方式"，输入"长度"85，按系统提示捕捉系统坐标原点为第一点，沿 X 轴正方向确定第二点。同理，绘制长度为 170 和 70 的两正交线段，最后在立即菜单中选择"两点线""单个""非正交"方式绘制圆台的斜线，按〈F2〉键，退出草图状态，在非草图状态下绘制一旋转轴，结果如图 9-17a 所示。单击"旋转增料"工具按钮伞，打开"旋转"对话框，按图 9-17b 所示填写对话框后，单击"确定"按钮得到圆台实体，按〈F8〉键，结果如图 9-17c 所示。

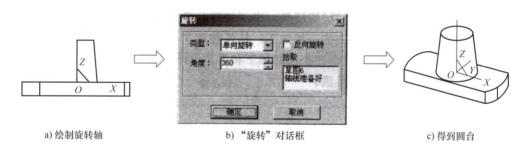

a) 绘制旋转轴　　　　b)"旋转"对话框　　　　c) 得到圆台

图 9-17　轴套零件圆台的创建

（3）打孔　单击打孔图标 🔁，选择圆台的上表面为打孔平面，选择直孔，如图 9-18a 所示，单击绘图区域激活下一步操作，利用捕捉功能单击 φ140 棱边的圆心为打孔的准确位置点，单击"下一步"按钮，按图 9-18b 所示填写对话框内容后，单击"确定"按钮得到 φ70 的通孔，如图 9-18c 所示。

（4）切除长孔　按〈F5〉键，选择底板上表面为基准面，按〈F2〉键进入草图状态，单击整圆图标 ⊙，选中"圆心_半径"，按系统提示输入圆心坐标为（155，0），输入圆半径为 30，绘制 φ60 的圆。单击直线图标 ✏，在立即菜单中选择"两点线""单个""正交"

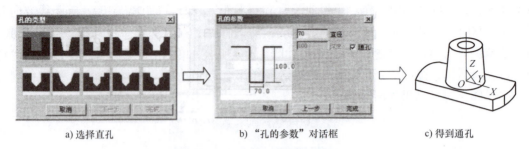

a) 选择直孔 b) "孔的参数"对话框 c) 得到通孔

图 9-18　轴套零件孔的创建

"长度方式"，输入长度 90，按系统提示，捕捉 $\phi60$ 圆的上型值点为第一点，沿 X 轴正方向确定第二点；同理，设置长度为 60 和 90，沿垂直向下和 X 轴负方向分别绘制两线段，单击曲线裁剪图标，在立即菜单中选择"正常裁剪"和"快速裁剪"，结果如图 9-19a 所示。单击拉伸除料图标，按图 9-19b 所示填写对话框内容后，单击"确定"按钮得到除料后的实体，按〈F8〉键，结果如图 9-19c 所示。

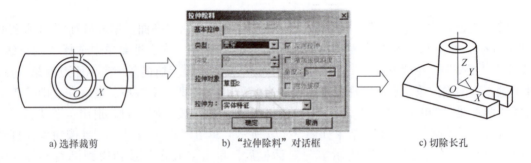

a) 选择裁剪 b) "拉伸除料"对话框 c) 切除长孔

图 9-19　轴套零件切除长孔

（5）长孔阵列　单击环形阵列图标，选择特征树内的长孔除料特征为阵列对象，激活"边/基准轴"选项，单击在旋转特征中绘制的轴线为环形阵列的旋转轴，按图 9-20a 所示填写对话框内容后，单击"确定"按钮，结果如图 9-20b 所示。

（6）倒角　单击倒角图标，选择 $\phi70$ 通孔的两棱边，按图 9-21a 所示填写对话框内容后，单击"确定"按钮，实现两棱边的倒角过渡，结果如图 9-21b 所示。

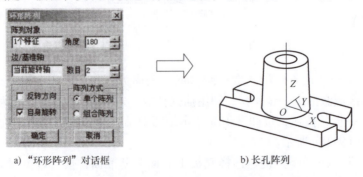

a) "环形阵列"对话框 b) 长孔阵列

图 9-20　轴套零件长孔阵列

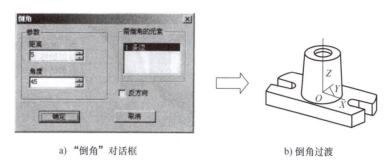

a）"倒角"对话框　　　　　　　　b）倒角过渡

图 9-21　轴套零件倒角过渡

5. 斜支架特征造型

根据图 9-22 所示的斜支架零件，生成三维特征实体。

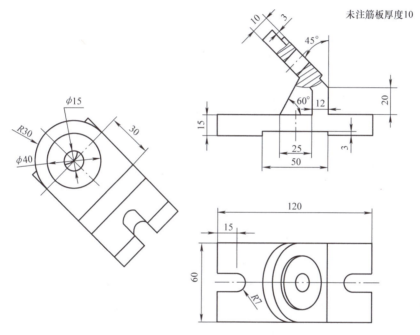

图 9-22　斜支架零件

（1）创建底板　按〈F5〉键，选择"*XOY* 面"为作图平面和视图平面，单击特征树内基准面"平面 *XY*"，按〈F2〉键进入草图状态，单击矩形图标 ▭，在立即菜单中选择"中心_长_宽"，输入长度 120 和宽度 60，捕捉坐标原点为中心点，右键单击结束，得到120 × 60 矩形，结果如图 9-23a 所示。单击拉伸增料图标 ▣，按图 9-23b 所示设置对话框参数后，单击"确定"按钮得到拉伸实体底板，按〈F8〉键，结果如图 9-23c 所示。

（2）创建垂直支架　选择已生成底板的上表面为基准面，按〈F2〉键进入草图状态，单击曲线投影图标 ✖，按系统提示，单击底板右侧棱边并将其投影到草图内。单击平移图标 ◌，在立即菜单中选择"偏移量"和"移动"，输入"DX" −35 和"DY"0，按系统提示，拾取直线，右键单击确定。单击等距线图标 🗆，在立即菜单中选择"单根曲线"和"等距"，输入距离 12，方向向左，得到等距线。单击直线图标 ╱，在立即菜单中选择"两

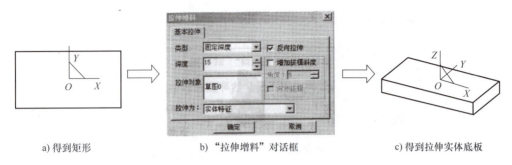

| a) 得到矩形 | b) "拉伸增料"对话框 | c) 得到拉伸实体底板 |

图 9-23　斜支架零件底板的创建

点线""单个"和"非正交",按系统提示拾取等距线的两端点,结果如图 9-24a 所示。单击拉伸增料图标🔲,高度 20,按图 9-24b 所示设置对话框参数后,单击"确定"按钮得到拉伸垂直支架,结果如图 9-24c 所示。

| a) 绘制等路线 | b) "拉伸增料"对话框 | c) 得到拉伸垂直支架 |

图 9-24　斜支架零件垂直支架的创建

（3）创建斜支架　由于现有的基准面和已生成的实体表面均不能满足造型要求,在此,利用构造基准面的方法,创建一个新的基准面。

1）单击构造基准面图标⊗,在弹出的"构造基准面"对话框中,选择"过直线与平面成夹角确定基准平面"方式,按图 9-25a 所示设置对话框参数后,单击"确定"按钮,则构造一倾斜的基准面,结果如图 9-25b 所示。

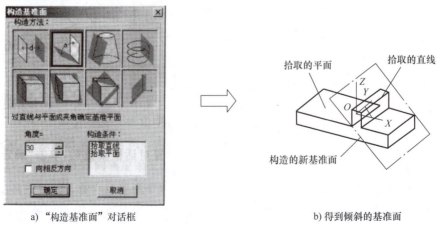

| a) "构造基准面"对话框 | b) 得到倾斜的基准面 |

图 9-25　斜支架零件斜支架基准面的构建

2）选择上述创建的基准面，按〈F2〉键进入草图状态，单击整圆图标⊙，在立即菜单中选择"圆心_半径"，输入圆心坐标为（30，30），半径为 30，绘制圆，单击直线图标 ✎，在立即菜单中选择"两点线""单个""非正交"，利用捕捉功能单击 φ60 圆的型值点为直线的第一点，单击实体的顶点为第二点绘制一条直线；同理绘制另一条直线。在立即菜单中选择"正常裁剪""快速裁剪"，对 φ60 的圆进行修剪，连接草图两端点，草图绘制完毕，结果如图 9-26a 所示。

3）单击拉伸增料图标圖，按图 9-26b 所示设置对话框参数后，单击"确定"按钮得到拉伸斜支架，结果如图 9-26c 所示。

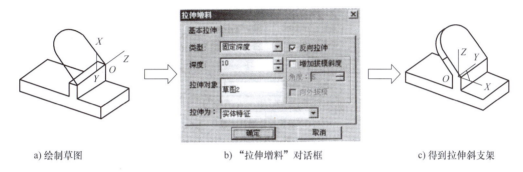

a) 绘制草图　　　　　　　b)"拉伸增料"对话框　　　　　　c) 得到拉伸斜支架

图 9-26　斜支架零件斜支架的创建

（4）创建凸台

1）选择已生成斜支架的上表面为基准面，按〈F2〉键进入草图状态，单击整圆图标 ⊙，在立即菜单中选择"圆心_半径"，按系统提示，捕捉 φ60 棱边圆心，半径为 20，绘制圆，结果如图 9-27a 所示。

2）单击拉伸增料图标圖，按图 9-27b 所示设置对话框参数后，单击"确定"按钮得到拉伸凸台，结果如图 9-27c 所示。

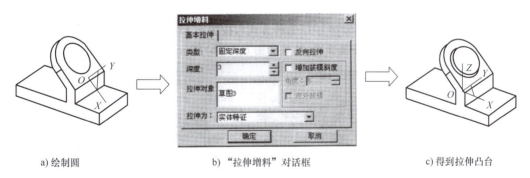

a) 绘制圆　　　　　　　　b)"拉伸增料"对话框　　　　　　c) 得到拉伸凸台

图 9-27　斜支架零件凸台的创建

（5）创建筋板

1）按 < F7 > 键，选择"XOZ 面"为作图平面和视图平面，单击特征树内的基准面"平面 XZ"，按 < F2 > 键进入草图状态，单击直线图标 ✎，在立即菜单中选择"角度线" Y 轴夹角"，输入"角度" -60，按系统提示，输入第一点坐标（0，-12），第二点可大致确定，但应注意保证直线长度能嵌入斜支架下表面，结果如图 9-28a 所示。

2）单击筋板图标 ，按图 9-28b 所示对话框设置参数后，单击"确定"按钮得到筋板，结果如图 9-28c 所示。

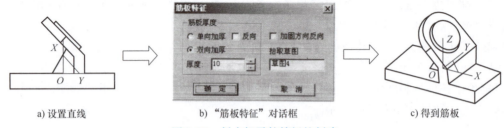

a) 设置直线　　　　　　　　b) "筋板特征"对话框　　　　　　　c) 得到筋板

图 9-28　斜支架零件筋板的创建

（6）打孔　单击打孔图标 ，选择凸台上表面为打孔平面，选择直孔，如图 9-29a 所示，捕捉 $\phi40$ 凸台棱边的圆心，单击"下一步"按钮，按图 9-29b 所示对话框设置参数后，单击"确定"按钮得到 $\phi25$ 通孔，如图 9-29c 所示。

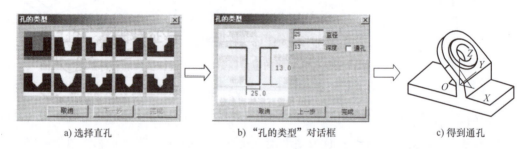

a) 选择直孔　　　　　　　　b) "孔的类型"对话框　　　　　　　c) 得到通孔

图 9-29　斜支架零件通孔的生成

（7）切除长孔

1）按 < F5 > 键，选底板上表面为基准面，按 < F2 > 键进入草图状态，单击整圆图标 ，在立即菜单中选择"圆心_半径"，按系统提示，输入圆心坐标为（45，0），输入圆半径为 7，绘制 $\phi14$ 的圆。单击直线图标 ，在立即菜单中选择"两点线""单个""正交""长度方式"，输入长度 20，按系统提示，捕捉 $\phi14$ 圆的上型值点为第一点，沿 X 轴正方向确定第二点，修改长度为 14，沿 Y 轴负方向确定第三点，修改长度为 20，沿 X 轴负方向确定第四点，单击曲线裁剪图标 ，在立即菜单中选择"正常裁剪""快速裁剪"，对 $\phi14$ 圆进行修剪，按 < F8 > 键，结果如图 9-30a 所示。

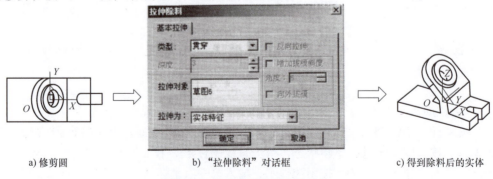

a) 修剪圆　　　　　　　　b) "拉伸除料"对话框　　　　　　　c) 得到除料后的实体

图 9-30　斜支架零件长孔的生成

2）单击拉伸除料图标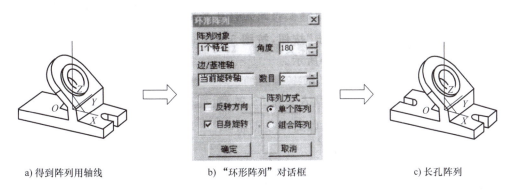，按图 9-30b 所示对话框设置参数后，单击"确定"按钮得到除料后的实体，按 < F8 > 键，结果如图 9-30c 所示。

3）按 < F9 > 键，选择"XOZ 面"为作图平面，在非草图状态下，单击直线图标，在立即菜单中选择"两点线""单个""正交"，按系统提示，单击坐标系原点为第一点，沿 Z 轴正方向绘制第二点，得到一阵列用轴线，结果如图 9-31a 所示。

4）单击环形阵列图标，选择特征树内的长孔为阵列对象，选中"边/基准轴"选项，单击上一步中绘制的轴线为环形阵列的旋转轴，按图 9-31b 所示对话框设置参数后，单击"确定"按钮，结果如图 9-31c 所示。

a) 得到阵列用轴线   b)"环形阵列"对话框   c) 长孔阵列

图 9-31 斜支架零件长孔的阵列

（8）切除底板凹槽　按 < F7 > 键，选择"XOZ 面"为视图平面和作图平面，选择底板前侧表面为基准面，按 < F2 > 键进入草图状态，单击矩形图标，在立即菜单中选择"两点矩形"，按系统提示，输入起点坐标为（-25，-15），输入第二点坐标为（25，-12），右键单击结束，结果如图 9-32a 所示。单击拉伸除料图标，按图 9-32b 所示对话框设置参数后，单击"确定"按钮得到除料后的实体，按 < F8 > 键，结果如图 9-32c 所示。

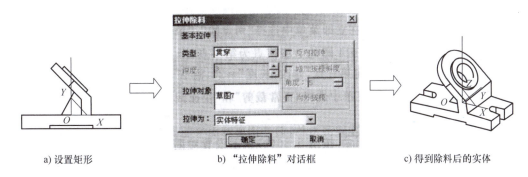

a) 设置矩形   b)"拉伸除料"对话框   c) 得到除料后的实体

图 9-32 斜支架零件底板凹槽的切除

6. 花形凸凹模特征造型

根据图 9-33 所示花形凸模零件生成花形凸凹模实体。

（1）裁剪曲面的生成　按 < F7 > 键，选择"XOZ 面"为作图平面和视图平面，单击"圆弧"工具按钮，在立即菜单中选择"圆心_半径_起终角"，输入起始角 30 和终止角 90，按系统提示，输入圆心坐标为（0，0，-20），输入半径 80，绘制圆弧。单击直线图标

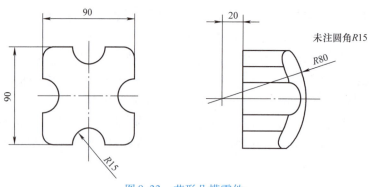

图 9-33　花形凸模零件

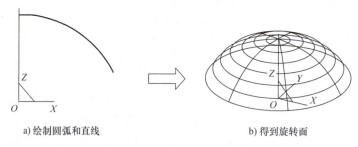

，在立即菜单中选择"两点线""单个""正交""点方式"，按系统提示单击系统坐标原点为第一点，单击沿 Y 轴正方向的任意一点为第二点绘制一垂直直线，结果如图 9-34a 所示。单击旋转面图标 ，在立即菜单中输入起始角 0 和终止角 360，按系统提示，单击旋转轴垂直直线，旋转方向任意，单击母线圆弧线，右键点击结束，得到旋转面，按 < F8 > 键，结果如图 9-34b 所示。

a) 绘制圆弧和直线　　　　　　　　　　　b) 得到旋转面

图 9-34　花形凸模生成裁剪曲面

（2）创建长方体

1）按 < F5 > 键，选择"XOY 面"为作图平面和视图平面，单击特征树内基准面"平面 XY"，按 < F2 > 键进入草图状态。单击矩形图标 ，在立即菜单中选择"中心_长_宽"，输入长度 90 和宽度 90，捕捉坐标原点为中心点，右键单击结束，结果如图 9-35a 所示。

2）单击拉伸增料图标 ，按图 9-35b 所示对话框设置参数后，单击"确定"按钮得到拉伸实体，该实体与曲面相交，按 < F8 > 键，结果如图 9-35c 所示。

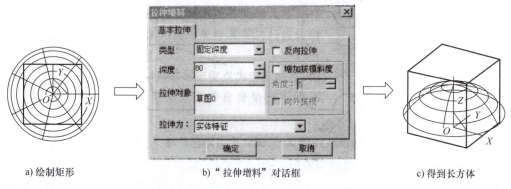

a) 绘制矩形　　　　　　　b)"拉伸增料"对话框　　　　　　　c) 得到长方体

图 9-35　花形凸模长方体的创建

（3）曲面裁剪实体　单击曲面裁剪除料图标![icon]，单击曲面除料方向向上，单击"确定"按钮得到裁剪后的实体，将曲面和圆弧线隐藏，结果如图 9-36 所示。

（4）圆弧过渡　单击"过渡"工具按钮，选择裁剪后实体的 4 条棱边，设置半径 15，单击"确定"按钮实现 4 条棱边的圆弧过渡，结果如图 9-37 所示。

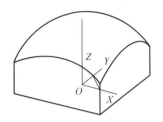
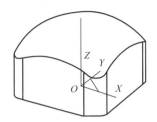

图 9-36　曲面裁剪实体　　　　　　图 9-37　圆弧过渡

（5）创建凸模

1）按 <F5> 键，选择"XOY 面"为作图平面和视图平面，单击特征树内基准面"平面 XY"，按 <F2> 键进入草图状态。单击圆图标![icon]，在立即菜单中选择"圆心_半径"，按系统提示，捕捉裁剪后实体一棱边中点为圆心，输入圆半径 15，绘制 φ30 的圆。单击拉伸除料图标![icon]，设置基本拉伸类型为"贯穿"，单击"确定"按钮得到除料后的实体，按 <F8> 键，结果如图 9-38a 所示。

2）单击环形阵列图标![icon]，选择特征树内的除料特征为阵列对象，激活"边/基准轴"选项，单击垂直直线为环形阵列的旋转轴，设置参数为：1 个特征，角度 90°；当前旋转轴，数目 4；勾选"自身旋转"，单击单个阵列，单击"确定"按钮，凸模生成，结果如图 9-38b 所示。

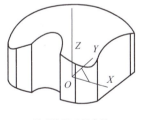
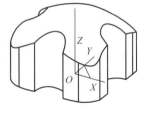

a) 得到除料后的实体　　　　　　　　b) 得到凸模

图 9-38　花形凸模实体

（6）创建凹模

1）以上面生成的凸模为参考模型，利用模具功能生成其模具型腔。为了保证塑料制品冷却后与实际零件尺寸相符，首先在参考模型上增加一个 5% 的放大量。单击缩放图标![icon]，设置参数：基点选择零件质心，收缩率 5%，单击"确定"按钮，参考模型放大 5%。

2）以参考模型为型腔生成包围此型腔的实体。单击型腔图标![icon]，按图 9-39a 所示设置对话框参数后，单击"确定"按钮，包围型腔的实体以线架显示，结果如图 9-39b 所示。包围型腔的实体生成后，通过分模，得到最后的花型凹模。分模的方式有两种：草图分模和曲面分模，这里选择草图分模。

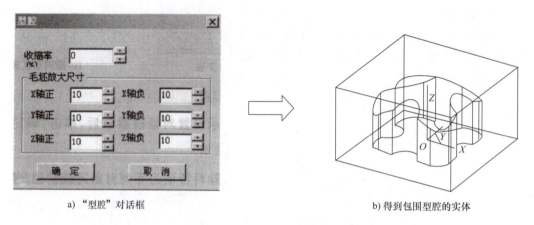

a) "型腔"对话框　　　　　　　　　　　b) 得到包围型腔的实体

图 9-39　花形凹模型腔实体

3) 按 < F7 > 键，选择 "*XOZ* 面" 为视图平面，选择实体前表面为基准面，按 < F2 > 键进入草图状态。单击直线图标 ✎，在立即菜单中选择 "两点线" "单个" "正交" "点方式"，按系统提示单击系统坐标原点为第一点，单击沿 *X* 轴正方向上的一点为第二点绘制一水平直线，然后单击曲线拉伸图标 ➘，沿 *X* 轴负方向拉伸该水平线（注意，该直线的最后长度应大于型腔实体在长度方向上的最大尺寸），结果如图 9-40a 所示。

4) 单击分模图标 ▦，选择上一步骤中生成的直线草图，按图 9-40b 所示设置对话框各参数，单击 "确定" 按钮，生成凹模，结果如图 9-40c 所示。

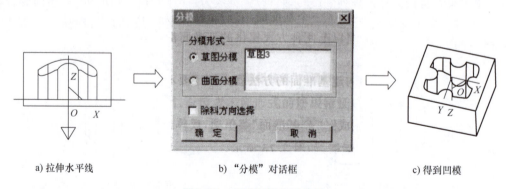

a) 拉伸水平线　　　　　　　b) "分模"对话框　　　　　　c) 得到凹模

图 9-40　花形凹模草图分模

9.2.3　数控加工程序的自动编制

对花形凸模进行数控加工程序的编制。

1. 建立模型，设置毛坯

打开图 9-38 所示的花形凸模实体零件，建立模型。

在快捷菜单下选择 "轨迹管理"，双击 "毛坯" 选项，定义毛坯，如图 9-41 所示。毛坯的类型选择 "矩形"（根据需要可选矩形、柱面、三角片等），包围盒选择 "参照模型"（根据需要进行相应设置），单击 "确定" 按钮。

2. 建立刀具轨迹

（1）在"加工"→"常用加工"目录下选择"等高线粗加工"，分别设置加工参数、区域参数、连接参数、坐标系、干涉检查、计算毛坯、切削用量和刀具参数等信息。修改"加工参数"如图 9-42 所示，修改"刀具参数"如图 9-43 所示，单击"确定"按钮后，系统提示"请拾取加工曲面"，左键单击选择花形凸模，右键单击确认，系统自动进行轨迹计算，生成结果如图 9-44 所示。

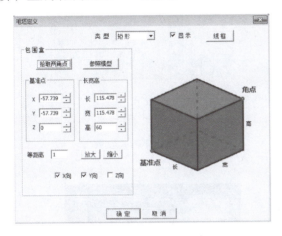

图 9-41　定义毛坯

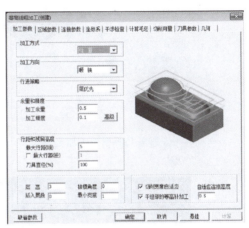

图 9-42　粗加工加工参数

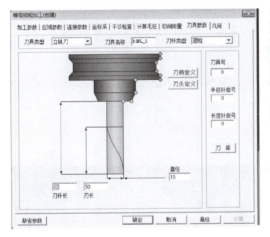

图 9-43　粗加工刀具参数

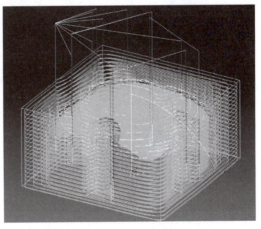

图 9-44　粗加工轨迹

（2）在"加工"→"常用加工"目录下选择"扫描线精加工"，分别设置加工参数，修改"加工参数"如图 9-45 所示，修改"刀具参数"如图 9-46 所示，单击"确定"按钮后，系统提示"请拾取加工曲面"，单击左键选择花形凸模，单击右键确认，系统自动进行轨迹计算，生成结果如图 9-47 所示。

3. 对加工轨迹进行仿真

在"加工"目录下选择"轨迹仿真"，按提示依次单击左键拾取粗加工和精加工的刀具轨迹（也可以同时拾取多条轨迹），单击右键进入仿真显示界面。单击 ▶ 开始进行轨迹仿真，粗加工仿真过程如图 9-48 所示，精加工仿真结果如图 9-49 所示，验证刀具轨迹及仿真结果是否满足要求，否则重新设计加工轨迹。关闭轨迹仿真页面后返回设计页面。

图 9-45　精加工加工参数

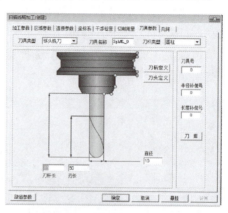

图 9-46　精加工刀具参数

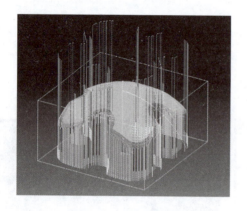

图 9-47　精加工轨迹

图 9-48　粗加工仿真过程

4. 生成加工程序

单击"加工"→"后置处理"→"生成 G 代码"，弹出文件管理对话框，选择代码文件存放位置，输入文件名，单击"保存"。系统提示："拾取刀具轨迹"，用鼠标单击刚生成的刀具轨迹，然后单击鼠标右键，系统自动生成加工花形凸模的数控加工程序。

5. 生成工艺清单

选择"加工"→"工艺清单"，制定目标文件夹，填写零件名称、图号、设计、工艺和校核人员，使用工艺模板，拾取轨迹（单击左键拾取，单击右键确认），生成清单。

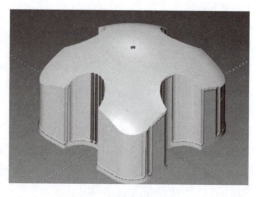

图 9-49　精加工仿真结果

延伸阅读

加快自主研发应用，让工业软件不再被"卡脖子"

2020 年 6 月某日，美国软件公司 MathWorks 给我国国内 10 余所高校发送邮件："非常抱歉，根据最新的进出口管制名单，无法为您继续服务了。"作为一款从大一开始就被列入教材学习的软件，MATLAB 是业内知名的数学及计算仿真软件，它能够帮助设计者在软件层面验证方案的可行性并完成相应的数值计算。毫无疑问，该软件被禁用对相关教学与科研任务都产生了不小的影响。2022 年 8 月 15 日开始，美国商务部工业安全局 BIS 最新禁令生效，正式对中国 EDA 软件断供，这是美国 EDA 电子设计自动化软件第三次对中国企业的断供：第一次是 2018 年断供中兴；第二次是 2019 年断供华为；而这一次，干脆是针对中国全部芯片企业。

目前，国内工业软件整体水平不高，关键技术对国外依存程度较高。有数据显示：国内 80% 的规划软件、50% 的制作软件无法做到自主可控。从国内工业软件市场份额来看，在研发设计类工业软件领域，国产 CAD 软件的市场份额不足 10%，CAE、EDA 软件的市场份额甚至不到 5%；在生产控制类软件领域，西门子、GE、施耐德以及罗克韦尔等国外软件的优势突出；在运营管理类软件领域，国产工业软件主要集中在中、低端市场，而高端市场被国外软件公司占据了至少 90% 的市场份额。

欧美国家是工业软件的起源地与最大的市场，在长期的实践中形成了"自主按需开发→对外商业化拓展→并购布局扩张壮大→平台化形成生态"的发展路径。各国政府在推动软件行业发展中也起到了重要作用，都高度重视并持续投入巨资扶持，也是形成领先优势的关键因素。

工业软件是路径依赖性极强的产品，在选择路径后会进行不断自我强化并实现路径锁定，其表现为三个方面：一是"累积"过程不可逾越，工业软件的本质是工业技术知识的代码化，行业的知识门槛与累积优势跨越难度很大；二是"先发"优势难以突破，例如 1993 年我国国产 EDA 软件面世之初，先发展起来的国外 EDA 软件公司就采取了放宽使用限制策略，以低廉的价格和打包倾销的市场策略重创了国产 EDA，使之商业化进展变得遥遥无期；三是供需"锁定"关系突出，工业软件的转换成本非常高，用户一旦选择了某款软件，在一定程度上就与该软件及软件企业形成了"锁定"关系。

在国外工业软件垄断"护城河"已经形成的背景下，打破"锁定"壁垒的最直接方式是"路径创造"。中国作为当今世界唯一拥有全部工业门类的国家，既拥有千差万别的用户需求，又在商用领域面对如此丰富的使用场景，需要抓住传统产业数字化转型的窗口期，寻找新的路径切入，走"专精起步→行业扩张→生态持续"的发展路径。寻找特定的工业应用场景（扎根细分行业特色需求，研发"专精"工业软件），基于同一产业的共性需求快速扩大用户规模并持续迭代软件功能（推动快速渗透，实现规模化应用），最终形成工业软件生态（行业工业互联网平台 + 工业 App，加速迭代形成生态），在这样一个多样化市场锻造出的软件在走向全球之时，也必然具备强大的竞争力。

工欲善其事，必先利其器。工业软件被"卡脖子"的窘境，不是简单头痛医头脚痛医脚就可以解决的，必须在教育培训、市场规则、产业政策等方面系统发力创新，才能释放出更多发展势能。唯其艰难，才更显勇毅；唯其笃行，才弥足珍贵。放弃幻想，认清差距，完成积累、攻克行业难关，把工业软件的饭碗牢牢端在自己手中，中国发展的大船才能行稳致远。

第10章 数控加工技术

【实训目的与要求】

1）掌握数控加工技术的基本知识及数控机床的结构和组成原理。
2）学习和掌握数控加工编程方法，熟悉零件加工程序的结构和格式。
3）初步掌握数控车削和数控铣削加工程序的编写方法。
4）掌握数控加工仿真软件的使用和数控机床的操作方法。
5）了解先进制造技术的发展方向。

【安全实习注意事项】

1）控制面板上的操作按钮一定要辨识清楚后再进行操作。
2）禁止改动机床内部参数设置。
3）机床开始加工前，要确认防护罩已关闭。
4）程序加工前务必进行仿真加工。
5）必须停机进行工件装卸、测量等工作。
6）运行过程中发现异常情况，及时使用红色的急停按钮。

10.1 数控加工技术概述

数控加工技术是整个先进制造技术的基础技术之一，该技术解决了复杂、精密和多变零件的加工问题，并具备一定的柔性，当产品需求变化时能够灵活地转化生产。随着微电子技术及信息技术的不断发展，当今各国制造业广泛采用数控加工技术，提高制造能力和制造自动化水平，以期在国际竞争中处于领先地位。

10.1.1 数控的概念、分类和发展

1. 数控、数控机床及数控加工技术

《工业自动化系统 机床数值控制 词汇》（GB/T8129—2015）中定义数控即数值控制（Numerical Control，NC），是控制装置在运行过程中，不断地引入数值数据，从而对某一生产过程实现自动控制。从广义上看，数字控制技术在工控与测量、理化实验和分析、物质和信息传递等领域都有广泛应用；而狭义的数控，则具体指机床数控技术，即"用数字化信

息对机床运动及其加工过程进行控制的一种方法"，就是用数字、字母、符号等数字信息对机床工作过程进行可编程自动控制的一门技术。

采用数字控制技术的机床，或者说装备了数控系统的机床称为数控机床。具体地说，数控机床是指用代码化的数字信息将与加工零件有关的信息，如刀具相对于工件的移动轨迹、工艺参数（进给速度、主轴转速等）、辅助功能（换刀、切削液、卡盘等），记录在控制介质上，并输入到数控系统中，经过逻辑与算术运算，发出与上述信息相关的信号，控制机床动作，自动加工出所需工件的一类机床。

数控加工泛指在数控机床上进行零件加工的工艺方法。一般来说，数控加工技术主要涉及数控加工工艺和数控编程技术两个方面，刀具、夹具等工装也在此范畴。数控机床的运动为加工出合格零件提供了硬件基础，数控加工工艺的制定和程序的编制是实现加工的重要保证。数控加工技术是一种能高效、优质地实现产品（特别是复杂形状的零件）加工的有关理论、方法与实践技术，是自动化、柔性化、敏捷化和数字化制造加工的基础和关键技术。

2. 数控机床的分类

数控机床有以下三种不同的分类方法。

（1）按工艺用途分类

1）切削加工类：采用车、铣、钻、镗、铰、磨、刨等切削工艺得到所需零件的数控机床。这类机床应用范围最广，常用的有数控车床与车削中心、数控铣床与加工中心、数控钻床与钻削中心、数控磨床、数控齿轮加工机等，如图10-1所示。

a) 数控车床   b) 数控内圆磨床   c) 数控铣削加工中心

图 10-1   切削加工类数控机床

2）成形加工类：通过物理方法（挤、压、冲、拉等）改变工件形状得到所需零件的数控机床。常见的有数控折弯机、数控弯管机和数控旋压机等，如图10-2所示。

a) 数控折弯机   b) 数控弯管机   c) 数控旋压机

图 10-2   成形加工类数控机床

3）特种加工类：利用特种加工技术（声、光、电等）得到所需零件的数控机床。常用的有数控电火花线切割机、数控电火花成形加工机和数控激光雕刻机等，如图10-3所示。

a) 数控电火花线切割机　　　　　b) 数控电火花成形加工机　　　　　c) 数控激光雕刻机

图 10-3　特种加工类数控机床

4）其他类型：泛指一些广义上的数控设备，例如数控测量机、数控对刀仪、工业机器人等，如图 10-4 所示。

a) 数控测量机　　　　　　　　　　　　　　　　b) 工业机器人

图 10-4　其他类型数控机床

（2）按控制系统的特点分类

1）点位控制数控机床：点位控制数控机床的特点是只控制移动部件的终点位置，即控制移动部件由一个位置到另一个位置的精确定位，而对它们的轨迹没有严格要求，如图 10-5a所示。这类机床通常先快速移动到接近终点坐标，然后低速准确移动到定位点，以保证良好的定位精度，在这个过程中不进行加工。采用点位控制数控的机床主要有数控钻床、数控冲床、数控电焊机和数控折弯机等。

a) 点位控制　　　　　　　　b) 直线控制　　　　　　　　c) 轮廓控制

图 10-5　按控制系统特点分类图解

2）轮廓控制机床：轮廓控制（连续轨迹）数控机床的特点是刀具相对工件的运动不仅要控制两点之间的位置（距离），还要按程序规定的速度和轨迹在两点之间进行移动并进行连续加工。此类机床又可细分为直线控制和轮廓控制两种类型：直线控制机床虽然可控轴数可以是多个，但加工过程中每步仅可控制一个轴，因此其刀具相对工件运动轨迹为平行于各坐标轴的直线，如图 10-5b 所示，一些早期简易的数控车床、数控磨床等采用这种控制系统；轮廓控制机床可以同时控制多个轴协调运动（联动），如图 10-5c 所示，现代数控机床基本上都采用这种类型。

按照联动轴的数目，轮廓控制机床又可细分为：2 轴联动机床，如数控车床；3 轴联动机床，如数控铣床、车削中心等；4 轴联动机床；5 轴联动机床，如用于加工空间曲面的数控铣削中心等。联动轴数越多数控机床可加工的零件种类越多，但其控制算法越复杂。

（3）按检测反馈装置分类 按数控系统有无位置检测反馈装置可分为开环数控机床和闭环数控机床。后者按检测反馈装置安装位置的不同，又可分为全闭环数控机床和半闭环数控机床。

1）开环数控机床：这类数控机床不带位置检测反馈装置。数控装置输出的指令脉冲经驱动电路的功率放大，驱动步进电动机转动，再经传动机构（滚珠丝杠螺母副）带动工作台移动，其控制框图如图 10-6a 所示。这类机床工作比较稳定，反应快，调试方便，维修简单，但控制精度较低，这类数控机床多为经济型。

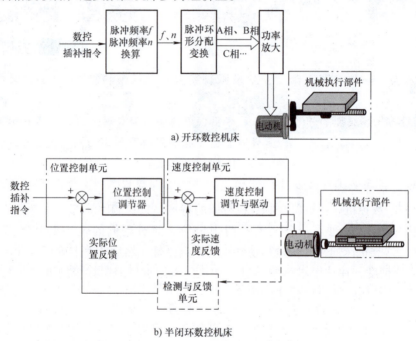

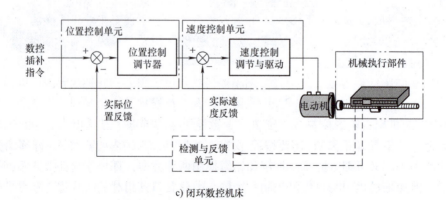

图 10-6 按检测反馈装置分类图解

2）半闭环数控机床：这类机床将检测元件安装在电动机或滚珠丝杠端头上，采样旋转角度进行检测，不是直接检测运动部件的实际位置，其控制框图如图 10-6b 所示。这类机床控制精度虽不如闭环控制系统，但其控制特性比较稳定，调试比较方便，性价比高，广泛应用在数控加工生产中。

3）闭环数控机床：这类数控机床的移动部件（机床工作台）上直接装有位置检测装置，检测机床工作台的实际运行位置，与数控装置的指令位置预定值进行比较，用差值对机床进行控制，其控制框图如图 10-6c 所示。这类机床精度很高，但其稳定性相对较差，且结构复杂维护困难，主要用于对加工精度要求较高的场合。随着数控技术的不断发展，这类机床越来越多地进入机械加工领域。

3. 数控加工的特点

数控机床与普通机床加工相比，具有的特点与优势如下。

（1）具有加工复杂形状零件的能力　数控加工运动具有数字可控性，能完成普通加工方法难以完成或无法进行的复杂异形曲面零件的加工，例如飞机机翼、螺旋桨叶片、曲轴等。

（2）加工精度高、质量稳定　数控机床是由精密机械和自动化控制系统组成的综合机电一体化产品，其机械传动系统和结构都有较高的精度、刚度和热稳定性。数控机床严格按照预先编制好的程序自动进行加工，排除了人为误差，且数控系统还可补偿等，大大提高了零件加工精度和产品质量。

（3）具有良好的柔性　当加工对象改变时，只需要选择刀具和解决毛坯装夹方式后，改变零件加工程序，即可适应不同零件的加工，加工的适应性强、灵活性好，有利于缩短产品的研制和生产周期，适应多品种、中小批量的现代生产需要。

（4）自动化程度高，具有很高的生产效率　数控机床是智慧工厂的基本组成环节。数控加工减轻了操作者的劳动强度，改善了劳动条件；省去了划线、多次装夹定位、检测等工序及其辅助操作，有效地提高了生产率。特别是多轴加工中心和柔性单元等设备，零件一次装夹后能完成几乎所有部位的加工，不仅可消除多次装夹引起的定位误差，还可以大大减少加工中的辅助操作，进一步提高加工效率。

10.1.2　数控机床的组成

虽然可实现不同类型加工的数控机床种类众多，但其最基本的组成可分为计算机数控系统和机床本体两大部分，如图 10-7 所示。

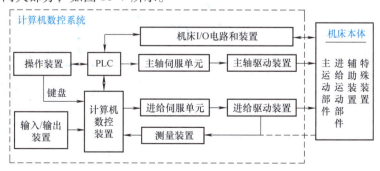

图 10-7　数控机床的组成

1. 输入/输出装置

数控机床加工零件前，必须由操作人员将零件加工程序输入到数控系统中。因此，数控机床中必须具备必要的交互装置（输入/输出装置）来完成零件程序的输入/输出。

根据零件存放的载体（控制介质）不同，数控系统有不同的输入/输出设备。早期的数控机床上配有光电阅读机、磁带录放机，分别来阅读控制介质上包含的零件信息；现代数控机床配备磁盘驱动器来读（存）取磁盘（U 盘、硬盘等）上的数控程序，可直接通过手动数据输入（MDI）键盘输入零件程序，或采用数据通信（如 RS232、RS422 等串行通信接口）、网络通信（DNC、MAP、LAN）的方式进行信息的传递，见表 10-1。

表 10-1　控制介质与输入/输出装置

控制介质	输入/输出装置
磁盘（软盘、硬盘、光盘、U 盘）	磁盘驱动器（软驱、PATA/SATA 接口、光驱、USB 接口）
通讯模块	RS232/422 等通信接口、网络 RJ45 接口、网络 DNC 等

2. 操作装置

操作装置是操作人员与数控机床（系统）进行交互的工具。一方面，操作者可通过它对数控机床进行操作、编程、调试和参数设置等；另一方面，操作者可通过它了解数控机床的运行状态。操作装置主要由显示装置、数控键盘、机床控制面板（MCP）、状态灯、手持单元等部分组成，如图 10-8 所示。

1) 显示装置。数控系统通过显示装置为操作人员提供必要的信息，包括加工信息、参数信息、程序信息、报警信息和通信信息等。

2) 数控键盘。数控键盘由 MDI（手动数据输入）键盘和若干功能键组成。MDI 键盘配备数控程序所需的字母和数字键并紧凑排列（可通过上档键功能切换），主要用于零件程序和参数编辑。功能键主要用于对数控系统软件功能的操作。

3) MCP。机床控制面板集中了控制数控机床动作的所有按钮（开关、按键）以及状态指示灯，直接控制机床的动作和加工过程，例如程序的启动、暂停和停止，手动操作各主轴和坐标轴的速度和位置，切削液和润滑开关和"紧急停止"按钮等。

4) 手持单元。手持单元方便用户用手摇方式增量进给坐标轴，如图 10-8b 所示。

a)　　　　　　b)

图 10-8　数控机床控制装置

3. 计算机数控装置

计算机数字控制装置（计算机数控装置）是计算机数控系统的核心部分，其主要作用是对输入的零件加工程序进行相应的处理（如运动轨迹处理、机床输入/输出处理等），然后输出控制命令到相应的执行部件（伺服单元、驱动装置和 PLC 等），从而加工出需要的零件。所有这些工作是由计算机数控装置内硬件和软件协调配合，合理组织，使整个系统有条不紊地进行工作的。计算机数控装置的性能很大程度上取决于硬件，而计算机数控装置的功能则很大程度上取决于软件。

计算机数控装置的硬件主要由计算机系统（CPU、总线、存储器、外围逻辑电路等）和与其他组成部分联系的接口模块（程序的输入/输出接口、面板接口和显示接口、伺服输出和位置反馈接口、主轴控制接口、机床的输入/输出接口、PLC 接口、数控专用 I/O 接口等）组成。计算机数控装置的软件主要有系统软件和应用软件。系统软件是为实现计算机数控系统各项功能所编制的专用软件，存放在计算机 EPROM 内存中，一般包括输入数据处理程序、插补运算程序、速度控制程序、管理程序和诊断程序等。

目前市场上流行的数控系统有日本的 FANUC、MITSUBISHI、Mazak，德国的 SIEMENS，西班牙的 FAGOR 和我国的华中数控、广州数控、SKY 数控等。

4. 可编程序控制器、机床 I/O 电路和装置

可编程序控制器（PLC）是一种以微处理器为基础专为工业环境下应用而设计的自动控制装置，主要解决生产设备的逻辑和开关量控制，如图 10-9a 所示。

机床 PLC 主要完成与逻辑运算有关的一些顺序动作的 I/O 控制，它和实现 I/O 控制的执行部件——机床 I/O 电路和装置（由继电器、电磁阀、行程开关、接触器等组成的逻辑电路，如图 10-9b、c 所示）一起，共同完成两大任务：

1）接受 CNC 的 M、S、T 指令，对其进行译码并转换成对应的控制信号，控制辅助装置完成机床相应的开关动作。

2）接受操作面板和机床侧的 I/O 信号，送给数控装置，经其处理后，输出指令控制数控系统的工作状态和机床的动作。

a) PLC　　　　　　b) 行程开关　　　　　　c) 继电器

图 10-9　部分 I/O 电路元器件

5. 伺服系统

数控机床的伺服系统是一种以机械位置和速度作为控制对象的自动控制系统，由伺服单元和驱动装置组成，是连接数控系统和数控机床本体的重要部件，如图 10-10 所示。

图 10-10　数控机床伺服系统作用示意

数控系统发出的控制信息，通过伺服系统，转换成数控机床本体的坐标轴的运动，完成零件加工程序所规定的操作。

数控机床的伺服系统主要有：控制主轴旋转运动的主轴伺服系统；控制各坐标轴切削运动的进给伺服系统；以及控制刀库、料库等辅助系统运动的辅助伺服系统。

数控机床主轴伺服系统分为直流主轴伺服系统和交流主轴伺服系统。交流主轴伺服系统主要由笼型交流异步电动机、矢量变换变频调速装置（变频器）等组成，如图 10-11 所示。

变频器的作用是使交流电动机与直流电动机一样具有同样的控制灵活性和良好的动态特性，从而使交流主轴伺服系统的性能能够达到直流驱动的水平。

数控机床的进给伺服系统，通常由配套的伺服单元和驱动装置（执行元件）组成，如图 10-12 所示。数控机床进给伺服系统对其执行元件提出了很高的要求：高精度、响应快、宽调速和大转矩等。一般开环系统采用功率步进电动机，闭环机床采用交流伺服电动机作为驱动装置。

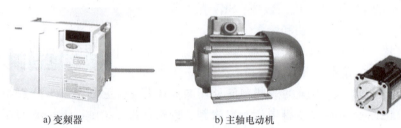

a) 变频器　　　　　　b) 主轴电动机

图 10-11　主轴伺服系统主要元件　　　　图 10-12　进给伺服系统主要元件

6. 测量装置

数控机床测量装置是数控机床闭环、半闭环伺服系统的重要组成部分，利用光或磁的原理，完成检测控制对象的位移和速度，并向输入端发送反馈信号，测量装置测量的最小位移量称为分辨率。

常用的测量装置主要有直线光栅、光电脉冲编码器、旋转变压器、磁栅等，其工作原理和基本结构见表 10-2。

表 10-2　常用数控机床测量装置

种类	直线光栅	光电脉冲编码器
结构示意图		
结构说明	直线光栅由光源 1、透镜 2、标尺光栅 3、指示光栅 4、光电元件 5 和驱动电路等组成	光电脉冲编码器由转轴 1、光源 LED2、光栅板 3、零基准 4、光电元件 5、编码盘 6、电路板 7 和线缆 8 等组成
工作原理示意图	光源　透镜　标尺光栅　指示光栅　光电元件　驱动电路	光源　聚光镜　光栅板　编码盘　光电元件
型号	直线光栅的型号是以每毫米尺寸内刻有线纹条数来区分的，有每毫米刻 50 条、100 条及 200 条等类型。条数越多，光栅的分辨率越高	光电脉冲编码器的型号是由每转发出的脉冲数来区分的。常用的脉冲编码器型号有 2000p/r、2500p/r 和 3000p/r 等

7. 机床本体

机床本体是数控机床的主体，是实现制造的执行单元，由五个部分组成，即主运动部件（主轴及其传动部件）、进给运动部件（工作台、拖板以及相应的传动机构）、支承部件（立柱、床身等）以及特殊装置（如刀具自动交换系统、工件自动交换系统）和辅助装置（如排屑装置等）。

（1）主运动部件　数控机床的主运动部件通常由主轴电动机通过传动带作为传动部件带动机床主轴作旋转运动，并由变频器实现无级调速。近年来出现的电主轴，其结构如图 10-13 所示，将机床主轴与电动机合二为一，主轴直接充当电动机的转子，实现了主轴的"零传动"，使转动速度和效率大幅提高。

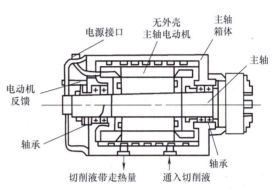

图 10-13　电主轴的结构

（2）进给运动部件　数控机床进给运动的传动部件通常是滚珠丝杠螺母副，其作用是将进给电动机的旋转运动转化成工作台的直线运动，图 10-14 为滚珠丝杠螺母副的结构。近年来出现的直线电动机，其结构如图 10-15 所示，电动机直接输出直线位移，实现了进给轴的"零传动"。

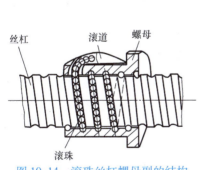

图 10-14　滚珠丝杠螺母副的结构

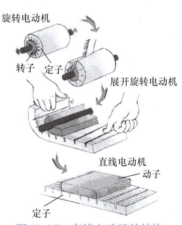

图 10-15　直线电动机的结构

（3）床身结构与自动换刀装置　数控车床的床身结构和导轨的布局形式可分为平床身、斜床身、平床身斜滑板和立床身，其结构如图 10-16 所示。

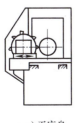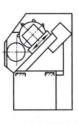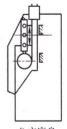

a）平床身　　　　b）斜床身　　　　c）平床身斜滑板　　　　d）立床身

图 10-16　数控车床床身的结构和导轨的布局形式

数控机床导轨的功用是支承和导向，即支承数控车床的运动部件（如刀架）并保证运动部件在外力的作用下，准确地沿着一定的方向运动。按其接触面间的摩擦性质不同，可分为贴塑导轨、滚动导轨和静压导轨。

数控机床往往具备自动换刀装置，如数控车床的电动刀架、数控铣削中心的刀具自动交换系统，使工件在一次装夹中完成多工序加工，对缩短辅助时间、减少多次安装工件所引起的误差有着十分重要的意义。数控车床上通常采用的自动换刀装置有回转刀架和动力刀架两类：回转刀架可安装四把、六把或更多的刀具，根据机床结构有前置刀架和后置刀架之分；动力刀架是车削中心的装备，使工件在车床上可完成部分铣削工作。

（4）辅助装置　数控机床的辅助装置包括机床防护罩、排屑装置、液压卡盘和尾座等。机床防护罩有利于保证加工过程中局部环境的稳定性和操作人员的安全。在切削过程中，切屑往往混合在切削液中，排屑装置应从其中分离出切屑，并将它们送入切屑收集箱内，而切削液则被回收到切削液箱中。现代数控车床已实现液压卡盘和尾座等辅助装置控制的自动化。

10.1.3　数控编程基础

1. 数控加工与传统加工过程的比较

无论是数控机床加工还是普通机床加工，最终的目的都是按图样的要求加工出合格零件，但它们的加工过程是有很大区别的，如图 10-17 所示。

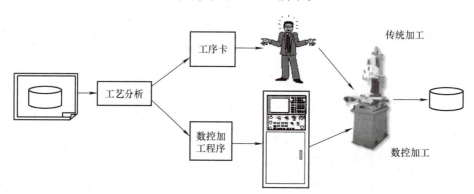

图 10-17　数控加工与传统加工过程的比较

在普通机床上加工零件，一般先由工艺人员制订零件的加工工艺规程（加工工序、机床、刀具、夹具等内容），操作人员根据工序卡的要求，在手工操作机床加工过程中，不断地改变刀具与工件的相对运动轨迹和运动参数进行切削加工，直到获得所需的合格零件。零件的质量及生产率依赖于操作人员的技术水平。

在数控机床上，操作人员将零件图样上的几何信息和工艺信息数字化（即编制零件程序），并输入到数控系统中，数控系统按程序的要求进行运算、处理后发出相应的指令，控制刀具与工件的相对运动及其他辅助动作，自动完成零件的加工。人工操作机床的过程被数控系统自动控制所取代，零件的质量及生产效率取决于零件程序的编制。

2. 数控编程的定义、过程和方法

（1）数控编程　数控编程即零件程序的编制过程，是根据被加工零件的图样和技术要

求、工艺要求，将零件加工的工艺顺序、工序内的工步安排、刀具相对于工件的轨迹和方向（零件轮廓尺寸）、工艺参数（主轴转速、进给速度）及辅助动作（变速、换刀、切削液开关、工件紧松）等，用数控系统所规定的规则、代码和格式编制成文件（程序单），制作成控制介质输入到数控系统中，进行程序的校验和试切并验证正确后，才算完成整个程序的编制，获得零件的加工程序。数控编程包括数控加工工艺的设计和程序编制两个过程，这里仅以零件程序的编制为主进行介绍。

（2）数控编程过程　如图 10-18 所示。

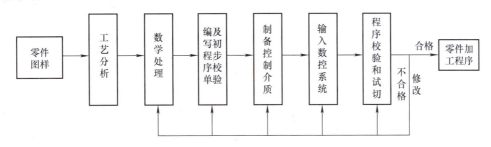

图 10-18　数控编程过程

1）工艺分析的主要任务：确定加工机床、刀具与夹具，确定工艺路线、工步顺序，确定切削用量，确定辅助功能等。

2）数学处理的主要任务：以工件坐标系为基准，计算直线和圆弧轮廓的终点，计算非圆轮廓离散的接近点，将计算的坐标值换算成编程值等。

3）编写程序单及初步校验：根据工艺分析出的工艺信息和数学处理计算的坐标值，按照数控系统所规定的指令代码和格式编制零件程序，并进行初步校验（人工阅读法、计算机模拟仿真）检查程序错误。

4）制备控制介质、输入数控系统：将编制的程序单，经转换记录在选择与数控系统相匹配的控制介质上，如磁带、磁盘等，或采用 MDI 方式、通信方式将零件程序输入数控系统。

5）程序校验和试切：程序校验，利用数控系统的相关功能在机床上运行，通过刀具的轨迹检查程序的正确性和合理性，主要有静态校验（数控系统的轨迹仿真，机床不动）和动态校验（空运行，不装夹零件，机床按轨迹运动）两种方式。程序试切，通过数控机床加工实际零件来检验程序的正确性、合理性和加工精度。只有试切零件经检验合格后，加工程序才算编制完毕。在校验和试切过程中，发现错误，分析原因并进行相应修改，直到加工出满足图样要求的零件为止。

（3）数控加工程序的编制方法　主要有手工编程和自动编程两种。

1）手工编程。手工编程是指主要由人工来完成数控编程中各个阶段的工作。一般对几何形状不复杂的零件，所需的加工程序不长，计算比较简单，用手工编程比较合适，但耗费时间较长，而且容易出现错误。

2）自动编程。自动编程是指主要由计算机辅助完成数控编程中各个阶段的工作。自动编程替代了编程人员完成烦琐的数值计算工作，大大提高了编程效率和正确性，特别是解决了复杂零件的编程问题。目前主流的方式是图形交互自动编程，即使用 CAD/CAM 软件绘制零件的图形后，选择各种预置的加工工艺、输入各种加工工艺参数，自动生成加工轨迹，经过仿真验证正确后，再通过后处理程序按照指定数控系统直接生成加工程序。随着人工智能、大数据和机器学习等技术的不断发展，自动编程将更加智能、准确和高效。

3. 实现数控编程的相关规定与原则

（1）机床坐标轴的命名、方向和原则　机床坐标轴，是指具有位移（线位移或角位移）控制和速度控制功能的运动轴，有直线坐标轴和回转坐标轴之分。

1）确定坐标轴和运动方向的原则。永远假定刀具相对于静止的工件而运动；刀具远离工件的方向为坐标轴正方向；机床主轴旋转运动的正方向是按照右旋螺纹进入工件的方向。

2）坐标轴的命名、方位和方向的确定。为简化编程和保证程序的通用性，采用右手笛卡儿坐标系对机床的坐标轴的命名和方向制定了统一的标准（JB/T 3051—1999），规定直线进给坐标轴（基本坐标轴）用 X、Y、Z 表示，其相互关系满足右手定则，其中大拇指的指向为 X 轴的正方向，食指的指向为 Y 轴正方向，中指的指向为 Z 方向。围绕 X、Y、Z 轴旋转的圆周进给坐标轴分别为 A、

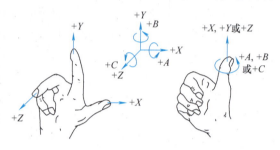

图 10-19　右手直角笛卡儿坐标系

B、C，其方向用右手螺旋法则确定，大拇指指向 $+X$、$+Y$、$+Z$，则食指、中指等的指向是圆周进给运动的 $+A$、$+B$、$+C$，如图 10-19 所示。

如果在基本的直角坐标轴 X、Y、Z 之外，另有第二组平行于它们的坐标轴，则附加的坐标轴指定为 U、V、W，如还有第三组则指定为 P、Q、R，其坐标轴的运动方向与前述相同。

机床坐标轴的方位和方向取决于机床的类型和各组成部分的布局，其一般顺序是：先确定 Z 坐标（轴），再确定 X 坐标（轴），最后由右手直角笛卡儿坐标系确定 Y 坐标（轴）。

Z 坐标的运动方向，是由传递切削动力的主轴所规定，对铣床、钻床、镗床、攻丝机等，主轴带动刀具旋转；对于车床、磨床和其他形成旋转表面的机床，主轴带动工件旋转；如机床没有主轴（如牛头刨床），则 Z 坐标垂直于工件装夹面。

X 坐标的运动方向，X 坐标是水平的，它平行于工件的装夹面。在没有旋转刀具或旋转工件的机床上（如牛头刨床），X 坐标平行于主要的切削方向；在工件旋转的机床上（如车床、磨床等），X 坐标的方向是在工件的径向上，且平行于横滑座；在刀具旋转的机床上（如铣床、钻床、镗床等），如 Z 坐标是水平的，当从主要刀具主轴向工件看时，$+X$ 运动方向指向右方，如 Z 坐标是垂直的，对于单立柱机床，当从主要刀具主轴向立柱看时，$+X$ 运动的方向指向右方。对于桥式龙门机床，当从主要主轴向左侧立柱看时，$+X$ 运动的方向指向右方。

Y 坐标的运动方向，根据 X 和 Z 坐标的运动方向，按照右手直角笛卡儿坐标系来确定。

（2）机床坐标系与工件坐标系

1）机床原点与机床坐标系。机床原点即机床坐标系的原点是指在机床上设置的一个固定点。它在机床装配、调试时就已确定下来，是数控机床进行加工运动的基准参考点。在数控车床上，机床原点一般取在卡盘端面与主轴中心线的交点处。

机床坐标系是以机床原点为基准,刀具远离工件方向为正方向,建立的右手笛卡儿坐标系。

2)机床参考点。机床参考点是用于对机床运动进行检测和控制的固定位置点。机床参考点的位置是由机床制造厂家在每个进给轴上用限位开关精确调整好的,坐标值已输入数控系统中。在数控车床上,机床参考点是离机床原点最远的极限点。

数控机床开机时,必须先确定机床原点,而确定机床原点的运动就是刀架返回参考点的操作,这样通过确认参考点,就确定了机床原点。只有机床参考点被确认后,刀具(或工作台)移动才有基准。

机床原点和机床参考点是相对于机床而言不同定义的两个点,虽然可能同为某一个具体的点但其含义完全不同。通常数控铣床的机床原点与机床参考点在同一点,数控车床的机床原点和机床参考点不在同一点。

3)工件原点及工件坐标系。工件原点(编程原点)是根据加工零件图样及加工工艺要求选定的编程坐标系的原点。

工件原点应尽量选择在零件的设计基准或工艺基准上,并以此根据零件图样及加工工艺等建立的工件坐标系。在工件坐标系中,各轴的方向应该与所使用的数控机床相应的坐标轴方向一致。

工件原点是相对于工件而言的,为编程方便可以选取在工件的任何位置上,通常数控车床选用端面圆心,数控铣床采用工件中心或顶角作为编程原点进行程序的编制。

数控机床坐标系与工件坐标系的相互关系,如图 10-20 所示。其中图 10-20a 所示为立式数控铣床坐标系,图 10-20b 所示为卧式数控车床坐标系。

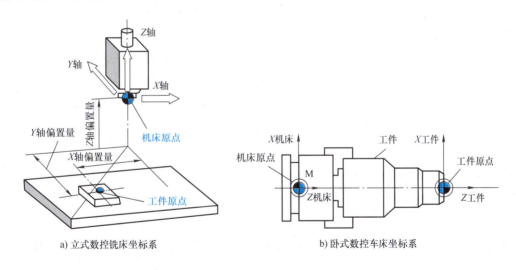

a) 立式数控铣床坐标系　　　　b) 卧式数控车床坐标系

图 10-20　数控机床坐标系与工件坐标系

4)程序原点。程序原点指刀具(刀尖)在加工程序执行时的起点,又称为程序起点。程序原点的位置是与工件的编程原点位置相对的。一般情况下,一个零件加工完毕,刀具返回程序原点位置,等候命令执行下一个零件的加工。

（3）对刀点、刀位点和对刀

1）对刀点（起刀点）。对刀点又称为起刀点，是确定刀具与工件相对位置的点，也是刀具相对于工件运动的起点和程序运行的起点。对刀点的选择原则是：对刀点应便于数学处理和程序编制；对刀点在机床上容易校准；在加工过程中便于检查；引起的加工误差小。对刀点可以是工件或夹具上的点，或者与它们相关的易于测量的点。对刀点确定之后，机床坐标系与工件坐标系的相对关系就确定了。对于孔类零件，可以取孔的中心作为对刀点，如图 10-21 所示。

2）刀位点。刀位点是指刀具上用于确定刀具在机床坐标系中位置的指定点。例如平头立铣刀、面铣刀的刀位点一般为端面圆心，球头立铣刀的刀位点一般为球心，车刀的刀位点为刀尖，钻头的刀位点为钻尖，如图 10-22 所示。

3）对刀。对刀就是使"对刀点"与"刀位点"相重合的操作。该操作是工件加工前采用手动的方法，移动刀具或工件，使刀具的刀位点和工件的对刀点重合，如图 10-23 所示。

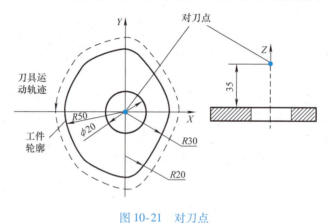

图 10-21　对刀点

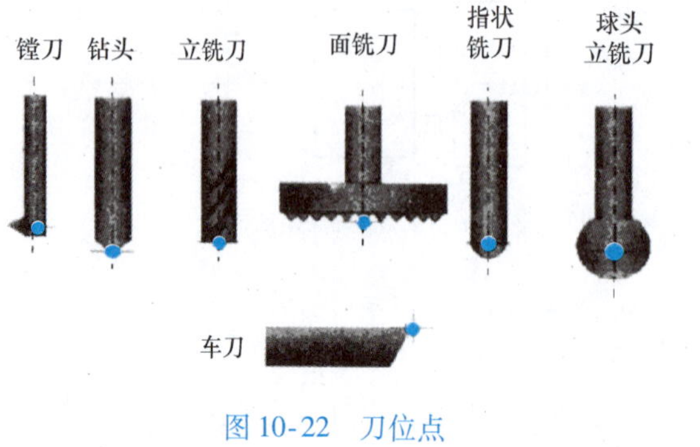

图 10-22　刀位点

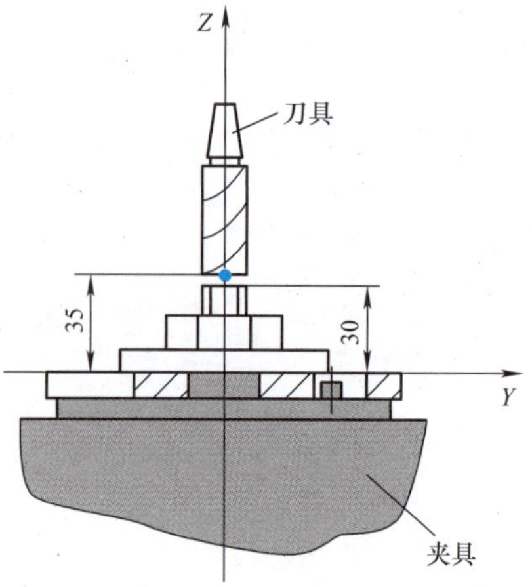

图 10-23　对刀

4. 数控机床的编程基础

虽然数控机床的种类是多样的，但其编程的方法和使用的指令却大同小异，并且形成了相应的标准，如 EIA（Electronic Industries Association）、ISO（International Organization of Standardization）和我国标准 GB/T 40328—2021，数控系统生产厂商依据标准开发产品，也可在此基础上开发新功能，因此编程时应当仔细阅读相应的编程手册。只要掌握最基本的指令和编程方法，无论何种机床（系统）的编程都不难理解和掌握，这里将以较广泛使用的西门子 SIEMENS 802S 系统为例介绍基本指令和编程方法。

（1）零件程序的结构

1）零件程序的组成。一个完整的数控加工指令由程序名、程序体（程序内容）和程序结束三部分组成。

程序名是一个程序必需的标识符，开始的两个符号必须是字母，最多 8 个字符，不使用分隔符。

程序体由遵循一定结构、句法和格式规则的若干程序段组成的，每个程序段由若干个指令字组成。

程序结束可由 M02 或 M30 结束整个程序的运行。

2）指令字及其格式。一个程序段由以上若干个指令字（数控字）组成，指令字是组成程序段的基本元素，包括地址符和数值数据，两者确定了指令字的含义。地址符一般是一个字母，数值是一个数字串，例如 F300、X – 20、G1；一个字有时包含多个字母，数值与字母之间用符号 " = " 隔开，例如 CR = 5.23。

3）程序段的格式。一个程序段定义了一个将由数控装置执行的指令行，程序段的格式定义了每个程序段中功能字的句法，如图 10-24 所示。零件程序是按照程序段的输入顺序进行的，而不是按程序段号顺序执行，但程序编制时尽量按升序编写程序段号。

N007	G01	X50 Z30	F300	M03	S300	T0101	LF
程序段号	准备功能字	尺寸字	进给功能字	辅助功能字	主轴转速字	刀具功能字	程序段结束

图 10-24　程序段的格式

（2）编程指令体系及编程要点

1）准备功能 G。程序地址 G（又称为 G 代码、G 功能）表示准备功能，是将控制系统预先设置为某种预期的状态，或者某种加工模式和状态。G 功能指令的格式一般在是 G 后加两位数值组成即 G00 ~ G99，用来规定刀具和工件相对运动的轨迹、机床坐系、刀具补偿、坐标偏置和特定循环指令等多种加工动作。

G 功能有非模态 G 功能和模态 G 功能之分。非模态 G 功能，只在所规定的程序段中有效，程序段结束时被注销；模态 G 功能，所指定的功能一旦被执行，一直有效，直到被同组的其他 G 功能注销为止。模态 G 功能组中包含一个默认的 G 功能，通电时将被初始化为该功能，例如绝对尺寸指令 G90 等。

不同组 G 功能可以放在同一程序段中，而且与顺序无关。同组 G 功能放在同一程序段时，后者有效。

① 尺寸单位选择 G70/G71（模态指令）

格式：G70/G71

G71 编程时，为米制尺寸制式，线性轴的尺寸单位为毫米（mm），默认值。

G70 编程时，为寸制输入制式，线性轴的尺寸单位为英寸（in）。

两种制式下，旋转轴的角度单位是（°）。

② 进给速度单位的设定 G94/G95（模态指令）

格式：G94/G95［F］

G94 编程时，进给速度 F 为每分钟进给，默认值。对于线性轴，F 的单位依 G70/G71 的设定为 in/min 或 mm/min；对于旋转轴，F 的单位为°/min。

G95 编程时，进给速度 F 为主轴每转进给，单位为 in/r、mm/r、°/r。

③ 半径尺寸和直径尺寸 G22/G23（模态指令）

格式：G22/G23

在数控车床加工零件时，G23 把 X 轴的位置作为直径数据编程，G22 把 X 轴的位置作为半径数据编程，如图 10-25 所示。

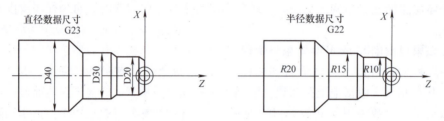

图 10-25　X 轴的半径和直径数据尺寸

④ 工件坐标系选择 G54 ~ G59，G500

格式：G54/G55/G56/G57/G58/G59/G500

可设定的零点偏置给出工件原点在机床坐标系的位置，程序通过 G54 ~ G59 可激活 6 个相应设定零点偏移量，G500 取消前面的零点偏移设置。

⑤ 绝对尺寸和增量尺寸编程 G90/G91（模态指令）

格式：G90/G91

G90 为绝对尺寸编程，每个编程坐标轴上的编程值都是相对于编程原点而言的，该值表示相对于编程原点的实际位置值，有利于直观了解刀具的具体位置。

G91 为增量尺寸编程，每个编程坐标轴上的编程值都是相对前一位置而言的，该值等于沿轴移动的距离（轨迹），有利于了解刀具的运动轨迹。

例如：图 10-26 中刀具从 A 点移动到 B 点，在 G90 方式下，编程坐标为（X50，Y200），在 G91 方式下，编程坐标为（X－130，Y140）。

⑥ 快速定位/直线进给 G00/G01（模态指令）

格式：G00X ＿ Y ＿ Z ＿

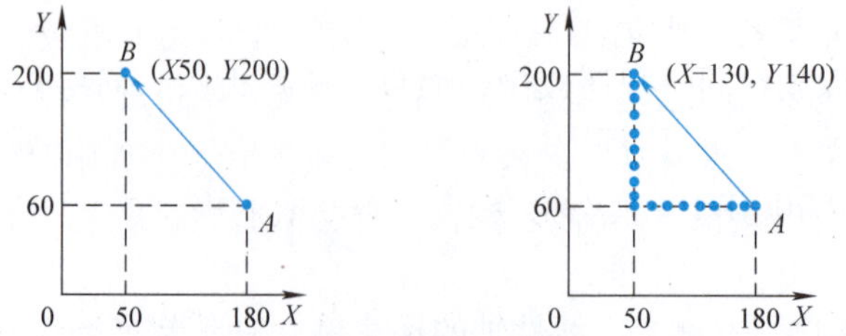

图 10-26　绝对尺寸与相对尺寸的关系

格式：G01X ＿ Y ＿ Z ＿ F ＿

其中，X、Y、Z 为快速定位/线性进给的终点，在 G90 方式下为在工件坐标系中的坐标，在 G91 方式下为相对于起点的位移量。

G00 指令刀具相对于工件机床参数预先设定的值进行快速移动，从当前位置快速移动到终点位置，一般用于加工前的快速定位或加工后的快速退刀，不能用于加工，其速度由系统参数设定，程序中设定的 F 无效。G01 指令刀具相对于工件以 F 为各轴的合成速度移动，从而实现从起点到终点的线性加工，如果在程序中未指定 F，则数控系统报警，指令不予执行。

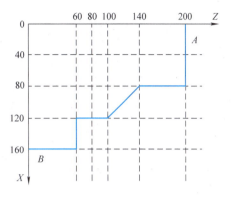

图 10-27　直线插补

例如：图 10-27 所示的车削轮廓从 A 点移动到 B 点，采用绝对尺寸编程其程序如程序一所示，采用增量尺寸编程其程序如程序二所示。

程序一（绝对尺寸编程）：

N10 G18 G90 G00 X0 Z200

N12 G01 X160 Z200 F100

N14 X160 Z140

N16 X240 Z100

N18 X240 Z60

N20 X320 Z60

N22 X320 Z0

程序二（增量尺寸编程）：

N10 G18 G90 G00 X0 Z200

N12 G91 G01 X160 Z0 F100

N14 X0Z－60

N16 X80 Z－40

N18 X0 Z－40

N20 X80 Z0

N22 X0 Z－60

⑦ 顺圆弧/逆圆弧进给 G02/G03（模态指令）

格式：G02/G03 X ＿ Y ＿ Z ＿ CR ＝ ＿ F ＿（终点－半径方式）

　　　G02/G03 X ＿ Y ＿ Z ＿ I ＿ J ＿ K ＿ F ＿（圆心－终点方式）

　　　G02/G03 X ＿ Y ＿ Z ＿ AR ＝ ＿ F ＿（终点－张角方式）

　　　G02/G03 I ＿ J ＿ K ＿ AR ＝ ＿ F ＿（圆心－张角方式）

其中，G02/G03 分别为顺时针/逆时针圆弧插补，G17/G18/G19 指定圆弧插补平面，如图 10-28 所示，X、Y、Z 为圆弧进给的终点，CR 为圆弧半径，I、J、K 分别为圆心与圆弧起点 X、Y、Z 的偏移值，AR 为张角（终点与起点的圆心角），F 为编程各轴的合成速度。

例如：图 10-29 中，从起始点到终点这段圆弧，按图中四种格式编程均可。

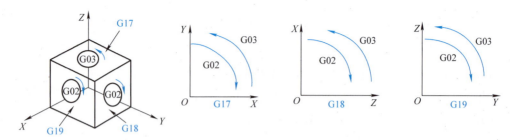

图 10-28　G02/G03 的判断

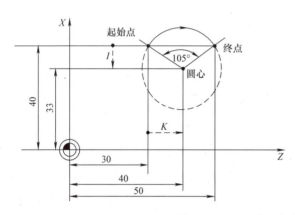

N10 G90 X30 Y40
N20 G02 X50 Y40 CR=12.207 F30 (方法1)
N20 G02 X50 Y40 I−7 K10 F30　(方法2)
N20 G02 X50 Y40 AR=105 F30　(方法3)
N20 G02 I−7 K10 AR=105 F30　(方法4)

图 10-29　圆弧编程指令的格式

⑧ 恒螺距螺纹切削 G33（模态指令）

格式：G33 Z ＿ K ＿ SF = ＿ （圆柱螺纹）

G33 Z ＿ X ＿ K ＿ SF = ＿ （圆锥螺纹，锥度小于45°）

G33 Z ＿ X ＿ I ＿ SF = ＿ （圆锥螺纹，锥度大于45°）

G33X ＿ I ＿ SF = ＿ （端面螺纹）

G33 功能在车床上可以加工圆柱螺纹、圆锥螺纹、外螺纹和内螺纹、单螺纹和多重螺纹、多段连续螺纹；左旋和右旋螺纹由主轴旋转方向确定。其中 K 和 I 表示螺距，Z 和 X 表示位移大小，如图 10-30 所示。螺纹长度中需要考虑导入空刀量和退出空刀量，如图 10-31 所示。

⑨ 刀具半径补偿 G40/G41/G42（模态代码）

格式：$\left\{\begin{matrix}G17\\G18\\G19\end{matrix}\right\}\left\{\begin{matrix}G40\\G41\\G42\end{matrix}\right\}\left\{\begin{matrix}G00\\G01\end{matrix}\right\}$ X ＿ Y ＿ Z ＿

D ＿

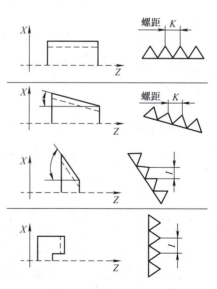

图 10-30　Z 轴/X 轴螺距举例

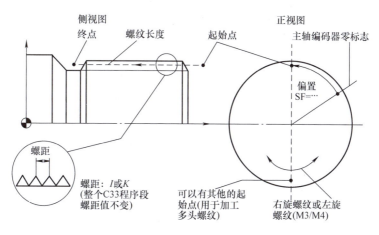

图 10-31　G33 螺纹切削中可编程的尺寸量

由于刀具的刀位点与实际参与切削的刀刃并非同一点，而编程时使用的是刀位点，所以就需要对切削刃与刀位点间的半径进行补偿。

G40 为刀具补偿取消，G41 为左刀补（沿刀具前进方向看，刀具在左侧），G42 为右刀补（沿刀具前进方向看，刀具在右侧），如图 10-32 所示。X、Y、Z 为 G00/G01 的参数，即刀补建立或取消的终点。D 为 G41/G42 的参数，即刀具补偿码。

⑩ 暂停 G4（非模态指令）

格式：G4 F__暂停时间（s）

G4 S__　暂停主轴转速

通过在两个程序段之间插入一个 G4 指令，可以使加

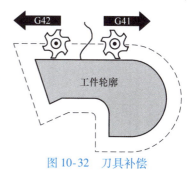

图 10-32　刀具补偿

工中断给定的时间，或减少相应的主轴转速，G4 指令是非模态指令只对当段程序有效。

2）辅助功能 M。程序地址 M（又称为 M 代码、M 功能）表示辅助功能，是将控制零件程序的走向，以及机床各种辅助功能的开关动作，M 功能指令的格式一般在是 M 后加两位数值组成即 M00 ~ M99。M 功能有模态 M 功能和非模态 M 功能两种形式。常用的 M 功能主要有：M00/M01/M02，程序停止/有条件停止/结束；M03/M04/M05，主轴正转/反转/停转；M06 换刀，M08/M09，切削液开/关。

3）刀具功能 T 和刀具补偿功能 D。在进行工件程序编制时，直接按图样的工件尺寸编程，无需考虑加工刀具的长度和切削半径，在机床实际加工过程中通过刀具 T 及其刀具补偿功能 D，自动计算出刀具实际轨迹进行加工。

编程指令"T + 刀具号"可以选择刀具，系统允许刀具号在 1 ~ 32000 数值中设定，最多同时存储15 把刀具。编程指令"D + 补偿号"可以设定刀具的补偿量，每个刀具可设定 9 组不同的补偿量，最多可以存储 30 个刀具补偿数据组。刀具调用后，刀具补偿立即生效，如没有设定补偿号，则 D1 值自动生成。例如：T4D2 表示 4 号刀具 2 号补偿量，T1D3 表示 1 号刀具 3 号补偿量，T340 表示 340 号刀具 1 号补偿量。

4）进给速度功能 F。进给速度功能 F 表示工件被加工时刀具相对于工件的移动速度的

矢量和。坐标轴速度是刀具轨迹速度在坐标轴上的分量。F指令是模态指令，其单位由相关G功能确定，通常为r/min。借助控制面板上的进给速度倍率开关，F可在0%～120%范围内进行倍率修调。

5）主轴功能S。主轴功能S控制主轴转速，是模态指令，其单位由相关G功能确定，通常为mm/min。借助控制面板上的主轴速度倍率开关，S可在50%～120%范围内进行倍率修调。

6）循环调用功能LCYC。数控加工中，将某些典型化的加工循环过程制作成工艺子程序，如钻削、螺纹车削等。在具体的加工过程中，通过循环调用工艺子程序，只需改变参数就可以实现加工。其格式是"LCYC＋子程序号"，参数为R100～R249。常用的循环调用指令有：LCYC82，钻削、深孔加工；LCYC83，深孔钻削；LCYC840，带补偿夹具切削螺纹；LCYC85，镗孔；LCYC93，切槽（凹槽循环）；LCYC94，退刀槽切削（E，F型，退刀槽循环）；LCYC95，切削加工（坯料切削循环）；LCYC97，车螺纹（螺纹切削循环）。

例如：车削螺纹循环LCYC97，其参数如图10-33所示。

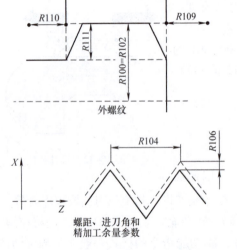

参数	含义及数值范围
R100	螺纹起始点直径
R101	纵向轴螺纹起始点
R102	螺纹终点直径
R103	纵向轴螺纹终点
R104	螺纹导程值，无符号
R105	加工类型，数值：1，2
R106	精加工余量，无符号
R109	空刀导入量，无符号
R110	空刀退出量，无符号
R111	螺纹深度，无符号
R112	起始点偏移，无符号
R113	粗切削次数，无符号
R114	螺纹线数，无符号

图 10-33　LCYC97 循环参数

5. 数控机床的编程举例

（1）数控铣床加工零件　如图10-34所示，仅按轮廓编程。

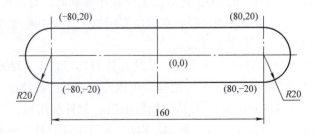

图 10-34　数控铣床加工零件

CX001	程序名
N10 G54G94G17G90 G00 Z20	采用绝对坐标输入；X、Y坐标不变，Z轴快速移动到20；
N12 S500 M03	主轴正转；转速500r/min；
N14 X80 Y－20 Z5	快速移动X轴移动到80、Y轴移动到－20、Z轴移动到5；
N16 G01 Z－0.5 F100	直线插补，进给速度100mm/min；Z轴移动到－0.5；
N18 X－80	直线插补，X轴移动到－80，Y轴不变；
N20 G02 X－80 Y20 I0 J20	顺时针圆弧插补，圆弧终点坐标（－80，20），圆心坐标（0，20）；
N22 G01 X80	直线插补，X轴移动到80，Y轴不变；
N24 G02 X80 Y－20 I0 J－20	顺时针圆弧插补，圆弧终点坐标（80，－20），圆心坐标（0，－20）
N26 G01 Z5 F200	直线插补，进给速度200mm/min；Z轴移动到5；
N28 G00 Z20 M05	Z轴快速移动到20；主轴停转；
N30 M02	程序结束。

（2）数控车床加工零件 球头手柄，如图10-35所示，不考虑加工工艺。

1）对图样分析，确立基点O、A、B、C、D，如图10-36所示。

2）进行数学处理，运用几何知识和尺寸链进行计算，得到各基点坐标A（20，－10）、B（14，－19）、C（18，－33）、D（18，－36）。

3）按西门子802S的规则对球头手柄进行程序的编制（数控车）。

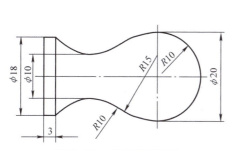

图 10-35 球头手柄零件

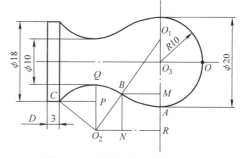

图 10-36 数控编程的数学处理

CX002	程序名
N010 G54 G94 G90 M03 S500 T1 F30	采用绝对坐标输入；主轴正转，转速500r/min；进给速度30mm/min；1号刀具
N020 G00 X20 Z0	快速移动：X轴移动到20，Z轴移动到0；
N030 G01 X0 F100	直线插补：X轴移动到0，进给速度100mm/min；
N040 G03 X20 Z－10 R10	逆时针圆弧插补，圆弧终点坐标（20，10），半径10；
N050 G03 X14 Z－19 R15	逆时针圆弧插补，圆弧终点坐标（14，－19），半径15；

N060 G02 X18 Z – 33 R10	顺时针圆弧插补，圆弧终点坐标（18，－33），半径10；
N070 G01 Z – 36	直线插补：Z轴移动到－36；
N080 G00 X50 Z50	快速移动到终点坐标（50，50）；
N090 M05	主轴停转；
N100 M02	程序结束。

10.1.4 数控机床的操作

1. 数控机床的一般操作过程

数控机床的一般操作过程是：接通电源并复位后，首先回机床参考点操作以建立机床坐标系；然后手动控制或自动控制机床的运行；在运行过程中出现紧急情况或超程时，可用控制面板上的"急停"或"超程解除"按钮处理；加工完成后关闭机床。

（1）接通电源 在接通电源前，检查机床状态是否正常、电源电压及接线是否符合要求。接通机床及数控系统电源，检查数控系统和机床是否正常上电，风扇电动机是否运转正常，指示灯是否正常。接通电源后，数控系统将自动运行系统软件，直到显示系统显示出正常的软件界面。

（2）复位 系统软件启动完毕后，打开数控系统上"急停"按钮，按"复位"键报警信号消失。打开伺服系统电源，使数控系统与机床连接。复位完成后，操作者可以操作面板对数控机床进行操作。

（3）返回机床参考点（回参） 返回参考点的目的是建立机床坐标系，其过程是：按机床控制面板上的"回零"键，将系统的工作方式改为回零（回参考点）方式；按被选轴的正方向键，将快速移向参考点，碰到参考点开关后减速运行；当检测到位置检测反馈的基准脉冲时，被选轴停止运行，回参考点结束，其指示灯亮。同样的方法使其他各轴回参考点，即建立了机床坐标系，操作者就可正确地控制机床自动或手动运行。

（4）手动进给

1）点动进给。设置控制面板上的工作方式为"点动"方式，按下被选轴的方向按钮将产生正向或负向连续移动，松开被选轴的方向按钮，移动即减速停止。在点动连续进给时，同时按下"快进"按钮，则产生相应轴的正向或负向连续快速运动。

2）增量进给。设置控制面板上的工作方式为"增量"方式，按"增量单位"键设置增量单位，按被选轴的方向按钮，每按一下将正向或负向移动一个增量单位。

3）手轮进给。设置控制面板上的工作方式为"手轮"方式，手动顺时针或逆时针旋转手摇脉冲发生器一格，被选轴将向正向或负向移动一个增量值。

（5）手动机床动作 手动机床动作控制按钮用于"手动"方式下，控制机床的开关动作，如主轴正转、反转、停转，切削液开关，卡盘夹紧与松开、速度倍率调节等操作。

（6）自动运行

1）自动运行。设置控制面板上的工作方式为"自动"方式，选择要运行的零件程序，按下"循环启动"按钮，自动加工开始，连续加工，直到完成加工为止。

2）单段运行。设置控制面板上的工作方式为"单段"方式，选择要运行的零件程序，按下"循环启动"按钮，自动运行一个程序段，再按一个"循环启动"按钮，执行下一个程序段，直到完成加工为止。

（7）紧急情况的处理

1）紧急停止。机床运行过程中，在危险或紧急的情况下，按下"急停"按钮，数控系统即进入急停状态，伺服系统立即停止工作，松开"急停"按钮，数控系统进入复位状态。解除紧急停止前，先确认故障原因是否排除，解除后应重新执行"回机床参考点"过程，以确保坐标位置的正确性。

2）超程解除。为防止伺服机构碰撞而损坏，机床上安装有行程开关，当机床运动部件到达极限时，接触到行程开关，机床即发出超程报警，系统视其为紧急停止。解除方法是，在"点动"方式下，向超程轴的反方向移动，按复位键解除报警。

（8）关机操作　数控机床使用完毕后，按下控制面板的"急停"按钮，断开伺服电源，断开数控系统电源，断开机床电源。

2. SINUMERIK 802S base line 控制面板

SINUMERIK 802S 系统为用户提供了机床操作面板。图 10-37 是该系统的操作面板，它分为三个区域：

（1）LCD 显示区　屏幕显示各项功能划分如图 10-38 所示。

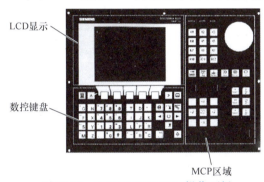

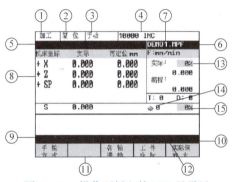

图 10-37　SINUMERIK 802S 操作面板　　　　图 10-38　操作面板上的 LCD 显示区

① 当前操作区域：加工（MA）、参数（PA）、程序（PR）、通信（DI）、诊断（DG）。

② 程序状态：停止（STOP）、运行（RUN）、复位（RESET）。

③ 运行方式：点动方式（JOG）；自动方式（AUTO）；MDA 方式（手动输入、自动执行）。

④ 状态显示：程序段跳跃（SKP）；空运行（DRY）；快速修调（ROV）；单段运行（SBL）；程序停止（M1）；程序测试（PRT）；步进增量（在 JOG 状态、1—1000INC）。

⑤ 操作信息：显示数字 1～23，其含义可在操作说明书中查到。

⑥ 程序名：运行数控加工程序时显示程序（文件）名。

⑦ 报警显示行：只在 NC 或 PLC 报警时显示。

⑧ 工作窗口：NC 状态显示。

⑨ 返回键：软键菜单出现符号"∧"，表明存在上一级菜单，按下返回键后，不存储数据，直接返回上一级菜单。

⑩ 扩展键：出现符号"＞"表明同级菜单中还有其他菜单功能，按此键可选。

⑪ 软键。

⑫ 垂直菜单：出现此菜单表明存在其他功能，按此键可选。

⑬ 进给轴速度倍率：显示当前进给轴速度倍率（%）。

⑭ 齿轮级：显示当前的齿轮级。

⑮ 主轴速度倍率：显示当前主轴速度倍率（%）。

（2）数控键盘区　各键位置及功能如图 10-39 所示。

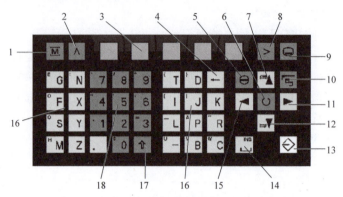

图 10-39　操作面板上的数控键盘区

1—加工显示键　2—返回键　3—软键　4—删除键（退格键）　5—报警应答键　6—选择/转换键　7—光标向上键
8—菜单扩展键　9—区域转换键　10—垂直菜单键　11—光标向右键　12—光标向下键　13—回车/输入键
14—空格键（插入键）　15—光标向左键　16—字母键　17—上档键　18—数字键

（3）MCP 区　机床控制部分如图 10-40 所示。

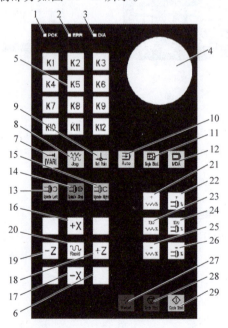

图 10-40　操作面板上的 MCP 区

1—POK：电源供电（绿灯）　　2—ERR：系统故障（红灯）　　3—DIA：诊断（黄灯）　　4—急停开关　5—K1～K12：用户
定义键（其中 K1 为"使能开关"，K2 为"电源开关"，K4 为"换刀"，K6 为"切削液开关"）　6—用户定义键
7—增量选择键　8—点动键　9—回参考点键　10—自动方式键　11—单段运行键　12—手动数据键　13—主轴正转
14—主轴停转　15—主轴反转　16、17—X 轴点动　18、19—Z 轴点动　20—快速运行叠加　21—轴进给正　22—主轴进给正
23—轴进给 100%　24—主轴进给 100%　25—轴进给负　26—主轴进给负　27—复位键　28—数控停止键　29—数控启动键

SINUMERIK 802S 控制器按基本功能可以划分为以下几个操作区域：使用"区域转换键" ▭ 可从任何操作区域返回主菜单。连续按两次后又回到以前操作区。系统开机后，首先进入"加工"操作区。另外，使用"加工显示键" Ｍ，可以直接进入加工操作区，如图 10-41 所示。

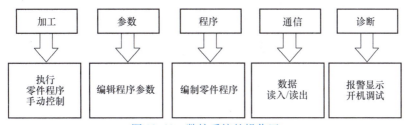

图 10-41　数控系统的操作区

10.2 数控车削加工

数控车削的切削原理和卧式车床车削是一致的，所以在工件装夹、加工余量选择、刀具的选择、切削用量选择等诸多方面，遵循的原则也是基本相同，这里重点为编程实例和机床操作。

10.2.1　数控车床的使用范围和功能特点

数控车床是使用最广泛的数控机床之一，如图 10-42 所示，主要用于加工轴类和盘套类等回转体零件，通过编制的零件加工程序可以自动完成圆柱面、圆锥面、端面、螺纹、回转曲面的切削加工，也可以进行切槽、切断、钻、扩、镗、铰等加工。在一次装夹中，可完成多个加工工序，提高了生产率，特别适用于单件小批量生产中形状复杂的回转体零件加工。数控车床型号 CK6140 中：C 表示车床；K 表示数控；6 表示卧式；40 表示最大加工回转工件直径为 400mm。

图 10-42　数控车床

数控车床主轴由变频器直接进行转速控制，实现了无级变速，大大简化了普通车床齿轮箱的有极变速机构。数控车床的进给机构由伺服电动机或步进电动机通过滚珠丝杠进行，简化了卧式车床的进给箱、溜板箱等，结构紧凑、定位精度高；刀架由电动机进行控制，实现了自动换刀。

10.2.2　数控车削加工程序的手工编制

根据图 10-43 所示的零件，编制数控加工程序。程序名：SC01.MPF；刀具：T1 外圆车刀，T2 切断刀（刀宽 3mm）；毛坯：φ25mm×45mm。

G54 G94 G90　　　　　　　　　　启用第一零点偏移；进给速度单位 mm/min；使用绝对坐标；

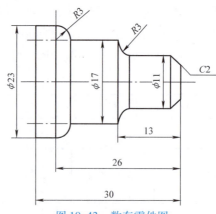

图 10-43　数车零件图

M03 S500 T1	主轴顺时针旋转（正转）；主轴旋转速度 500r/min；启用 1 号刀；
G00 X27 Z0	快速移动到 X27，Z0 位置；
G01 X0 Z0 F30	直线插补：刀具移动至 X0，Z0；进给速度 30mm/min；
G00 Z2	快速移动到 X0，Z2 位置；
G01 X23.5	直线插补：刀具移至 X23.5，Z2 位置；
G01 Z−33	直线插补：刀具移至 X23.5，Z−33 位置；
G00 X24	快速移动到 X24，Z−33 位置；
G00 Z2	快速移动到 X24，Z2 位置；
G01 X19.5	直线插补：刀具移至 X19.5，Z2 位置；
G01 Z−23	直线插补：刀具移至 X19.5，Z−23 位置；
G00 X21	快速移动到 X21，Z−23 位置；
G00 Z2	快速移动到 X21，Z2 位置；
G01 X17.5	直线插补：刀具移至 X17.5，Z2 位置；
G01 Z−23	直线插补：刀具移至 X17.5，Z−23 位置；
G00 X19	快速移动到 X19，Z−23 位置；
G00 Z2	快速移动到 X19，Z2 位置；
G01 X14.5	直线插补：刀具移至 X14.5，Z2 位置；
G01 Z−10	直线插补：刀具移至 X14.5，Z−10 位置；
G01 X17.5 Z−13	直线插补：刀具移至 X17.5，Z−13 位置；
G00 Z2	快速移动到 X17.5，Z2 位置；
G01 X11.5	直线插补：刀具移至 X11.5，Z2 位置；
G01 Z−10	直线插补：刀具移至 X11.5，Z−10 位置；
G01 X17.5 Z−13	直线插补：刀具移至 X17.5，Z−13 位置；
G00 Z2	快速移动到 X17.5，Z2 位置；
G01 X7 Z0 F20	直线插补：刀具移至 X7，Z0 位置；进给速度 20mm/min；
G01 X11 Z−2	直线插补：刀具移至 X11，Z−2 位置；
G01 Z−10	直线插补：刀具移至 X11，Z−10 位置；

G02 X17 Z − 13 CR = 3	顺时针圆弧插补：圆弧终点 X17，Z − 13，半径 3mm；
G01 Z − 23	直线插补：刀具移至 X17，Z − 23 位置；
G03 X23 Z − 26 CR = 3	逆时针圆弧插补：圆弧终点 X23，Z − 26，半径 3mm；
G01 Z − 33	直线插补：刀具移至 X23，Z − 33 位置；
G01 X25	直线插补：刀具移至 X25，Z − 33 位置；
G00 X100	快速移动到 X100，Z − 33 位置；
G00 Z100	快速移动到 X100，Z100 位置；
M06 T2	更换刀具：用 2 号刀；
M03 S300	主轴顺时针旋转（正转）；主轴旋转速度 300r/min；
G00 Z − 33	快速移动到 X100，Z − 33 位置；
G00 X27	快速移动到 X27，Z − 33 位置；
G01 X0 F10	直线插补：刀具移至 X0，Z − 33 位置
G00 X100	快速移动到 X100，Z − 33 位置；
G00 Z100	快速移动到 X100，Z100 位置；
M05	主轴停转；
M02	程序结束。

10.2.3　数控车削加工程序的自动编制

数控车削加工程序手工编程容易实现由直线和圆弧曲线构成零件的编制。对于复杂零件采用计算机自动编程的方式来编制零件加工程序，可以明显提高编程效率和编程质量，常用自动编程软件有 CAXA 数控车、Mastercam、NX 等。

利用 CAXA 数控车进行零件的自动编程，首先对机床、刀具库和后置处理等参数进行相应的设置。选择"机床设置"菜单，在机床类型设置中选择 SIMEMNS 系统，如图 10-44 所示。选择"刀具库管理"菜单，可按实际需要编辑刀具，如图 10-45 所示。选取"后置设置"菜单，设置与机床匹配的后置处理参数，如图 10-46所示。

绘制 CAD 图样，如图 10-47 所示。可以利用 CAXA 数控车软件直接绘制或将其他软件绘制轮廓图导入。一般选择右侧端面中心为编程原点，绘制零件轮廓曲线，如图 10-48 所示。注意：轮廓曲线各段曲线连接处必须连续且没有交叉、断点现象。绘制毛坯轮廓，如图 10-49 所示。轮廓曲线和毛坯曲线所围成的区域为加工区，该区域一定要闭合，否则无法生成加工轨迹。

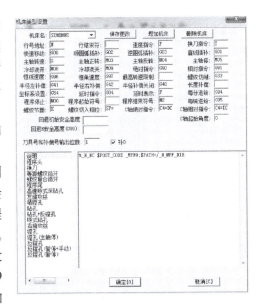

图 10-44　CAXA 数控车机床设置

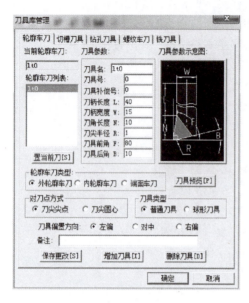

图 10-45　CAXA 数控车刀具设置

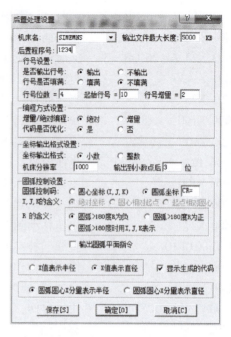

图 10-46　CAXA 数控车后置处理设置

图 10-47　数控车零件图

图 10-48　零件轮廓曲线

图 10-49　零件的加工区域

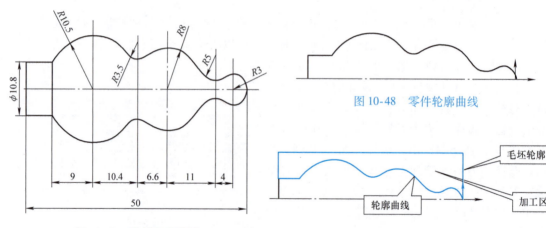

在工具栏中选择"粗车",分别进行加工参数、进退刀方式、切削用量、轮廓车刀的相应设置,选择"加工区域",输入进退刀点,生成粗车的加工轨迹,如图 10-50 所示。选择"代码生成",选中生成的加工轨迹,选择"数控加工系统",输入保存的路径和文件名,即可生成零件粗车的加工代码,如图 10-51 所示。精车程序的生成方法与粗车程序的相同,不再赘述。

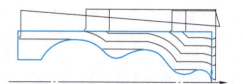

图 10-50　零件的粗加工轨迹

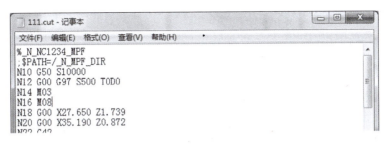

图 10-51　零件的加工程序

10.2.4　数控车床的操作

实习采用的数控机床型号为 CK0630 或 CK6140，配备的是西门子 SINUMERIK802C 或 802S 经济型数控系统，其基本操作过程是一致的。

1. 开机

接通电源后，打开机床电源开关，数控系统启动，选择"加工"操作区域"手动 REF"运行方式，按下机床操作面板上的 K1 键，使数控系统与机床连接。

2. 回参考点

选择机床操作面板上的"回参考点"键，在"回参考点"窗口中，先按"+X"键且不松手，使刀架沿 +X 方向回参考点，显示标记"●"为达到参考点；再按"+Z"键不松手，使刀架沿 +Z 方向回参考点，显示标记"●"为已达到参考点。

3. 对刀操作

在手动方式下，装夹好工件后，根据加工要求依次进行对刀操作。

（1）以 1 号外圆车刀为例

1）在"JOG"方式下，分别按"+X""+Z"移动刀架，使刀架远离工件，按 K4 键换 1 号刀（外圆车刀），按主轴正转功能键，使主轴正转。

2）将进给速度调整为 100%，分别按"−X""−Z"键使车刀靠近端面，然后再将进给速度调整为 2%。车端面（"−X"键按住），端面车平后，按"+X"键退出车刀（Z 轴不动），主轴停转。

3）在软键选择"参数"→零点偏移→选择 Z→测量→刀具号选 1 号→确认→计算→确认。

4）按返回键"∧"→按"加工显示"键返回主界面。选择主轴正转，快速移动刀架使车刀靠近工件，外圆将进给速度调整为 2%。车外圆（"−Z"键按住），外圆车圆后，按"+Z"键（X 轴不动）退出车刀。主轴停转。用千分尺测量直径。

5）选择软键"参数"→刀具补偿→对刀→输入直径→计算→确认。

在 MDA 方式下，输入程序段验证对刀结果，将测量值与程序设定值比较，并进行相应调整，直至对刀完成。

（2）以 2 号切断车刀为例

1）在"JOG"方式下，分别按"+X""+Z"键移动刀架，使刀架远离工件，按"K4"键换 2 号刀（切断刀），按主轴正转功能键使主轴正转。

2）将进给速度调整为 100%，分别按"－X""－Z"键使车刀靠近端面，然后再将进给速度调整为 1%，用切断刀左侧刀尖轻轻碰端面，然后按"＋X"键退出车刀。主轴停转。

3）选择软键"参数"→刀具补偿→刀具号 2 号→对刀→轴＋→G54（光标下移，输入 G54）→计算→确认。

4）按返回键"∧"→按"加工显示"键返回主界面。选择主轴正转，快速移动刀架使车刀靠近工件外圆，再将进给速度调整为 1%，用刀尖轻轻碰外圆，然后按"＋Z"键退出车刀。主轴停转。用千分尺测量直径。

5）选择软键"参数"→刀具补偿→对刀→输入直径→计算→确认。

通过以上操作完成 2 号车刀的刀具补偿设置。3 号刀和 4 号刀对刀步骤与 2 号刀相同。

4. 程序输入

1）直接输入：软键选取"程序"→"新程序"，输入文件名后，在面板上输入数控加工程序。

2）通过 WINPCIN 软件进行计算机与西门子数控系统之间的数据传输，通过计算机的 RS232 接口实现与数控机床的点对点连接，适用于单机连接的场合。

3）通过网络 DNC 软件进行网络数据传输。

5. 自动加工

（1）通过空运行来检验程序编制是否正确

1）在"程序"中选出要空运行的程序。在主界面下按"自动加工"键；然后再按"加工显示"键，回到加工主界面。选择屏幕下方的"程序控制"软键。

2）分别选择"DRY 空运行"和"PRT 程序测试有效"两项后按"确认"键。

3）按"数控启动"键开始检验程序。

（2）运行程序进行加工 程序检验完毕后如果没有错误，将空运行和程序测试有效两项取消，可以进行零件的加工，一般采用单段加工的方式，逐段完成零件的加工。

6. 检验

用量具测量零件，符合零件图样要求的，程序编制完成，可用于批量生产；不符合零件图样要求的，查明原因，进行相应修改，直到满足图样要求。

10.3 数控铣削加工

数控铣削的切削原理和普通铣床是一致的，在工件装夹、加工余量选择、刀具的选择、切削用量选择等诸多方面，遵循的原则也是基本一致，这里主要以编程实例和机床操作作为重点进行介绍。

10.3.1 数控铣床的使用范围和功能特点

1. 使用范围

数控铣床有立式和卧式两种，如图 10-52 所示，其中立式铣床是最为广泛使用的数控机床之一，主要用于加工小型板类、盘类、壳体类、模具类等复杂零件。数控铣床可以完成钻孔、镗孔、铰孔、铣平面、铣槽和铣曲面等多种加工，特别适用于形状复杂、多品种、小批量加工以及需要多轴联动的加工件。

2. 功能特点

数控铣床能减少夹具和工艺装备的使用，缩短生产准备周期，同时数控铣床具有铣床、镗床和钻床的功能，使工序高度集中，减少了工件装夹引起的误差，大大提高了生产率和精度。数控铣床的主轴转速和进给量都可以实现无级调速，有利于选择最佳的切削用量，具有快速定位和移动的功能，能大大减少机动时间。常用的机床型号有 XK714、XK5025 等。

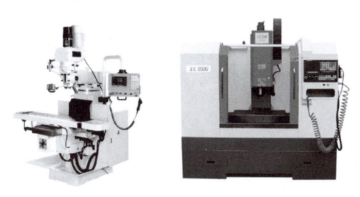

图 10-52　数控铣床

10.3.2　数控铣加工程序编制举例

按图 10-53 所示的侧支撑板图样编写一个铣床轮廓加工程序。

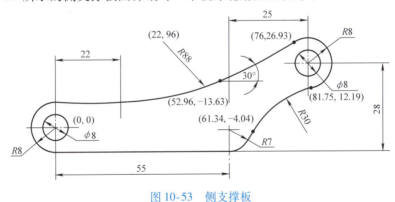

图 10-53　侧支撑板

1）首先要按照零件图所给的尺寸计算出各段曲线相交处（拐点）的坐标值，并在图上标出。图 10-53 即为标出基点坐标的图形，工件原点为（0，0），铣刀为 4mm 面铣刀。

2）程序清单及解释：

G90 G55 G94	绝对坐标，第二零点偏置，进给单位为 mm/min;
G00 X2 Y0 Z20	铣刀（工作台）快速移动到（2，0，20）位置;
S800 M03	主轴正转，转速 800r/min;
T1	启用 1 号铣刀;
G01 Z-1 F80	直线插补，铣刀移至（2，0，-1）（加工下圆孔），进给

	速度 80mm/min；
G02 X2 Y0 I – 2 J0 F150	加工整圆，进给速度为 150mm/min（注：整圆编程不能用 CR 编程，只能用 I、J 编程，I、J 分别表示 X 轴、Y 轴圆心相对圆弧起点的坐标尺寸）。
G01 Z10 F400	直线插补，抬刀，刀具移至（2，0，10），进给速度 400mm/min；
G01 X0 Y – 8	直线插补，刀具移至（0，– 8，10）；
G01 Z – 1 F80	直线插补，刀具移至（0，– 8，– 1）（加工外轮廓），进给速度 80mm/min；
G02 X0 Y8 CR = 8 F150	顺圆插补，圆弧终点坐标为（0，8，– 1），半径为 8，进给速度 150mm/min；
G03 X52.96 Y13.63 CR = 88	逆圆插补，圆弧终点坐标为（52.96，13.63，– 1），半径 88；
G01 X76 Y26.93	直线插补，刀具移至（76，26.93，– 1）；
G02 X81.75 Y12.19 CR = 8	顺圆插补，圆弧终点坐标为（81.75，12.19，– 1），半径为 8；
G03 X61.31 Y – 4.04 CR = 30	逆圆插补，圆弧终点坐标为（61.31，– 4.04，– 1），半径为 30；
G02 X55 Y – 8 CR = 7	顺圆插补，圆弧终点坐标为（55，– 8，– 1），半径为 7；
G01 X0	直线插补，刀具移至（0，– 8，– 1）；
G01 Z10 F400	直线插补，抬刀到 10mm 高度，进给速度 400mm/min；
G01 X78 Y20	直线插补，刀具移至（78，20，10）；
G01 Z – 1 F80	直线插补，刀具移至（78，20，– 1）（加工上圆孔），进给速度 80mm/min；
G03 X78 Y20 I2 J0 F150	加工整圆，进给速度 150mm/min；
G01 Z20 F400	直线插补，抬刀到 20mm 高度，进给速度为 400mm/min；
M05	主轴停转；
M02	程序结束。

10.3.3 计算机建模、自动编程与轮廓加工

自动编程可以使用的软件很多，如 Mastercam、Cimatron、CAXA 制造工程师等，下面介绍用 CAXA 制造工程师进行二维轮廓加工的程序生成及轨迹仿真、自动加工。

1. 生成加工毛坯

打开"制造工程师"软件。单击"加工"→"定义毛坯"，设置各项参数如图 10-54 所示，单击"确定"按钮。

定义毛坯对话框的有关设定操作说明如下：

（1）两点方式　通过拾取包含整个轮廓图形范围内的两个角点（与顺序、位置无关）来定义毛坯。

（2）三点方式　通过拾取基准点，拾取包含整个轮廓图形内的两个角点（与顺序、位

置无关）来定义毛坯。

（3）参照模型　系统自动计算模型的包围盒，以此来定义毛坯。

（4）基准点　毛坯在世界坐标系（.sys.）中的左下角点。

（5）大小　长度、宽度、高度分别是毛坯在 X 方向、Y 方向、Z 方向的尺寸。

（6）毛坯类型　提供多种材料，主要是工艺清单需要。

（7）毛坯精度设定　设定毛坯的网格间距，主要是仿真需要。

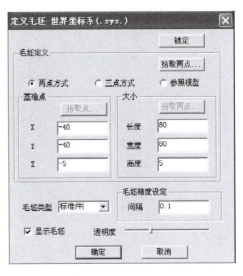

图 10-54　定义毛坯

2. 创作二维轮廓图

在非草图（空间状态）下，使用软件提供的各种绘制曲线工具，在上面确定的毛坯范围内，创作一幅二维轮廓图（X、Y 面内）。

3. 平移图形对中

单击平移图标，立即菜单选择"两点""移动""非正交"，按系统提示，拾取所画图形各个部分，按右键，单击图形上一点，慢慢将图形放到毛坯中间，让图形处在适中位置，单击一下即可。

4. 设置起始点坐标（0，0，20）

双击"特征树"下"加工管理"下的"起始点"，出现"刀具起始点"对话框，设 X 轴、Y 轴坐标值为 0，把 Z 轴坐标由 100 改成 20，单击"确定"按钮。

5. 轮廓线精加工选项

单击"加工"→"精加工"→"轮廓线精加工"，出现轮廓线精加工 6 个选项。

（1）加工参数　单击加工参数下的"高级设定"，在"考虑自我交叉形状"前打"√"。在按图 10-55a 所示填写相关信息。起始点改为（0，0，20）。该选项的名词如下：

1）偏移类型：有"偏移"和"边界上"两种方式可供选择。偏移是指相对于加工方向生成加工边界右侧或左侧的轨迹，偏移由"偏移方向"指定；边界上是指在加工边界上生成的轨迹。

2）接近方向：在"偏移类型"选择为"偏移"时设定。对于加工方向，相对加工范围偏移在哪一侧，有两种选择。不指定加工范围时，以轮廓形状的顺时针方向作为基准。

（2）切入切出　选择不设定即可。

（3）下刀方式　按图 10-55b 所示填写相关信息。

1）安全高度：加工工件前，刀具与工件（毛坯）应保持的安全距离（高度），有相对与绝对两种模式，单击"相对"或"绝对"按钮可以实现两者的互换。

2）慢速下刀距离：刀具接近工件开始减慢下降速度时和工件之间的距离，这段轨迹以慢速下刀速度垂直向下进给，以免因惯性损坏刀具或工件。有相对与绝对两种模式，单击"相对"或"绝对"按钮可以实现两者的互换。

3）退刀距离：在切出或切削结束后慢速退出的一段距离。这段轨迹以退刀速度垂直向

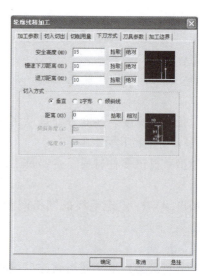

a) 加工参数设置

b) 下刀方式设置

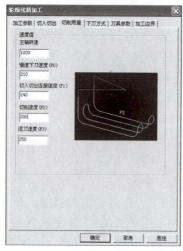

c) 切削用量设置

d) 加工边界的设置

图 10-55　加工参数设置

上进给。有相对与绝对两种模式，单击"相对"或"绝对"按钮可以实现两者的互换。

4）切入方式：这里提供了三种铣刀切入工件的方式：垂直、"Z"字形和倾斜线。

（4）切削用量　按图 10-55c 所示填写相关信息。

1）主轴转速：设定主轴转速，单位 r/min。

2）慢速下刀速度（F0）：设定慢速下刀轨迹段的进给速度，单位 mm/min。

3）切入切出连接速度（F1）：设定切入段、切出段、连接段的进给速度，单位 mm/min。

4）切削速度（F2）：设定切削轨迹段的进给速度，单位 mm/min。

5）退刀速度（F3）：设定退刀轨迹段的进给速度，单位 mm/min。

（5）加工边界　按图 10-55d 所示填写相关信息。"Z 设定"为设定加工过程中的 Z 值范围。

使用有效的 Z 范围打"√",表示下面两项(最大、最小)值有效;不打"√"表示两项关闭。

"最大""最小"即为程序中 Z 值的最大值和最小值。

(6)刀具参数　主要是设定加工时要使用的刀具,如图 10-56 所示,根据需要直接输入刀具名、刀具号、刀具补偿号、刀具半径 R、刀角半径 r 等信息即可(请先修改刀角半径后,再修改刀具半径,避免软件报错)。

刀具库中能存放用户定义的不同刀具,包括钻头、铣刀(球头立铣刀、牛鼻刀、面铣刀)等,使用中用户可以很方便地从刀具库中取出所需的刀具。

1)增加刀具:用户可以向刀具库中增加新定义的刀具。

2)编辑刀具:选中某把刀具后,用户可以对这把刀具的参数进行编辑(修改)。

3)刀具类型:可设置刀具类型、刀具名、刀具号、刀具补偿号、刀具半径 R、刀角半径 r、刀柄半径 b、刀尖角度 α、刀刃长度 l、刀柄长度 h 和刀具全长 L,对话框中会显示这些刀具的主要参数值。

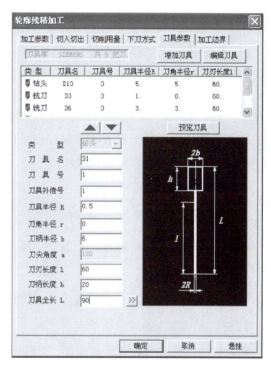

图 10-56　刀具参数设定

6. 生成刀具轨迹

参数表各选项设置完成后,单击"确定"按钮。此时,状态条提示"拾取轮廓",点取一个轮廓后,出现一个双向箭头,状态条提示"确定链搜索方向",选择一个方向后,对闭合轮廓,直接提示"继续拾取轮廓";对非闭合轮廓,选择方向后,提示"拾取曲线",此时若无线与它相连,按一下右键,状态条又提示"继续拾取轮廓"找下一条轮廓线拾取。若曲线与之相连且不只一条,选择其中一条,继续向下拾取轮廓,直到所有的轮廓全拾到后,按鼠标右键,系统提示"正在计算轨迹,请稍候……",计算完成后,在图形上生成刀具轨迹(绿色)。按"F8"键,进行轴侧图显示,可以较清楚地看到加工轨迹。

7. 保存文件

将以上文件以学号为文件名保存。如系统提示出错,显示"磁盘空间不足"或"目录不正确",可选择"另存为",文件名改为"学号 +",再进行保存。

8. 轨迹仿真(模拟加工)

单击"加工"→"轨迹仿真",拾取刀具轨迹,按右键,出现仿真加工界面。打开"工具"菜单。选"仿真",出现仿真加工对话框,如图 10-57 所示设置参数,再按按钮 ▶ ,进行轨迹仿真。仔细检查刀具轨迹和运行路线是否正确。

9. 生成加工程序

1）单击"加工"→"后置处理"→"后置设置"→"机床信息"，在"当前机床"后的立即菜单中选"SIEMENS"，在"程序起始符"输入"% _N_NAME_ MPF@；$PATH =/_N_ MPF_DIR"，其余值采用默认值，单击"确认"按钮。

2）单击"加工"→"后置处理"→"生成G代码"，弹出"选择后置文件"对话框，选择代码文件存放位置，输入文件名，后缀为".cut"，按"保存"按钮。用鼠标点取刀具轨

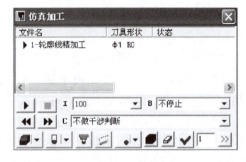

图 10-57　仿真参数设定

迹，并按右键确定，系统显示铣床数控加工程序（ISO 代码）。要求将程序第一行的 NAME 替换成自己的学号，再保存此文件。

10. 生成工艺清单

单击"加工"→"工艺清单"，出现"工艺清单"对话框。单击"指定目标文件的文件夹"后的"…"，把路径改成 D 盘下的文件夹，填写有关信息后，点取表格中的"拾取轨迹"按钮，拾取加工刀具轨迹，按右键，再点取表格中的"生成清单"按钮，查看自动生成的工艺清单。

10.3.4　XK714 型数控立式铣床（配 SINUMERIK 802S 系统）的操作

1. 开机和回参考点

接通数控系统和数控铣床的电源，系统自动进入"加工"操作区的手动 REF 运行方式，即回参考点方式。按 K1 键，给驱动电源加电。先按"+X"键不松手，使工作台沿 +X 方向回参考点，显示标记"⬕"为达到 X 轴参考点；再按"+Y"键不松手，使工作台沿 +Y 方向回参考点，显示标记"⬕"为达到 Y 轴参考点；最后按"+Z"键不松手，使刀架沿 +Z 方向回参考点，显示标记"⬕"为已达到 Z 轴参考点。选择另一种运行方式（如 JOG、MDA、AUTO）可结束该功能。

2. 对刀（设零点偏移值）

数控铣加工之前，必须确定与编程原点一致的工件原点，这就是对刀。对刀的方法有两种：用 G92 指令设定铣刀起刀点与编程原点的关系的方法为随机对刀法；用 G54 等指令设定铣刀起刀点与编程原点的关系的方法为固定对刀法。

1）装夹好工件毛坯，按"jog"⬚按钮，手动方式移动机床，以工件毛坯为基准，使刀具停在加工程序的起刀点上方。按"Spindle Left"按钮，使机床主轴左转，按"进给轴倍率减少"键⬚，使进给轴倍率减少为 4%，下降 Z 轴使刀具刚好擦到工件上表面。按"Spindle Stop"键，主轴（铣刀）停转。

2）按区域转换键⬚，按"参数"下的"零点偏移"。屏幕上显示所有可设定零点偏置的情况，如图 10-58 所示。把光标移到待修改的范围 G54，单击"测量"键，系统提示选择刀具号。输入数值 1 后，单击"确认"按钮，系统显示如图 10-59 所示。

3）按"轴 +"按钮，根据零偏和坐标轴的实际位置，分别计算出 X 轴、Y 轴和 Z 轴的

补偿值，该值就作为所选坐标轴的偏移量，按"确认"按钮。

3. 新程序输入

软键选取"程序"→"新程序"，出现如图 10-60 所示对话框，输入新的主程序和子程序名称。主程序扩展名".MPF"可以自动输入，子程序扩展名必须和文件名一起输入。文件名输入后，按"确认"键，即可对新程序进行编辑。用返回键"∧"中断程序编制。

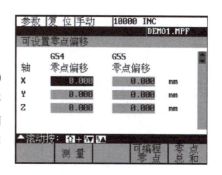

图 10-58　零点偏移参数设置 1

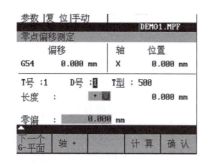

图 10-59　零点偏移参数设置 2

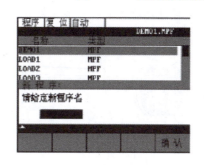

图 10-60　程序文件的存储

4. 自动加工

（1）通过空运行来检验程序编制是否正确

1）在"程序"区域选择要空运行的程序，在"加工"区域下选"自动方式"，再选择屏幕下方的"程序控制"软键。

2）分别选择"DRY 空运行"和"PRT 程序测试有效"两项后，按"确认"键，如图 10-61 所示。

3）按"数控启动"键开始检验程序。

（2）运行程序进行加工　程序检验完毕后，如果没有错误，可以进行零件的加工（空运行和程序测试有效两项须取消，否则机床不能进给）。操作步骤如下：

1）机床回参考点。

2）按"自动加工"功能键🅰进入自动工作方式。

3）选择所要加工零件的程序。

4）按"复位"键复位。

5）按"数控启动"键开始进行零件的自动加工。

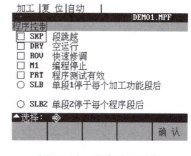

图 10-61　程序的空运行

（3）中断后再定位　当程序运行中用"数控停止"键中断加工程序后，可以进行中断后的再定位。

1）在"JOG"方式下，将刀具从加工轮廓中退出。控制器保存中断点的坐标。

2）选"自动"加工方式，按软键"搜索"，打开搜索窗口，准备装载中断点坐标；再按软键"搜索断点"，装载中断点坐标，到达中断程序段；最后按软键"启动 B 搜索"，启动中断点搜索，使机床回中断点。

3）按"数控启动"键，继续进行零件的加工。

10.4 加工中心

　　加工中心是一种将数控铣床、数控镗床、数控钻床的功能结合起来，配置有一定容量的刀库和自动换刀装置的数控机床，如图10-62所示。工件经一次装夹后，数控系统能控制机床按不同工序，自动选择和更换刀具，自动改变机床主轴转速、进给量和刀具相对工件的运动轨迹及其他辅助功能，依次完成工件几个面上多工序的加工。

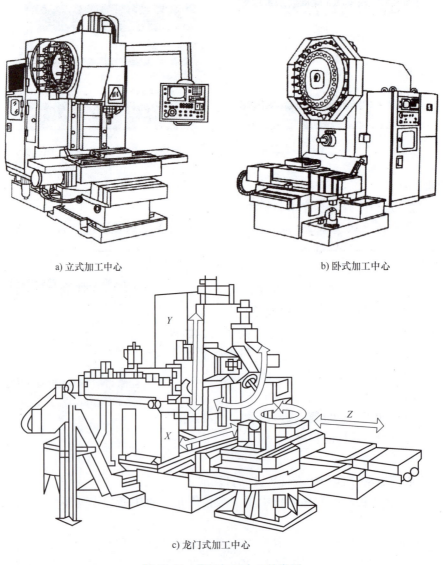

a) 立式加工中心　　　　　　　　　　b) 卧式加工中心

c) 龙门式加工中心

图 10-62　常见加工中心的类型

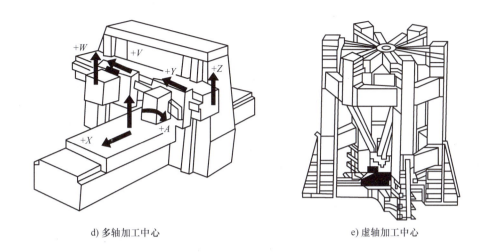

d) 多轴加工中心　　　　　　　　e) 虚轴加工中心

图 10-62　常见加工中心的类型（续）

10.4.1　加工中心的类型

加工中心主要有立式加工中心、卧式加工中心、龙门式加工中心、多轴加工中心、虚轴加工中心等几种类型。

（1）立式加工中心　主轴轴线与工作台垂直设置的加工中心，一般不带回转工作台，仅做顶面加工，主要适用于加工板类、盘类、模具及小型壳体类复杂零件，如图 10-62a 所示。

（2）卧式加工中心　主轴轴线与工作台平行设置的加工中心，主要适用于加工箱体类零件，如图 10-62b 所示。

（3）龙门式加工中心　主轴多为垂直设置，除自动换刀装置以外，还带有可更换的主轴头附件，功能比较齐全，能够一机多用，尤其适用于加工大型工件和形状复杂的工件，如图 10-62c 所示。

（4）多轴加工中心　数控系统可以同时控制至少 4 个轴联动加工的加工中心，其中包括 3 个直线坐标轴和 1～2 个旋转坐标轴，根据旋转轴的数量不同分为四轴加工中心和五轴加工中心，根据旋转轴围绕的直线轴位置的不同，机床的结构和适用的加工范围也不一样，如图 10-62d 所示。

（5）虚轴加工中心　改变了以往传统机床的结构，通过连杆的运动，实现主轴多自由度的运动，完成对工件复杂曲面的加工，如图 10-62e 所示。

10.4.2　加工中心的功能与特点

1. 加工中心的主要加工范围

加工中心适合加工形状复杂、加工内容多、精度要求高、需要多种类型的普通机床和众多的工艺装备，经多次装夹和调整才能完成的单件或中、小批多品种的零件，如箱体类零件、模具型腔、整体叶轮、异形件等。其加工件主要包括以下几种。

（1）箱体类零件　这类零件一般都要求进行多工位孔系及平面的加工，定位精度要求高，在加工中心上加工时，一次装夹可完成普通机床 60% ~ 95% 的工序内容。

（2）复杂曲面类零件　复杂曲面一般可以用球头立铣刀进行三坐标联动加工，加工精度较高，但效率低，且有时存在加工干涉区域或加工盲区。如果采用四轴、五轴加工中心进行多轴联动，可加工复杂曲面类工件，如飞机、汽车外形、叶轮、螺旋桨、各种成型模具等。

（3）异形件　异形件是外形不规则的零件，大多需要点、线、面多工位混合加工。加工异形件时，形状越复杂，精度要求越高，使用加工中心越能显示其优越性，如手机外壳等。

（4）盘、套、板类零件　这类零件包括带有键槽和径向孔，端面分布有孔系、曲面的盘套或轴类工件，如带法兰的轴套、带有键槽或方头的轴类零件等，以及具有较多孔加工的板类零件，如各种电动机盖等。

（5）特殊加工　在加工中心上还可以进行特殊加工。如在主轴上安装调频电火花电源，可对金属表面进行表面淬火。

2. 加工中心的特点

（1）工序集中　在一次装夹后，可实现多表面、多特征、多工位的连续、高效、高精度加工。这是加工中心突出的特征。

（2）加工精度高　和其他数控机床一样，加工中心具有加工精度高的特点，且一次装夹加工保证了位置精度，加工质量更加稳定。

（3）适应性强　当加工对象改变时，只需要重新编制程序，就可进行加工。

（4）生产率高　经济效益好，自动化程度高。

10.5　数控加工仿真的应用

10.5.1　数控加工仿真软件简况

数控加工仿真软件可以模拟实际机床加工环境及其工作状态的计算机虚拟仿真系统。目前这类软件有两个主要发展方向：一类是嵌入式，即与相关 CAD/CAM 软件集成，主要模拟刀具运行轨迹，验证设计结果，对机床操作没有任何涉及；另一类是独立式，即虚拟数控机床，不仅能对刀具运行状态进行仿真，同时模拟真实的机床操作环境，主要有上海宇龙、厦门创壹、南京宇航、南京斯沃等不同特色的数控加工仿真软件。

数控加工仿真软件与真实机床完全相同的组成和结构，可进行机床操作全过程仿真（毛坯定义，工件、夹具、刀具装夹，对刀，参数设置、程序校验、试切等）；具有丰富多样的刀具库（采用数据库统一管理的刀具材料、特性参数库）、全面的碰撞检测（手动、自动加工等模式下的实时碰撞检测、机床超程报警等）和强大的测量功能；具有完善的图形和标准数据接口（能直接调用 CAD/CAM 生成的数控程序，能将已验证的数控程序输入数控机床等）；具有强大的网络功能和实用灵活的考试系统（可对虚拟机床的操作进行无纸化考核）。

10.5.2　数控加工仿真软件应用实例

现以上海宇龙数控加工仿真软件为例介绍。双击桌面上数控加工仿真系统，在弹出"用户登录"界面后，输入用户名和密码。

（1）选择机床类型　打开菜单"机床/选择机床…"，控制系统选择"SIEMENS SINU-MERIK – 802S"，机床类型选择车床 – 标准（平床身前置刀架），如图 10-63 所示。

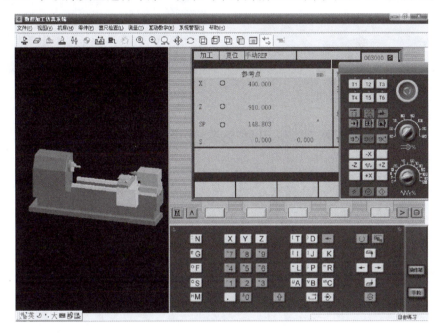

图 10-63　数控车床仿真主界面

（2）机床回零　松开机床操作面板上的"急停"按钮，单击"复位"按钮，使机床激活。同时按下"手动"按钮和"回原点"按钮，使机床处于"手动 REF"状态，按 +X 按钮，直到图标显示为，完成 X 轴回零，同样完成 Z 轴回零，按"主轴正转"，使主轴回零，如图 10-64 所示。

注：在坐标轴回零的过程中，若还未到达零点时按钮已松开，则机床不能再运动，LCD界面上出现警告框 020005，此时再单击操作面板上的"复位"按钮，警告被取消，可继续进行回零操作。

（3）毛坯、夹具和刀具选择及安装　打开菜单"零件/定义毛坯"，设置毛坯的名称、形状、材料和相关参数，也可以直接调用已保存的毛坯模型（这里选择直径 25mm、高200mm 的零件）；打开菜单"零件/安装夹具"命令，选择相应的夹具；打开菜单"零件/放置零件"命令，选择所需零件的名称，零件和夹具将被安装到机床上，打开"位置调整工具箱"来调整零件的位置，如图 10-65 所示。

打开菜单"机床/选择刀具"，依次选择各刀位的刀具（刀柄、刀片等），根据实际需要修改刀尖半径和刀具长度等参数，确认后，刀具按所选刀位安装在刀架上，如图 10-66所示。

图 10-64 回参考点仿真

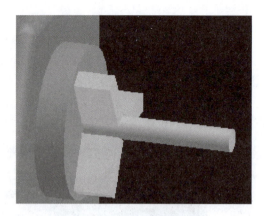

图 10-65 调整零件位置

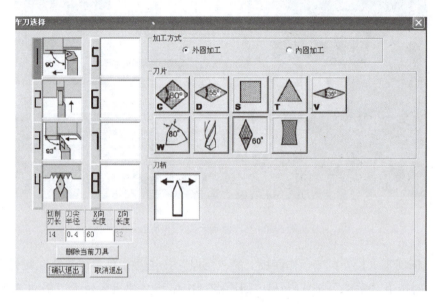

图 10-66 刀具的选择

（4）工件坐标系建立、对刀及参数设定 以工件右端面与车床主轴中心交点作为工件坐标系原点（工件原点），采用"试切法"对刀，利用菜单"测量/剖面图测量"工具，如图 10-67 所示，测量第一把刀具（基准刀）刀尖点与工件原点的偏移量并设定为零点偏移（如 G54），其两轴的刀具补偿均为 0，采用"相对刀偏法"确定其余刀偏量，即从第二把刀具开始，将每把刀具刀尖的偏移量与基准刀刀尖点的值进行比较，确定其相对于基准刀刀尖的补偿量，从而确定每把刀具 X 和 Z 方向的补偿，如图 10-68 所示，刀具的建立和刀具补偿设置均在虚拟机床的控制面板上完成，最终完成对刀过程。在"参数"目录下设置相关的数据，如主轴转速、空运行进给率、R 参数等加工参数，如图 10-69 所示。

（5）数控程序管理 虚拟机床提供了两种方式的程序管理：一是导入式，单击菜单"机床/DNC 传送"或者图标，打开文件对话框，选择相应的手工编程或自动编程的程序导入数控系统，按真实机床的通信功能操作；二是编辑式，利用数控系统的程序编辑功能，实现程序的建立、修改、复制、保存等操作，与真实机床完全一致。

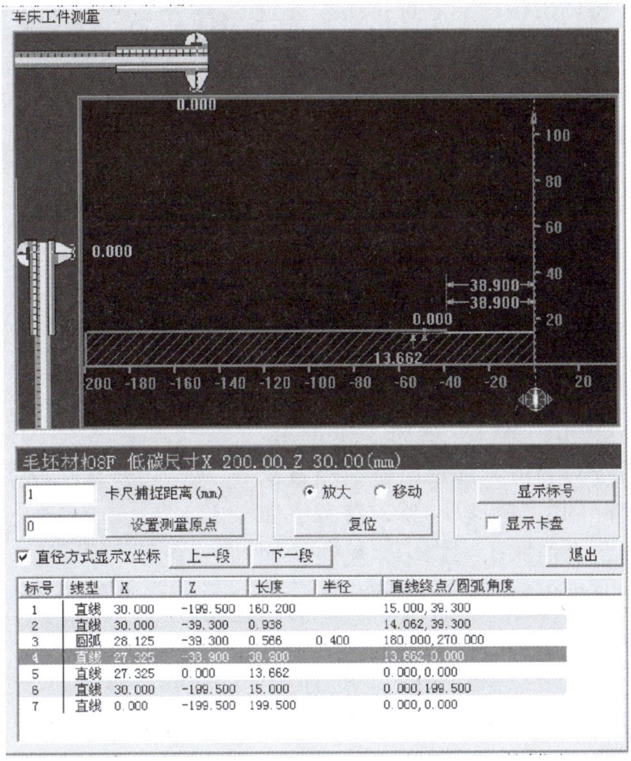

图 10-67　车床工件测量示意

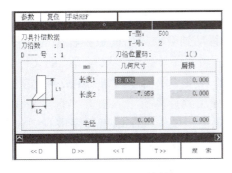

图 10-68　刀具补偿数据

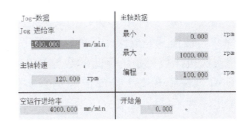

图 10-69　参数的设置

注：导入的程序和机床一样，必须具备程序头代码"% _N_程序名_MPF；$PATH = /_N_MPF_DIR"，其中"程序名"必须符合西门子命名规则，应使用姓名的拼音简称。"MPF"为扩展名，如果是子程序则为"SPF"。

（6）数控程序的仿真及程序确定　利用虚拟机床的操作面板，对虚拟机床可以进行手动、自动、单段、MDA 等方式的仿真操作。单击操作面板上的"自动模式"按钮➡️，使其呈按下状态➡️，机床进入自动加工模式；或单击操作面板上的"单段"按钮➡️，使其呈按下状态➡️，每单击一次"运行开始"按钮◇，数控程序执行一行。数控程序执行后，若想回到程序开头，可单击操作面板上的"复位"按钮。

在自动方式下，将调出编制的零件加工程序进行验证，观察程序仿真的运行状况，发现碰撞、刀具路径错误等问题时，及时对程序进行修改〔单击操作面板上的按钮，LCD界面下方显示软键菜单条，按软键"程序"，选择所要的数控程序名上，按软键"打开"，对数控程序进行编辑（修改），完成后，按软键"关闭"〕。选择修改后的程序进行仿真，直到程序按设计的加工路径完成切削加工为止。建议使用单步运行的方式来检查程序，使用切换控制面板键，可看到执行的程序情况，逐步完成程序的修改。在"视图/选项"菜单下，可设置仿真的相关参数，如仿真加速倍率、声音及切屑开关等，根据实际的情况可以调整，参考值如图10-70所示。其中仿真加速倍率越小，反映的加工情况越真实，但仿真速度慢；仿真倍率越大，对计算机的要求越高，因此建议值为4～10。

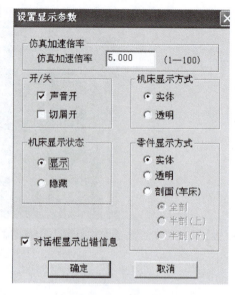

图10-70　设置显示参数

在仿真过程中，可单击菜单"视图"，选择相应的视图，通过局部放大、动态缩放、动态平移、动态旋转等功能仔细观察模拟的轨迹及相关的切削状态，发现问题可以在"单段"的方式下找到相应的程序段进行妥善处理，最终使仿真的结果与设计的一致，仿真结束，加工程序确定。

（7）程序导出与机床加工　单击操作面板上的按钮，LCD界面下方显示软键菜单条，按软键"通讯"，将光标定位在"零件程序和子程序…"上，按软键"显示"，显示数控程序目录，单击键盘上的方位键和，将光标移动到需要导出的数控程序的位置，按软键"输出启动"，弹出"另存为"对话框，选择适当的保存路径，填写适当的文件名后，按"保存"按钮，完成修改后的数控程序的保存操作。按"取消"按钮，则放弃此项操作。

将虚拟机床数控系统存储的数控加工程序文件导出到计算机上，加上"程序头代码"，通过DNC软件和RS232接口传递到真实的数控车床上，操作机床调出程序进行"试切"，所加工出零件不符合要求，应对程序进行修改并在仿真系统上验证后，再在机床上"试切"，直到符合设计要求，零件加工完成，零件数控加工程序确定。

延伸阅读

曹光富：二十八载练就"制刀"绝技　完成航母重要部件

曹光富是重庆江增船舶重工有限公司的一名数控车工高级技师，在公司承担国家重点工程项目（包括航母"辽宁"号、航母"001A"号）增压器产品的制造任务中，圆满完成航母重要部件增压器的压气叶轮、压气机壳、燃进燃排壳、空进空排壳等关键零件关键工序的加工。

2006 年为了满足生产的需要，公司将卧式车床更换为数控车床，而此时的曹光富已经在 C6140 型、C630 型、CW61100 型等卧式车床"老设备"上工作了整整 16 年。短短几年曹光富就掌握了和 1.2m 荣田数控立车、1.6m、2.5m 和 3.15m 等数控车床的操作技能和数控程序编制工作，学会了 CAD 绘图软件、SolidWorks 三维设计软件和工艺文件编制，并加以灵活运用，根据产品零件加工的需要自己设计工装、刀具等，并和技术人员一起，针对难啃的"硬骨头"展开工艺攻关，解决了实际加工过程中的很多难题。

"车工就靠一把刀"这是该领域的一句行话，能否打造一把适合生产的好刀，是判断一名优秀车工的标准，而曹光富就是这样一位"制刀"好手。由于在实际生产过程中材料、设计图样的不同，选取适合的刀具就显得十分重要。曹光富表示，生产铝材薄壁产品时，如果选择不好刀具，极易发生变形；再如航母增压器的压气叶轮，原材料本身具有热硬性（即在高温下仍可保持其硬度），加工时刀具材料的选择上极为讲究，如果选择不当，即会发生刀具的崩裂并会使产品表面的光滑度达不到要求。除了刀具本身的选材外，刀具的刃磨技术也是曹光富的拿手绝活，毫米级的刀具需要按照设计图样的需求刃磨出不同的角度，如图 10-71 所示，这种技艺全凭多年积累的实践经验。除了刀具外，曹光富还会根据部件制作专用的夹具，才能胜任一些异形结构部件的生产，如图 10-72 所示。基于对数控车床的了解，优化零件，根据实际加工状态调整程序。

曹光富在工作岗位 28 年来，未出现过重大纰漏，产品合格率高达 99%。谈及这一点，他表示合格率的保障除了工作经验之外，最重要的就是仔细，每一步做完都要小心地检查核验，只有确保万无一失，才能将产品放心地交付到用户手中。已有 15 年党龄的曹光富表示自己只是一名普通的一线工人，但作为一名共产党员会以最坚强的意志迎接工作中的任何挑战，在他眼里，带领团队做好每一件产品就是最大的愿望。

图 10-71　曹光富设计的毫米级刀具

图 10-72　加工后的压气叶轮

第11章 特种加工技术

【实训目的与要求】

1）了解特种加工技术的工作原理与特点。
2）了解数控电火花线切割加工方法，掌握机床操作技能。
3）了解电火花成形机和小孔机加工方法，熟悉机床的使用。
4）了解激光加工的基本原理，熟悉激光雕刻机的使用。
5）了解其他特种加工的原理。

【安全实习注意事项】

1）工作前检查电源接地是否良好，保证设备和人身安全。
2）工作场所保持良好的通风换气条件。
3）工作中发现设备出现异常时，应立即停止工作，切断电源，及时汇报。

11.1 特种加工概述

特种加工又称为非传统加工，泛指用电能、热能、光能、电化学能、化学能、声能及特殊机械能等能量及其组合施加于工件，从而使材料被去除、累加、变性或改性等的加工工艺方法。与切削加工的主要区别有：不依靠机械能，而是主要用其他形式的能量（如电、光等）；不依靠"比硬度"，工具硬度可以低于工件硬度；不主要依靠机械切削力，加工过程中工具和工件之间没有显著的机械切削力。

11.1.1 特种加工的产生

随着科学技术的不断进步，各行业所需求的零部件结构越来越复杂、材料越来越难加工、加工精度和表面粗糙度的要求也越来越高，以及特殊的制造需求对加工工艺提出了一些新的要求：

（1）解决各种难切削材料的加工问题 例如硬质合金、钛合金、耐热钢、不锈钢、淬火钢、金刚石、石英以及锗、硅等各种高硬度、高强度、高韧性、高脆性的金属或非金属材料的加工。

（2）解决各种特殊复杂表面的加工问题 例如喷气涡轮机叶片，锻模和注塑模的内、外立体成形表面，各种冲模、冷拔模上特殊截面的孔，枪和炮管内膛线，喷油嘴、栅网、喷丝头上的小孔或窄缝等复杂表面的加工。

（3）解决各种超精、光整或特殊要求的零件加工问题　例如对表面质量和精度要求很高的航空陀螺仪、伺服阀、细长轴、薄壁零件、弹性元件等低刚度零件的加工，以及微电子工业大批量精密、微细元器件的生产制造。要解决这些工艺问题，仅仅依靠传统的切削加工方法很难实现，人们必须不断探索、研究新的加工工艺与方法。

1943 年，苏联鲍·洛·拉扎林柯夫妇在研究电器开关触点遭受火花放电腐蚀损坏的有害现象和原因时，发现电火花的瞬时高温可使局部金属熔化、气化而被蚀除掉，从而变有害的电火花腐蚀为有用的电火花加工方法，并用铜杆在淬火钢上加工出小孔，开创了用软的工具加工高硬度的金属材料的方法，首次摆脱了传统的切削加工方法，直接利用电能和热能来去除金属，获得"以柔克刚"的效果。20 世纪 50 年代以来，先后出现电子束加工、等离子弧加工和激光加工等，利用密度很高的能量束流进行加工，对于高硬度材料和复杂形状、精密微细的特殊零件的加工极为方便、实用，在模具、量具、刀具、仪器仪表、飞机、航天器和微电子元器件等制造中得到越来越广泛的应用。

11. 1. 2　特种加工的分类

各种加工技术不断引入制造领域，使得特种加工的内涵不断延伸，一般可按能量来源、作用形式和加工原理等方式来划分，见表 11-1。

表 11-1　常用特种加工方法分类

特种加工方法		能量来源和作用形式	加工原理	英文缩写
电火花加工	电火花成形加工	电能、热能	熔化、气化	EDM
	电火花线切割加工	电能、热能	熔化、气化	WEDM
	短电弧加工	电能、热能	熔化、气化	SEDM
电化学加工	电解加工	电化学能	金属离子阳极溶解	ECM
	电解磨削	电化学能、机械能	阳极溶解、磨削	EGM（ECG）
	电解研磨	电化学能、机械能	阳极溶解、研磨	ECH
	电铸	电化学能	金属离子阴极沉积	EFM
	涂镀	电化学能	金属离子阴极沉积	EPM
激光加工	激光切割、打孔	光能、热能	熔化、气化	LBM
	激光打标记	光能、热能	熔化、气化	LBM
	激光处理、表面改性	光能、热能	熔化、相变	LBT
电子束加工	切割、打孔、焊接	电能、热能	熔化、气化	EBM
离子束加工	蚀刻、镀覆、注入	电能、动能	原子撞击	IBM
等离子弧加工	切割（喷镀）	电能、热能	熔化、气化（涂覆）	PAM
超声加工	切割、打孔、雕刻	声能、机械能	磨料高频撞击	USM
化学加工	化学铣削	化学能	腐蚀	CHM
	化学抛光	化学能	腐蚀	CHP
	光刻	光能、化学能	光化学腐蚀	PCM

（续）

特种加工方法		能量来源和作用形式	加工原理	英文缩写
增材制造	液相固化法	光能、化学能	增材法加工	SL
	粉末烧结法	光能、热能		SLS
	纸片叠层法	光能、机械能		LOM
	熔丝堆积法	电能、热能、机械能		FDM

在机械加工工艺发展的过程中，形成了一些兼有常规机械加工和特种加工之间的工艺，例如在切削、磨削过程中引入超声振动或低频振动的切削，在切削过程中通过加电压、通电流等用于改善切削条件，还有一些减少表面粗糙度、改善表面性能的工艺，如电解抛光、化学抛光、激光表面处理等。

11.1.3 几种常见的特种加工技术

1. 电火花加工

电火花加工（Electrical Dischange Machining）是利用工具和工件之间不断产生脉冲性的火花放电时所产生的瞬时局部高温来蚀除多余的金属，对零件的尺寸、形状及表面质量达到预定要求的加工方法。

电火花加工的原理如图 11-1 所示，工件 1 与工具 4 分别与脉冲电源 2 的两输出端相连接，自动进给调节装置 3 使工具和工件保持很小的放电间隙，加载脉冲电压后，绝缘介质被击穿、产生火花放电、通过瞬时局部高温蚀除材料，脉冲放电结束，介质恢复绝缘，完成一次加工过程。随着连续、高频的重复放电，工具电极不断向工件进给，放电点不断转移，就可将工具的形状复制在工件上，加工出所需的零件。

按工具电极和工件相对运动的方式和用途的不同，大致可分为电火花穿孔成形加工、短电弧加工、电火花线切割、电火花磨削和镗磨、电火花同步共轭回转加工、电火花高速小孔加工、电火花表面强化与刻字七大类，其中电火花线切割和电火花穿孔成形应用最广。图 11-2 所示为常用电火花加工设备。

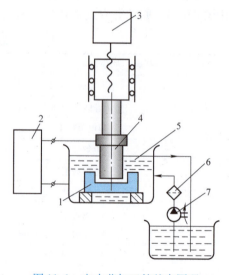

图 11-1　电火花加工的基本原理
1—工件　2—脉冲电源　3—自动进给调节装置
4—工具　5—工作液　6—过滤器　7—工作液泵

2. 电化学加工

电化学加工（Electrochemical Machining）是指利用电化学反应（又称为电化学腐蚀）对金属材料进行加工的方法，包括从工件上去除金属材料的电解加工和向工件上沉积金属的电镀、涂覆、电铸加工两大类。

电解加工是利用金属在电解液（如 NaCl 溶液）中的电化学阳极溶解，将工件加工成形的，其工作原理如图 11-3 所示。加工时，工件接直流电源（10～20V）的正极，工具接电

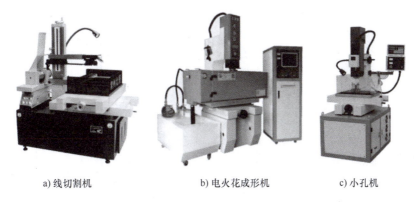

a) 线切割机　　　　　　b) 电火花成形机　　　　　　c) 小孔机

图 11-2　常用电火花加工设备

源的负极，工具向工件缓慢进给，使两极之间保持较小的间隙 (0.1～1mm)，具有一定压力 (0.5～2MPa) 的电解液从间隙中流过，这时正极工件的金属被逐渐腐蚀，电解产物被高速 (5～50m/s) 的电解液带走。

电铸加工用可导电的原模作为负极，用电铸材料（例如纯铜）作为正极，用电铸材料的金属盐溶液（例如硫酸铜）作为电铸液。在直流电源的作用下，正极上的金属原子交出电子成为正金属离子进入电铸液，并进一步在负极上获得电子成为金属原子而沉积镀覆在负极原模表面，正极金属源源不断地成为金属离子补充溶解进入电铸液，保持质量分数基本不变，阴极原模上电铸层逐渐加厚，当达到预定厚度时即可取出，设法与原模分离，即可获得与原模型面凹凸相反的电铸件，其工作原理如图 11-4 所示。

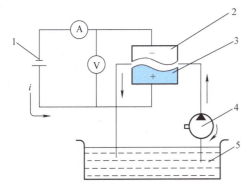

图 11-3　电解加工的工作原理
1—直流电源　2—工具负极　3—工件正极
4—电解液泵　5—电解液

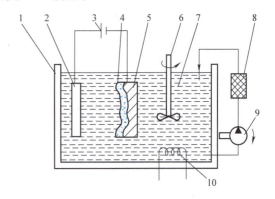

图 11-4　电铸加工的工作原理
1—电铸槽　2—阳极　3—直流电源
4—电铸层　5—原模（负极）　6—搅拌器
7—电铸液　8—过滤器　9—泵　10—加热器

3. 电子束加工和离子束加工

电子束加工（Electron Beam Machining）和离子束加工（Ion Beam Machining）是近年来得到较大发展的新型特种加工方式，在精密微细加工方面尤其是在电子学领域中得到广泛应用。电子束加工主要用于打孔、切割、焊接和电子束光刻化学加工，离子束加工主要用于离子刻蚀、离子镀膜和离子注入等表面加工。

电子束加工是在真空条件下，利用聚焦后能量密度极高的电子束，以极高的速度冲击到工件表面极小面积上，在极短的时间（几分之一微秒）内，其能量的大部分转变为热能，使被冲击部分的工件材料达到几千摄氏度以上的高温，从而引起材料的局部熔化和气化，被真空系统抽走。图 11-5 所示为电子束加工的工作原理。控制电子束能量密度的大小和能量注入时间，就可以达到不同的加工目的。如只使材料局部加热就可进行电子束热处理；使材料局部熔化就可以进行电子束焊接；提高电子束能量密度，使材料熔化和气化，就可以进行打孔、切割等加工；利用较低能量密度的电子束轰击高分子光敏材料时产生化学变化的原理，即可以进行电子束光刻加工。

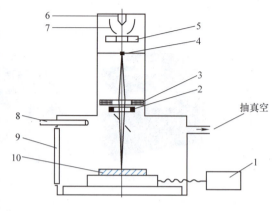

图 11-5 电子束加工的工作原理

1—工作台系统 2—偏转线圈 3—电磁透镜
4—光阑 5—加速正极 6—发射电子的负极
7—控制栅极 8—光学观察系统
9—带窗真空室门 10—工件

离子束加工的工作原理和电子束加工原理基本类似，也是在真空条件下，将离子源产生的离子束经过加速聚焦，使之撞击到工件表面，不同的是离子带正电荷，其质量比电子大数千或数万倍（如氩离子的质量是电子的 7.2 万倍），当离子加速到较高速度时具有更大的撞击动能，靠微观的机械撞击能量实现加工。当离子束斜射到工件材料表面时，可以将表面的原子撞击出来，这就是离子的撞击效应和溅射效应；如果将工件直接作为离子轰击的靶材，工件表面就会受到离子刻蚀；如果将工件放置在靶材附近，靶材原子就会溅射到工件表面而被溅射沉积吸附，使工件表面镀上一层靶材原子的镀膜；如果离子能量足够大并垂直工件表面撞击时，离子就会钻进工件表面，这就是离子的注入效应。

4. 超声加工

超声加工是利用工具端面作超声频振动，通过磨料悬浮液加工脆性材料的一种成形方法，不仅能加工硬质合金、淬火钢等脆硬的金属材料，更适合加工玻璃、陶瓷、半导体锗和硅片等非金属材料，还可用于清洗、焊接和探伤等。

超声加工的工作原理如图 11-6 所示，加工时，在工具 1 和工件 2 之间加入液体（水或煤油等）和磨料混合的悬浮液 3，并使工具以很小的力 F 轻轻压在工件上，超声换能器 6 产生 16000Hz 以上的超声频纵向振动，并借助于变幅杆把振幅放大到 0.05 ~ 0.1mm，驱动工具端面作超声振动，迫使工作液中悬浮的磨粒以很大的速度和加速度不断地撞击、抛磨被加工表面，把被加工表面的材料粉碎成很细的微粒，从工件上击打下来，虽然每次击打下来的材料很少，但由于每秒钟击打的次数多，同时工作液受工具端

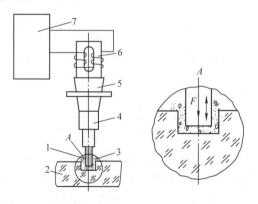

图 11-6 超声加工的工作原理

1—工具 2—工件 3—磨料悬浮液
4、5—变幅杆 6—超声换能器 7—超声发生器

面超声振动作用而产生的高频、交变的液压正负冲击波和空化作用，促使工作液钻入被加工材料的微裂缝处，加剧了机械破坏作用。

5. 水射流切割

水射流切割（Water Jet Cutting）是利用100MPa以上高压和高速水流对工件的冲击作用来切割材料的，简称水切割，其工作原理如图11-7所示。水经水泵后经储液蓄能器控制出平稳的水流，通过增压器增压后，从孔径为0.1~0.5mm的人造蓝宝石喷嘴喷出（入口处束流的功率密度可达 10^6W/mm^2），直接压射到工件的加工部位上，加工深度取决于液压喷射的速度、压力以及压射距离，被水流冲刷下来的切屑随着液流排出。

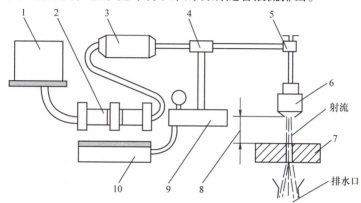

图 11-7　水射流切割的工作原理

1—带有过滤器的水箱　2—水泵　3—储液蓄能器　4—控制器
5—阀　6—蓝宝石喷嘴　7—工件　8—压射距离　9—液压机构　10—增压器

6. 磁性磨料研磨加工

磁性磨料研磨加工（Magnetic Abrasive Machining）是近30年来发展起来的光整加工工艺，在精密仪器制造业中得到日益广泛的应用，其工作原理在本质上和机械研磨相同，只是磨料是导磁的，磨料作用在工件表面的研磨力是由磁场形成的。图11-8所示为磁性磨料研磨加工的工作原理，在垂直于工件圆柱面轴线方向加一磁场，在S、N两磁极之间加入磁性磨料，磁性磨料吸附在磁极和工件表面上，并沿磁力线方向排列成有一定柔性的磨料刷。工件一边旋转，一边作轴向振动。磁性磨料在工件表面轻轻刮

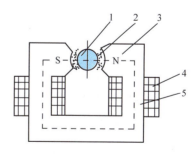

图 11-8　磁性磨料研磨加工的工作原理

1—工件　2—磁性磨料　3—磁极
4—励磁线圈　5—铁心

擦、挤压、窜滚，从而将工件表面上极薄的一层金属及毛刺去除，使微观不平度逐步平整。

11.2　电火花线切割加工

电火花线切割加工（Wire Cut Electrical Discharge Machining）的基本工作原理是利用移动细金属线（钼丝）作为电极，对工件进行脉冲火花放电蚀除金属，利用数控技术使电极

丝与工件作相对的切割运动，可实现二维型面、锥角三维曲面、上下异形面等切割成形。

11.2.1 电火花线切割加工的工作原理及分类

往复高速走丝电火花线切割机床加工的工作原理如图 11-9 所示。贮丝筒 7 上的钼丝 4 通过电机的正反转进行往复交替运动，钼丝 4 作为工具电极利用脉冲电源 3 提供的能量在工作液的浇注下对工作台上的工件 2 进行切割，工作台在水平面的两个坐标方向按照控制程序，根据火花间隙的状态进行伺服进给移动，形成各种曲线轨迹，将工件切割成形。

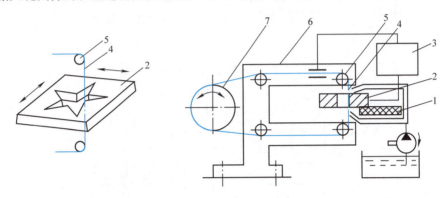

图 11-9　往复高速走丝电火花线切割机床的工作原理

1—绝缘底板　2—工件　3—脉冲电源　4—钼丝　5—导向轮　6—支架　7—贮丝筒

根据电极丝的运行方向和速度，电火花线切割机床通常分为两类：①往复（双向）高速走丝俗称快走丝），一般走丝速度为 8～10m/s，采用钼丝作电极丝，可循环反复使用，其加工速度快，加工成本低，但加工精度较低，表面粗糙度较差；②单向低速走丝（俗称慢走丝），一般走丝速度低于 0.2m/s，单向使用，其加工精度高，表面质量好，具有多次切割等其他功能，但加工速度慢、成本高。近年来，研制出分级变速控制电极丝走丝速度和能多次切割的中走丝电火花线切割机床，充分发挥往复走丝电火花线切割低成本和可加工较厚工件的能力，同时借鉴了单向走丝电火花线切割的特点，在脉冲电源、伺服控制、运丝控制、数控系统及切割工艺等多方面进行改进，使该类机床在加工精度和表面质量等方面取得了一定的突破，发展较为迅速。

11.2.2 电火花线切割加工设备

电火花线切割加工设备主要由机床本体、脉冲电源、控制系统、工作液循环系统和机床附件等部分组成，如图 11-10 所示。

1. 机床本体

机床本体由床身、坐标工作台、走丝机构、锥度切割装置、机床附件及夹具等部分组成。

床身是机床的固定基础和支撑，一般采用箱体式结构，采用铸件来保证足够的强度和刚度。坐标工作台是实现工件与电极丝间相对运动的载体，一般使用滚珠丝杠螺母副实现每个方向的移动，采用上滑板和下滑板组成十字滑板，实现 X、Y 方向的交叉，通过两个方向各自的进给运动合成指定的曲线轨迹，完成对零件轮廓的加工。

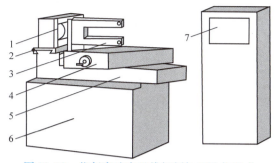

图 11-10　往复高速走丝线切割加工设备组成

1—贮丝筒　2—走丝溜板　3—丝架　4—上滑板　5—下滑板　6—床身　7—电源、控制柜

走丝机构是使电极丝保持一定的张力和直线度，以给定的速度稳定运动，并可以传递电能的机构。将一定长度的钼丝平整地卷绕在贮丝筒上，由丝架提供支撑，钼丝依次穿过各导向轮，通过调节拉紧力形成有一定张力的回路，由换向装置通过电动机带动贮丝筒实现正反向交替运转。

锥度切割装置是用来切割有脱模斜度的冲模或工件的内、外表面的锥度的。实现锥度切割的方法主要有：①导轮偏移式或摆动式丝架，这种方法加工的锥度较小（一般小于 5°），否则钼丝容易拉断、导轮容易磨损，工件上有一定的圆角；②双坐标联动装置，它主要依靠上导向器作为纵横两轴（U、V 轴）驱动，与工作台的两轴（X、Y 轴）在一起形成 X—Y—U—V 四轴同时数字控制，可以实现较大倾斜角度的切割，同时可在软件的控制下实现上下异形界面的加工。

2. 脉冲电源

脉冲电源提供工件和电极丝之间的放电加工能量，一般由主振级（脉冲信号发生器）、前置放大级、功率放大级和供给各级的直流电源组成。脉冲电源的波形和参数对材料的电腐蚀过程影响极大，决定着加工面的表面粗糙度、尺寸精度和形状精度、切缝宽度和电极丝的损耗等。

受加工表面粗糙度和电极丝允许承载电流的限制，线切割加工脉冲电源的脉宽较窄（$1 \sim 60 \mu s$），脉冲重复频率为 $10 \sim 100 kHz$，单个脉冲放电能量、平均电流较小（$1 \sim 5A$），所以线切割加工总是采用正极性加工。脉冲宽度窄、重复频率高，有利于改善表面粗糙度，提高切割速度。

3. 工作液循环系统

工作液是脉冲放电的介质，对加工工艺指标的影响很大。工作液循环系统一般由工作液泵、工作液箱、过滤器、管道和流量控制阀组成，其中经过分离后上层的工作液可以循环使用，下层的金属可以回收。低速走丝线切割机床工作液大多采用去离子水或煤油。高速走丝线切割机床工作液采用专用的乳化液。工作液一般应具有下列性能：

（1）一定的绝缘性能　火花放电必须在具有一定绝缘性能的液体介质中进行。工作液的绝缘性能可使击穿后的放电通道压缩，局限在较小的通道半径内火花放电，形成瞬时局部高温熔化、气化金属。放电结束后又迅速恢复放电间隙成为绝缘状态。

（2）较好的洗涤性能　洗涤性能好的工作液有较小的表面张力及对工件有较大的亲和附着力，能渗透进入窄缝中，且有较好的去除油污的能力，切割时排屑效果好，切割速度高，切割后表面光亮清洁，割缝中没有油污。

（3）较好的冷却性能 在放电过程中，放电点局部、瞬时温度极高，为防止电极丝烧断和工件表面局部退火，必须充分冷却，要求工作液具有较好的吸热、传热、散热性能。

（4）对环境无污染，对人体无危害 加工中不应产生有害气体，不应对操作人员的皮肤、呼吸道产生刺激等反应，不应锈蚀工件、夹具和机床。

4. 控制系统

电火花线切割控制系统的稳定性、可靠性、控制精度和自动化程度都直接影响着加工工艺指标和操作人员的劳动强度，其在加工过程中有两个相对独立的控制系统：一是轨迹控制，依靠数控系统精确控制电极丝相对于工件的运动轨迹，以获得所需的形状和尺寸；二是加工控制，主要包括对伺服进给速度、电源装置、走丝机构、工作液循环系统以及其他机床操作的控制，还包括断电记忆、故障报警、安全控制及自诊断功能等方面。

11.2.3 电火花线切割机床的编程

电火花线切割机床的编程格式包括专用的 3B（有的扩充到 4B 或 5B）和通用的 ISO 格式两种。现代线切割机床已经做到编程机和控制机合二为一，即可以控制加工，也可以图形交互自动编程。目前市场上的软件主要有 AutoCut、HF 等，用户可以直接在线切割机上进行图形的绘制，设定相关参数后直接输出到加工控制端进行数控加工，非常实用、方便。线切割机床的控制系统也可以直接读取专业绘图软件绘制的图形或加工代码进行加工制造，例如 AutoCut 和 HF 均支持 DXF 格式的图形文件，AutoCut 可直接读取 AutoCAD 绘制的图形，CAXA 线切割软件输出的 3B 代码也可以直接应用到线切割机上等。这种编控分离的方式，统一编程的过程，提高了编程的效率，适应不同的数控线切割机床，很好地保持了加工的一致性。

1. HF 自动编程

HF 线切割数控自动编程软件系统，可以通过简单、直观的绘图工具，将所要进行切割的零件形状描绘出来；按照工艺的要求，将描绘出来的图形进行编排并生成加工程序。现以一个实例（见图 11-11）介绍该软件的基本操作。

（1）进入编程环境 单击计算机上的 HF 软件图标，进入软件系统后，单击"全绘编程"按钮进入全绘编程环境。

（2）根据图样要求绘制图形 在菜单中有"作点""作线""作圆弧"等功能模块为轮廓线的绘制作辅助的点、线、圆等，"绘直线""绘圆弧""倒圆边"等功能模块用于轮廓线的绘制和编辑。根据给定的零件图，按相关尺寸要求依次完成绘图，如图 11-12 所示。

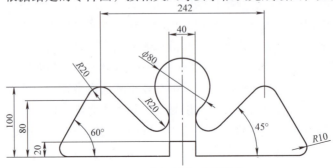

图 11-11 线切割典型零件图

（3）生成加工轨迹　在菜单中的"引入线和引出线"目录下设定钼丝的切入、切出点、补偿值、行走方向等参数，生成实际的加工轨迹，如图 11-13 所示。通过系统的"存图"功能，将相关的图形文件（轨迹线图、辅助线图、DXF 文件等）进行存储，通过"调图"功能调取本机的存储或外部输入的图形文件。

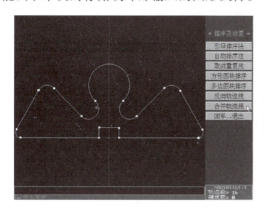

図 11-12　零件图绘制完成　　　　　図 11-13　零件加工轨迹生成

（4）后置处理及程序的生成　在菜单中有"执行 1"和"执行 2"，"执行 1"是对所做的所有轨迹线进行执行和后置处理，"执行 2"只对含有引入线和引出线的轨迹线进行执行和后置处理。确认图形完全正确后，通过后置处理生成 G 代码、3B 代码和一般锥度加工、变锥锥度等加工程序单，保存后为机床加工做好准备。

2. CAXA 线切割自动编程

CAXA 线切割是面向线切割加工行业的计算机辅助自动编程工具软件，其以交互方式绘制所需切割的图形，生成带有复杂形状轮廓的两轴线切割加工轨迹，为各种线切割机床提供快速、高效率、高品质的数控编程代码，极大地简化了数控编程人员的工作。同样以图 11-11为例，介绍该软件的操作。

（1）绘图过程　绘制中心线→作辅助线直线与 X 轴的距离分别为 0mm、20mm、80mm、100mm，与 Y 轴的距离 20mm、121mm→使用工具"圆"，用"圆心_半径"指令分别绘制 ϕ80mm、R20mm 的圆→使用工具"直线"，用"角度线"指令，分别绘制 60°和 45°直线→使用工具"圆弧"，用"三点圆弧"指令，分别取过 ϕ80mm 圆、X = −20 直线、R20mm 圆的切点作为三点绘制圆→使用"圆弧过渡"指令，绘制 R10mm 圆弧→使用出"裁剪"指令，去除多余的线段，如图 11-14a 所示→使用"镜像"指令，完成图形的绘制，如图 11-14b所示。

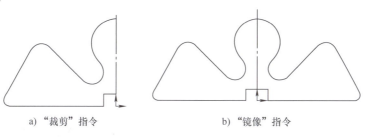

a）"裁剪"指令　　　　　　　　　b）"镜像"指令

図 11-14　CAXA 线切割软件绘制零件图

（2）加工路径规划 在主菜单上"线切割"目录下，选择"轨迹生成"，在弹出的"线切割轨迹生成参数表"中分别填写切割参数和偏移量/补偿值等加工参数信息，如图 11-15 所示。拾取拟加工零件的轮廓→选择链拾取的方向→选择加工侧边或补偿方向→输入穿丝点的位置→输入退出点的位置→生成加工轨迹，如图 11-16 所示。在"轨迹仿真"功能下选择加工轨迹进行仿真，确认轨迹正确无误，完成加工路径规划。

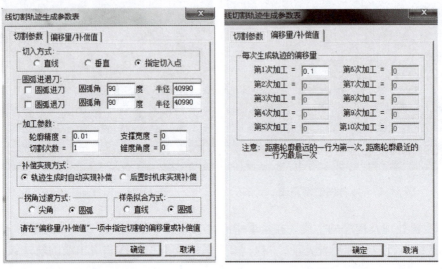

a) 切割参数设置　　　　　　　b) 偏移量/补偿量设置

图 11-15　线切割轨迹生成参数设置

（3）后置处理及程序的生成 在主菜单上"线切割"目录下，选择"生成 3B 代码"，在弹出的对话框中输入文件名，保存类型 ∗ .3b，拾取加工轨迹，生成加工程序单，如图 11-17 所示，保存后为机床加工做好准备。

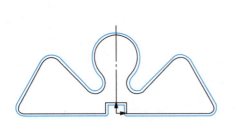

图 11-16　CAXA 线切割软件生成加工轨迹

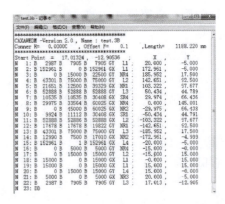

图 11-17　CAXA 线切割软件生成加工程序单

3. 手工编程（3B 代码）

电火花快走丝线切割机床手工编程格式采用 3B 指令格式，一般按钼丝中心轨迹编程，线切割编程坐标系通常采用相对坐标系，每加工一条线段或圆弧，都要把坐标原点移到直线的起点或圆弧的圆心上。

（1）3B 编程格式　3B 编程格式见表 11-2。

表 11-2　3B 编程格式

B	X	B	Y	B	J	G	Z
分隔符	X 坐标值	分隔符	Y 坐标值	分隔符	计数长度	计数方向	加工指令

表 11-2 中字母代表的含义如下：

B 为分隔符，用它来区分 X、Y、J 等数码，便于计算机识别。当程序往控制器输入时，读入第一个 B 后，它使控制器做好接收 X 轴坐标值的准备；读入第二个 B 后，做好接收 Y 轴坐标值的准备；读入第三个 B 后，做好接收 J 值的准备。

X、Y 分别表示 X 轴和 Y 轴上的坐标的绝对值，其数值均以 μm 为单位，当 X、Y 为零时可以不写。加工直线时，程序中 X、Y 必须是该直线段终点相对起点的坐标的绝对值，加工圆弧时，程序中 X、Y 必须是该圆弧起点相对其圆心的坐标的绝对值。

G 为计数方向，为保证所要加工的直线或圆弧按照要求的长度加工出来，一般通过从起点到终点的某个拖板在进给方向上的总长度来达到。加工直线段时，若线段的终点为（Xe，Ye），当 |Ye| > |Xe| 时，计数方向取 Gy；当 |Xe| > |Ye| 时，计数方向取 Gx；当 |Xe| = |Ye| 时，则两个计数方向均可。加工圆弧段时，若圆弧段的终点为（Xe，Ye），当 |Ye| < |Xe| 时，计数方向取 Gy；当 |Xe| < |Ye| 时，计数方向取 Gx；当 |Xe| = |Ye| 时，则两个计数方向均可。

J 为计数长度，单位为 μm，取从起点到终点某拖板移动的总距离。当计数方向确定后，计数长度则为被加工线段或圆弧在该方向坐标轴上的投影长度的总和。对于直线段，若线段的终点为（Xe，Ye），当 |Ye| > |Xe| 时，取 J = |Ye|；当 |Xe| > |Ye| 时，取 J = |Xe|；对于圆弧，它可能跨越几个象限，如图 11-18所示，圆弧从 A 到 B，计数方向为 Gy，J = $J_{x1} + J_{x2} + J_{x3}$。

Z 为加工指令，用来表达被加工图形的形状、所在象限和加工方向等信息的，分为直线 L 和圆弧 R 两大类。对于直线加工指令用 L1、L2、L3、L4 表示，L

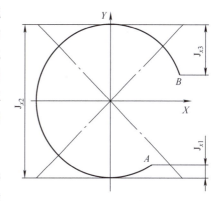

图 11-18　跨象限圆弧的处理

后面的数字表示该线段所在的象限。对于和坐标轴重合的直线，正 X 轴为 L1，正 Y 轴为 L2，负 X 轴为 L3，负 Y 轴为 L4。对于圆弧加工指令，根据加工方向可分为顺圆 SR 和逆圆 NR，字母后面的数字表示该圆弧的起点所在的象限，共有 8 种指令，如图 11-19 所示，例如 SR1 表示加工该圆弧时是顺时针方向，起点在第一象限。

（2）编程举例　图 11-20 所示为需要加工的零件，拟用快走丝线切割机床加工其轮廓。已知电极丝为 ϕ0.18mm 的钼丝，单边放电间隙为 0.01mm。编程过程是：首先确定 A 为切割起点，加工路径为 AB—BC—CD—DE—EF—FA，穿丝孔位于 A 点正上方 10mm 处，电极丝半径补偿值为 0.1mm（f = 加工电极丝半径 R + 放电间隙 Δ），拐角过渡方式采用圆弧过渡，加工轨迹如图 11-21 虚线所示。

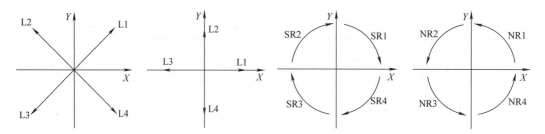

图 11-19　加工指令的表示方法

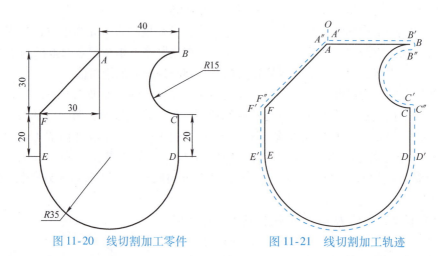

图 11-20　线切割加工零件　　　　图 11-21　线切割加工轨迹

按 $OA' - A'B' - B'B'' - B''C' - C'C'' - C''D' - D'E' - E'F' - F'F'' - F''A'' - A''A' - A'O$ 编程如下：

B0B10000B10000GYL4；	引入线 OA'
B40000B0B40000GXL1；	直线 $A'B'$
B0B100B200GXSR1；	圆弧 $B'B''$
B0B14900B29800GXNR2；	圆弧 $B''C'$
B0B100B100GYSR1；	圆弧 $C'C''$
B0B20000B20000GYL4；	直线 $C''D'$
B35100B0B70200GYSR4；	圆弧 $D'E'$
B0B20000B20000GYL2；	直线 $E'F'$
B100B0B71GYSR2；	圆弧 $F'F''$
B30000B30000B30000GXL1；	直线 $F''A''$
B71B71B71GXSR2；	圆弧 $A''A'$
B0B10000B10000GYL2；	引出线 $A'O$
DD	

11.2.4　电火花线切割机床的加工

1. 电火花线切割机床

DK7732 型数控线切割机床使用广泛，其机床型号的含义如下：机床类别代号 D——电加工机床，机床特性代号 K——数控机床，组别代号 7——电火花加工机床，系别代号 7——高速走丝线切割机床，基本参数代号 32———工作台横向行程 320mm。

2. 电火花线切割机床加工

电火花线切割加工通常为零件的精加工工序，加工前的准备工作、合理地加工工艺路线安排、优化的数控程序编制、合理地选择电参数等都是保证高效率地加工出合格产品的重要环节。其一般的加工流程如下：

1）合上机床电源开关。按下机床启动按钮，进入计算机操作系统，进入线切割控制系统。

2）手动操作机床，检查机床各部分是否正常。例如工作台移动方向是否正确，限位开关动作是否可靠，贮丝筒运行是否正常，工作液供给是否通畅等。

3）绕电极丝。根据零件的切割要求，选择电极丝，用手动或机动的方法上丝，调节电极丝张力和找正。

4）安装好工件，选择合适的装夹方法（如悬臂式支撑、桥式支撑、磁性夹具装夹等）。调整好安装位置，工件找正。

5）加工前的检查。导入数控加工程序并进行模拟与校验，确定电参数（脉宽、脉隙、电压、峰值电流、进给速度和电极丝运动速度等）。

6）通过控制系统中手动的方式将电极丝移动到切入的起点位置。确认无误后，拟进入加工状态。

7）开始加工。依次打开电动机、丝筒、水泵等，进入自动加工，观察切割情况，必要时可以进行相关参数的调整，并做好相关记录，直至切割完成，自动关闭高频、丝筒、水泵等，电动机解锁，退丝，取下工件。

8）零件检测。加工完成后对所加工零件进行检测，根据检测结果及加工中参数的修正情况，对零件的程序加以完善。

9）关闭线切割软件，关闭操作系统，按下机床停止按钮，关闭机床开关。

各种电火花线切割软件控制加工的界面和操作方法稍有不同，需要根据机床说明书进行相关操作，图 11-22 所示为 HF 和 AutoCut 线切割软件的控制系统。

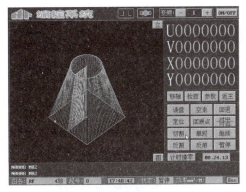
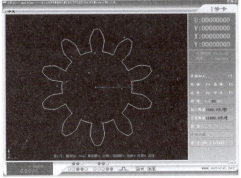

a）HF 线切割控制系统界面　　　　　　　　b）AutoCut 线切割控制系统界面

图 11-22　电火花线切割控制系统

11.3 激光加工

激光加工（Laser Beam Machining）是利用光的能量，经过透镜聚焦后，在焦点上达到很高的能量密度，靠光热效应来加工各种材料。激光加工不需要加工工具，加工装置比较简单，加工速度快，表面变形小，容易进行自动控制，可加工材料范围广，在生产实践中应用于打孔、切割、电子元器件的微调、焊接、热处理以及激光存储等各个领域。

11.3.1 激光加工的原理及分类

激光加工是一种重要的高能束加工方法，是在光热效应下产生高温熔融和冲击波的综合作用过程；加工所用的工具是激光束，属非接触加工，没有明显的机械力，没有工具损耗问题。激光本身是一种光，具备一般光的共性（如光的反射、折射、绕射、干涉等），与普通光源自发辐射不同，激光发射是受激辐射，具备高强度、高亮度、方向性好、单色性好的特性。激光加工通过一系列的光学系统，聚焦成平行度很高的微细光束（直径几微米至几十微米），以获得极高的能量密度（$10^8 \sim 10^{10}\,W/cm^2$）照射到材料上，并在极短的时间内（千分之几秒）使光能转变热能，被照射部位迅速升温，材料发生气化、熔化、金相组织变化以及产生相当大的热应力，达到加热和去除材料的目的。激光加工时，为了达到各种加工要求（例如切割），激光束与工件表面需要做相对运动，同时光斑尺寸、功率以及能量要求可调。

根据激光束与材料相互作用的机理，大体可将激光加工分为激光热加工和激光光化学反应加工两类。激光热加工是指利用激光束投射到材料表面产生的热效应来完成加工过程，包括激光焊接、激光雕刻切割、表面改性、激光打标、激光钻孔和微加工等；激光光化学反应加工是指激光束照射到物体，借助高密度激光高能光子引发或控制光化学反应的加工过程，包括光化学沉积、立体光刻、激光雕刻等。

11.3.2 激光加工设备组成

激光加工设备包括激光器、电源、光学系统和机械系统4部分，这里以 CO_2 激光雕刻机为例来介绍，其外形如图11-23所示。

激光器是激光加工的核心设备，它将电能转化为光能，是受激辐射的放大器，产生激光束。常用的激光器按激活介质可分为固体激光器和气体激光器，按激光器的输出方式可分为连续激光器和脉冲激光器。表11-3列出了激光加工常用激光器的主要性能特点。

图 11-23　激光雕刻机的外形

表 11-3　常用激光器的主要性能特点

种 类	工作物质	激光波长/μm	发散角/rad	输出方式	输出能量或功率	主要用途
固体激光器	红宝石 (Al_2O_3，Cr^{3+})	0.69 （红光）	$10^{-2} \sim 10^{-8}$	脉冲	几个至十焦耳	打孔、焊接
	钕玻璃（Nd^{3+}）	1.06 （红外线）	$10^{-2} \sim 10^{-3}$	脉冲	几个至几十焦耳	打孔、切割、焊接
	掺钕钇铝石榴石 YAG（$3Al5O12$，Nd^{3+}）	1.06 （红外线）	$10^{-2} \sim 10^{-3}$	脉冲	几个至几十焦耳	打孔、切割、焊接、微调
				连续	$100 \sim 1000W$	
气体激光器	二氧化碳（CO_2）	10.6 （红外线）	$10^{-2} \sim 10^{-3}$	脉冲	几焦耳	切割、焊接、热处理、微调
				连续	几十至几千瓦	
	氩（Ar^+）	0.5145 （绿光）0.4880 （青光）				光盘刻录存储

CO_2 激光器是以 CO_2 气体为工作物质的分子激光器，它发出的谱线在 $10.6\mu m$ 附近的红外区域，连续输出功率大（可达万瓦），效率高（可达 20% 以上），寿命长，广泛地用于切割、焊接、雕刻、热处理等加工。激光器由放电管、谐振腔、冷却系统和激励电源等部分组成。图 11-24a 所示为 CO_2 激光器的结构，CO_2 激光器的输出功率与放电管的长度成正比，平均输出功率为 40 ~ 50W/m，为缩短空间长度，长的放电管采用折叠式，折叠的两段间用全反射连接光路，如图 11-24b 所示。

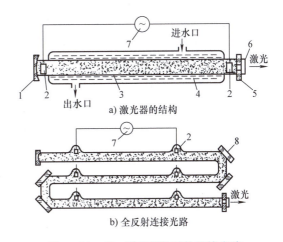

a) 激光器的结构

b) 全反射连接光路

图 11-24　CO_2 激光器的结构连接光路

1、5—反射镜　2—电极　3—放电管　4—冷却水
6—红外材料　7—电流电源　8—全反射镜

CO_2 激光器的激励电源可以用射频电源、直流电源、交流电源和脉冲电源等，其中交流电源用得最为广泛。CO_2 激光器一般都用冷阴极，常用电极材料有镍、钼和铝。因为镍发射电子的性能比较好，溅射比较小，而且在适当温度时还有使 CO 氧化成 CO_2 分子的催化作用，有利于保持功率稳定和延长寿命，一般都用镍作为电极材料。

激光加工设备属精密光学仪器，对光路调节要求较高，如果激光不是从每个镜片的中心射入，就直接影响加工效果，因此光路的设计、安装调试和使用都非常关键。在激光雕刻机上，由激光发生器产生的激光束，经过一系列的反射镜到达激光头，经过聚焦镜筒聚焦后，对工件进行加工，如图 11-25 所示。

激光雕刻机的机械系统相对比较简单，和其他数控机床一样，由步进电动机通过传动带或者滚珠丝杠传动对 X、Y 轴移动进行控制。

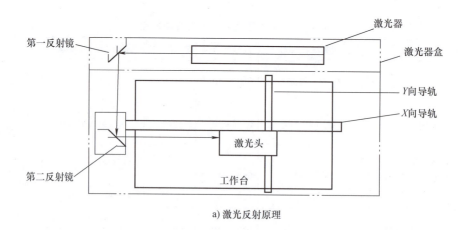

a) 激光反射原理

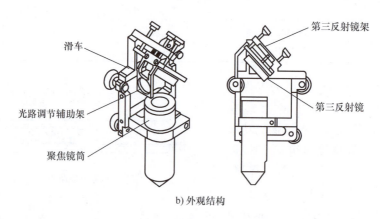

b) 外观结构

图 11-25　激光雕刻机光学系统

11.3.3　激光加工的应用

1. 激光打标机

激光打标是利用激光束在各种不同的物质表面打上永久标记的方法。打标的效应是通过表层物质的蒸发露出深层物质，或者是通过光能导致表层物质的物理变化而"刻"出痕迹，或者是通过光能烧掉部分物质，显出所需刻蚀的图案、文字、条形码等各类图形。激光打标机广泛适用于集成电路芯片、计算机配件、工业轴承、钟表、电子及通信产品、航天航空器件、各种汽车零件、家电、五金工具、模具、电线电缆、食品包装、首饰、烟草以及军用事等众多领域图形和文字的标记，以及大批量生产线作业，如图 11-26 所示。

光纤激光打标机主要由激光器、振镜头、打标卡三部分组成，可对多种金属、非金属材料进行加工，特别是对高硬度、高熔点、脆性材料进行标记；非接触加工、不损坏产品、无刀具磨损；激光束细、加工材料消耗很小、加工热影响区小；加工效率高、采用计算机控制、易于实现自动化；电光转换效率高，在节能环保等方面性能卓著。

2. 激光雕刻机

激光雕刻加工是利用数控技术为基础，激光为加工媒介，加工材料在激光照射下瞬间熔化和气化的物理变性，达到加工的目的。按加工材料可以分为：①非金属材料加工（CO_2

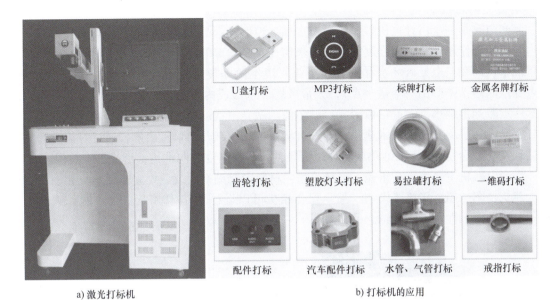

a) 激光打标机　　　　　　　　　b) 打标机的应用

图 11-26　激光打标机及其应用

激光），如图 11-27 所示；②金属材料加工（YAG 激光），如图 11-28 所示。

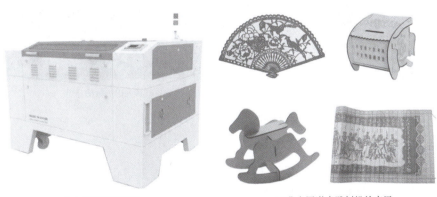

a) 非金属激光雕刻机　　　　　　　　b) 非金属激光雕刻机的应用

图 11-27　非金属激光雕刻机及其应用

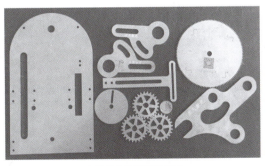

a) 金属激光雕刻机　　　　　　　　b) 金属激光雕刻机的应用

图 11-28　金属激光雕刻机及其应用

3. 激光内雕机

激光内雕是一个由计算机控制的可在水晶、玻璃内部雕刻出二维或三维图形的方法。激光内雕机的工作原理是，高强度的激光束聚焦在水晶内部时产生非线性效应，短时间内吸收大量能量从而在焦点处破坏水晶的晶格组织，产生微爆裂形成不透明的微小炸点（犹如激光束在水晶内部雕刻出一个微小点），大量微爆裂点形成内雕图案。如果按平面图形在水晶内部逐点雕刻出微小点，就可以形成二维图像。激光三维内雕属于选择性激光雕刻技术，根据分层制作和层层叠加的技术途径，计算机从图像的三维几何信息出发，通过对信息的离散化处理（切片分层），将三维雕刻转为二维雕刻，再在高度方向堆集，形成三维图像。

激光内雕机主要用于在水晶、玻璃等透明材料内雕刻平面或三维立体图案，如动物、植物、建筑、车、船、飞机等模型产品，配合相机可以设计制作 2D/3D 人像、制作人名、手脚印、奖杯等个性化礼品或纪念品，如图 11-29 所示。

a) 激光内雕机   b) 激光内雕机的应用

图 11-29   激光内雕机及其应用

4. 激光焊接机

激光焊接是将激光束直接照射到材料表面，使材料内部熔化来实现焊接的。高强度的脉冲激光束在加热金属材料的过程中，会产生温升、相变、熔化、气化、热压缩激波、蒸气喷射、等离子体膨胀、冲击波等复杂的物理现象。脉冲激光焊接主要是利用其中的熔化现象产生的新工艺，通过控制激光束功率密度、脉冲宽度和峰值功率达到焊接的目的。激光焊接机及其应用如图 11-30 所示。

a) 激光焊接机   b) 激光焊接机的应用

图 11-30   激光焊接机及其应用

激光焊接与常规焊接方法相比具有如下特点：①激光功率密度高，可以对高熔点、难熔金属或两种不同金属材料进行焊接（例如可对钨丝进行有效焊接）。②聚焦光斑小，加热速度快，作用时间短，热影响区小，热变形可忽略。③脉冲激光焊接属于非接触焊接，无机械应力和机械形变。④激光焊接装置容易与计算机联机，能精确定位，实现自动焊接，而且激光可通过玻璃在真空中焊接。⑤激光焊接可在大气中进行，无环境污染。

延伸阅读

庆建党百年　展特种担当
—— 来自特种加工领域科技工作者的心声

1. 王至尧：心系特种加工，助力祖国航天事业腾飞

王至尧，1944 年生，研究员，曾任中国航天科技集团北京控制工程研究所副所长、中国航天科技集团中国空间技术研究院产品质量总师、材料与工艺专家组组长，一直从事航天器产品材料与工艺研究，为我国特种加工技术发展及其在航天航空领域的应用发挥了积极作用。

特种加工技术及工艺因其自身的特点，在航天航空领域有着重要而特殊的地位。在 20 世纪 70 年代后期至 80 年代初，王至尧主要从事卫星的生产制造及工艺研究工作，面对不断出现的高硬、高脆的难加工材料和复杂形状零件，当时缺乏高精尖的工艺技术、加工设备和有效手段，在上级领导支持下，潜心研究先进的电火花加工技术及工艺，克服重重困难，完成了 1984 年 4 月升空的我国第一颗通信卫星中某关键零件的加工任务，并研究成功了超厚工件电火花线切割加工技术及工艺，解决了许多航天关键零件的加工难题。随着特种加工的内涵不断扩展，在航天航空领域的应用也越来越广。正如王至尧的一位航天同行在 2003 年说的那样，"没有特种加工，就没有神五的上天"。

今天，中国特种加工技术虽难见大道如砥，却早已昂首阔步。但特种加工技术和工艺的发展是永无止境的，不仅要解决加工的可行性问题，更要在应用的深度上下功夫，重点向高精度、微细化、信息化、智能化和集成化方向发展。核心技术自给自足、关键领域握于掌中，这是我国特种加工人的共同愿望！

2. 朱荻：特种加工内涵无限、大有可为，投身其中其乐无穷

朱荻，1954 年生，教授、中国科学院院士，曾任南京航空航天大学校长，长期致力于特种加工的教学和研究工作，在电化学制造技术方面取得了重要的发明和创新，主持研制的原创性电化学制造装备在航空、航天等工业领域得到应用，解决了许多加工制造难题。

朱荻是从 1979 年读南京航空航天大学余承业老师的研究生开始走上特种加工研究之路的。几十年来，朱荻和他的同事们以航空航天需求为己任，重点开展了电化学制造技术的研究，通过不断探索取得了很多发明创新，显著提高了电解加工精度，改变了电解加工只能干粗活的形象；将电解加工与数字化技术相结合，显著提高了加工柔性，加速了向电解加工智能化的发展进程；提出了旋印电解加工、脉动态电解加工等多种方法，解决了航空航天领域许多复杂核心构件的制造难题。朱荻热爱他所从事的特种加工研究和人才培养工作，每当其科研成果被用于工程实际产生社会效益时、每当其培养出的学生取得新的学术成绩时，朱荻就充满成就感。

在党的正确领导下，我国经济社会发展经历了不平凡的伟大历程，正在步入高质量发展的重要阶段。朱荻觉得特种加工正处于很好的发展时期。特种加工在国民经济发展中所起的作用越来越大，特种加工的研究环境越来越好，有志于在特种加工领域发展的青年学者也是越来越多，这些都将加速特种加工技术的发展。

3. 张昆：潜心研究，推动特种加工技术在航天领域的应用

张昆，1976 年生，首都航天机械有限公司特种加工主任工艺师、中国运载火箭技术研究院特种加工方向高级专家，长期致力于特种加工工艺及装备的技术研究和工程应用实践，攻克了我国运载火箭发动机带冠涡轮盘及三元闭式叶轮叶片电火花加工、舱外航天服薄壁零件精密加工等多项关键技术，在五轴联动精密数控电火花加工工艺方面具有丰富的工程实践经验。

我国载人航天工程经过数十年的技术积淀，迈入"空间站时代"。这期间，广大科技工作者的不懈努力推动了特种加工技术在航天领域的广泛应用。特种加工在航天领域具有独特的技术优势，特别是在难加工材料方面解决了许多常规机械加工不能解决的问题。到目前为止，特种加工技术仍是航天领域不可缺少的重要技术，航天新材料、新结构的应用也将不断引领特种加工技术进步。

数十年来，老一辈的特种加工研究工作者们在艰苦困难的条件下坚持不懈地研究，为实现一项技术的应用能几十年如一日地在实验室里忙碌，其执着追求的精神实乃我辈终生学习的楷模。

4. 王迪：面向国家重大需求、立足社会经济急迫需求进行科研攻关

王迪，1986 年生，教授，华南理工大学机械与汽车工程学院教授，在激光选区熔化设备研发、工艺过程优化、打印质量控制和应用探究等方面展开了系统而深入的研究。

王迪从 2006 年开始研究激光焊接、激光切割等激光加工技术，在 2007 年攻读博士时开始研究金属增材制造，主要围绕应用需求展开科研攻关，并基于应用过程中的难点和关键技术提炼科学问题。王迪所在团队针对激光选区熔化成形工艺过程稳定性控制、铺粉装置改进、具有悬垂结构零件成形优化、成形室内气流优化改进、高效率光路单元优化等关键技术进行研究攻关，相关研究成果在广东省内企业进行产业化，取得了良好的经济效益。

在研究金属增材制造的经历中，机遇与挑战并存，在攻克挑战的过程中必然会遇到意料之外的问题，往往需要多维度的思考与不断的尝试方能找到解决的方法。同时，王迪深感与国内外同行交流的重要性。金属增材制造技术属于交叉性比较强的专业，其与材料、设计、机械制造、光学与软件等学科都有很强的交叉，通过学术交流活动，可与激光加工、增材制造、精密电加工等专业方向的专家进行交流与思想碰撞，对自己在研究方向把握上有很好的促进作用。

作为青年科技工作者和科研主力军，王迪也深感国家对人才培养的重视和期望，因此其研究方向多面向国家重大需求或立足社会经济急迫需求进行科研攻关，解决行业内遇到的瓶颈问题，不怕坐冷板凳，敢于挑战难题和承担责任。同时作为一名高校教师，在研究前沿技术的同时，他也承担起了培养学生的重任，为特种加工行业持续健康发展输送合格的新鲜血液。

第12章 3D 打印技术

【实训目的与要求】

1）了解 3D 打印快速成形制造技术的原理及其分类。
2）掌握 3D 打印设备及其操作方法。

【安全实习注意事项】

1）加工过程中不得触摸打印头，避免烫伤。
2）必须使用指定工具卸载和剥离零件，不得强行拉拽。

老子云："合抱之木，生于毫末；九层之台，起于累土；千里之行，始于足下。"3D 打印过程与其描述内容何其相似：从"毫"米级（常用的 1.75mm）的丝料或更细的粉"末"开始，通过逐层"累"积的方式，制造出 3D 物体。

12.1 3D 打印概述

12.1.1 3D 打印的定义

《增材制造术语》（GB/T 35351—2017）定义增材制造（Additive Manufacturing，AM）是以三维数据为基础，通过材料堆积的方式制造零件或实物的工艺。三维打印（Three-Dimensional Printing）又称为 3D 打印，是利用打印头、喷嘴及其他打印技术，通过材料堆积的方式制造零件或实物的工艺。3D 打印与传统机械制造过程的区别为：传统机械制造是通过由大到小、由重到轻逐步"去除"毛坯上多余的材料来完成零件加工；而 3D 打印则是通过材料堆积方式完成制造过程，它不需要传统的刀具、夹具及多道加工工序。图 12-1 所示为上述两种零工件成形方法示意图。

12.1.2 3D 打印的起源与发展

3D 打印技术被称为"19 世纪的思想，20 世纪的技术，21 世纪的市场"。3D 打印的理念起源于 19 世纪末美国研究的照相雕塑和地貌成形技术；在 20 世纪 80 年代为了满足科研探索和产品设计的需求，3D 打印在数字控制技术的推动下得以实现，但因其起步阶段成本较高，只在业内小众群体中传播；进入 21 世纪以来，3D 打印技术逐渐走向成熟，初步形成产业并显示出巨大的发展潜力。2007 年以来，越来越多的 3D 打印爱好者带着新技术、新创意、新应用积极参与到 3D 打印技术的研发和推广中。

2012 年 4 月 21 日出版的英国《经济学人》杂志通过专题论述了当今全球范围内工业领域正在经历的第三次革命，认为 3D 打印技术可以实现社会化制造，每个人都可以开办工厂，并指出它将改变制造商品的方式，进而改变人类的生活方式。从此，3D 打印技术开始进入普通大众的视野。

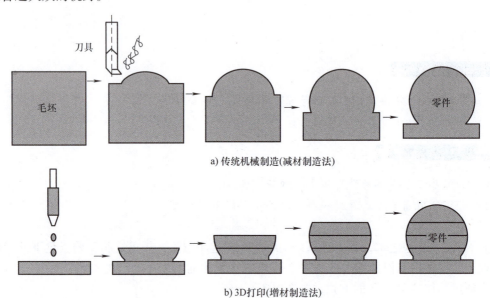

图 12-1 两种零件成形方法示意图

12.2 3D 打印的原理与组成

12.2.1 3D 打印的原理与过程

3D 打印是将三维的电子模型转化为二维层片后，进行分层制造，再通过逐层累积，形成三维实体，其基本原理如图 12-2 所示。其制造的基本过程如下：

（1）构建产品的三维模型 三维模型可由 CAD/CAM 软件参数化建立和物体三维扫描技术得到。

（2）对三维模型的近似处理 用一系列的小三角形平面来逼近模型的不规则曲面，对三维模型进行

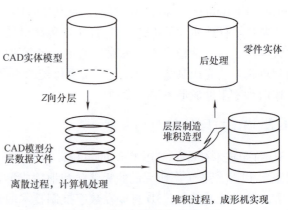

图 12-2 3D 打印技术基本原理

数据处理后，使用三角形网格的一种文件格式（∗.stl）对文件进行存储。

（3）**对三维模型的切片处理**　根据被加工模型的特征合理选择加工方向，通常在 Z 向上用一系列一定间隔的平面切割模型，平面间隔越小，成形精度越高，但成形时间也越长，效率就越低。间隔一般取 0.05 ~ 0.5mm，常为 0.1 ~ 0.2mm。

（4）**成形加工**　根据切片处理的截面轮廓，在计算机控制下，相应的成形头按各截面轮廓信息作扫描运动，在工作台上一层一层地堆积材料，各层相黏结，最终得到原型产品。

（5）**成形零件的后处理**　从成形设备中取出成形件，进行打磨、抛光等操作，完成零件的制作。

12.2.2　3D 打印系统的组成

一个较为完整的 3D 打印系统通常包括输入系统、制造工艺、材料使用和产品应用 4 个关键部分，如图 12-3 所示。

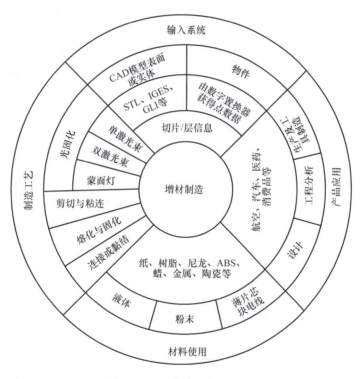

图 12-3　3D 打印系统的组成

1. 输入系统

输入系统的核心是建立三维数字化实体模型。三维实体可以由计算机辅助设计系统（CAD）建立和物体三维扫描反求两种方式得到。CAD 参数化建模是一种正向建模的方式，可直接建立零件三维模型；三维扫描是一种逆向工程的方法，利用坐标测量仪、数字化扫描仪，捕捉实体模型的数据点，然后在 CAD 系统中进行重建模型。由于各种方法获得数据格式不同，各种 3D 打印设备支持的数据格式也不完全一致，通常将文件转化成"∗.stl"格式作为两者之间的桥梁。

2. 制造工艺

3D 打印制作的工艺大致可以分为光固化类、剪切与粘连类、熔化和固化类、连接或黏结类等，每类工艺根据使用的元件和材料的不同又可进一步细分若干种，例如光固化类又可进一步划分为单激光束类、双激光束类和蒙面灯类等。

3. 材料使用

3D 打印成形工艺的不同决定了对材料的要求不同，例如熔融沉积成形工艺要求可熔融的线材，选择性激光粉末烧结工艺要求颗粒度较小的粉末，光固化成形工艺要求对某一波段的光比较敏感的光敏树脂，三维印刷工艺要求颗粒度较小的粉末和黏度较好的黏结剂。

4. 产品应用

3D 打印现已渗透到人们的衣、食、住、行之中（见图 12-4），涵盖了包括设计、工程分析、生产及工具制造等领域。

a) 服装   b) 建筑   c) 飞机发动机

d) 医疗   e) 食品   f) 工艺品

图 12-4　3D 打印产品应用

12.3 3D 打印工艺的分类

3D 打印的工艺有很多种，在解决不同领域中相关问题的过程中，出现了光固化成形、分层实体制造、选择性激光粉末烧结等以及基于喷射的成形技术，如熔融沉积成形、三维印刷等多种工艺方法。

12.3.1 光固化成形（SLA）

光固化成形技术（Stereo Lithography Appearance，SLA）以光敏树脂为原材料，通过计算机控制紫外激光发射装置逐层凝固成形。该技术最早由美国麻省理工学院的 Charles Hull 在 1986 年研制成功，美国 3D System 公司于 1988 年推出第一台商业设备 SLA250，是最早出现的、技术最成熟和应用最广泛的增材制造技术。

SLA 的工作原理如图 12-5 所示，其工作过程是：首先工作平台在液面下一个确定的深度开始成形，计算机控制激光器发出的激光束在聚焦后的光斑在液面上按轨迹指令逐点扫描，光斑打到的地方，液体光敏树脂产生固化，未被照射的地方仍是液态树脂；当一层扫描完成后，然后升降台带动平台下降一个确定的深度（即一层的厚度，一般为 0.05~0.2mm，具体位移量视精度而定），已成形的层面上又布满液态的树脂，刮平器将黏度较大的树脂液面刮平，经激光聚焦扫描后固化出新的一层，新固化的一层牢固地粘在前一层上，使加工的零件增加了一个层厚的高度，如此方法开始做下一层，此后往复循环；所有层成形完毕后，升降台上升至液体表面，零件完成固化过程，将原型从树脂中取出再次进行固化后处理，通过强光、电镀、喷漆或着色等处理得到需要的最终产品。

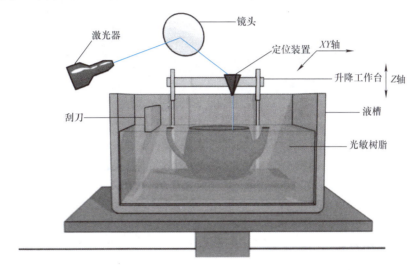

图 12-5　SLA 的工作原理

SLA 工艺的成形过程自动化程度高，零件尺寸精度高，表面质量优良，原材料利用率高，可以制作结构十分复杂的模型，但其设备运转及维护成本较高，可使用的材料种类较少，液态树脂具有气味和毒性且需要避光保护，液态树脂固化后的性能尚不如常用的工业塑料，一般较脆，易断裂，不利于进行机械加工。

12.3.2　选择性激光粉末烧结（SLS）

选择性激光粉末烧结（Selective Laser Sintering，SLS）是利用粉末材料在激光照射下高温烧结的基本原理，计算机控制激光的准确定位，逐层烧结堆积成形。该技术由美国得克萨斯大学的 C. R. Deckard 于 1989 年研制成功，1992 年 DTM 公司发布了第一台基于 SLS 的商业成形机。

SLS 的工作原理如图 12-6 所示，其工作过程是：先将材料粉末铺洒在已成形零件的上表面，并用平整滚筒滚平；通过打印仓的恒温设施将其加热至低于该粉末烧结点的某一温度，激光器在计算机的控制下按照该层的截面轮廓在粉层上照射，使被照射区的粉末温度升至熔化点之上，进行烧结并与已成形部分实现黏结；一层烧结完成后，工作台下降一层，铺洒一层材料粉末，选择性烧结一层，循环往复，烧结完成后将未烧结的粉末回收到粉末缸中，待零件充分冷却后取出，再进行打磨、烘干等处理，得到最终的产品。

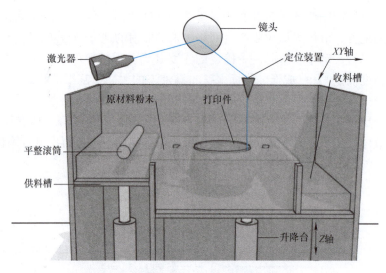

图 12-6 SLS 的工作原理

SLS 工艺比较成熟，其最大特点是可以烧结金属零件，产品的强度远高于其他增材制造技术，可以选用金属或非金属粉末材料种类较多，且无需附加支撑，材料利用率高，加工零件依赖于使用的材料种类和粒径、产品的几何形状和复杂程度，整体精度可达 0.05 ~ 0.25mm。SLS 工艺的缺点主要是粉末烧结带来的表面粗糙需要后期打磨处理，需要使用大功率激光器以及配套的控制部件，使用和维护成本高，设备整体技术复杂、制造难度大，目前 SLS 工艺大都集中在高端制造领域。

12.3.3　分层实体制造（LOM）

分层实体制造（Laminated Object Manufacturing，LOM），主要以背面涂覆热熔胶的箔材（如纸、金属箔、塑料膜）作为原料，由激光进行逐层切割后，依次黏合成形。最初由美国 Helisys 公司的 Michael Feygin 于 1986 年研制成功。

LOM 的工作原理如图 12-7 所示，其工作过程是：在箔材（如纸、金属箔、塑料膜）表面事先涂覆上一层热熔胶，通过热压滚轴的热压熔化热熔胶，使当前层与已成形的工件粘接；用计算机控制 CO_2 激光器在刚粘接的新层上切割出零件截面轮廓、工件外框，随后工作台下降，将工件与箔材分离；供料机构驱动收料轴和供料轴，将已加工料带移出加工区域，使待加工料带移到加工区域；将工作台上升至加工平面，重复上述步骤，完成新的一层，如此反复直至零件的所有截面切割、黏接完；最后，去除切碎的多余部分，得到分层制造的实体零件。

LOM 工艺只需用激光束将零件轮廓切割出来，无需打印整个切面，成形速度快，易于加工内部结构简单的大型零部件；工艺过程中不存在材料相变，制成件有良好的力学性能，不易引起翘曲变形；工件外框与截面轮廓之间的多余材料在加工中起到了支撑作用，所以 LOM 工艺无需附加支撑。LOM 工艺的缺点主要是可用材料范围窄，材料浪费较严重，每层厚度不可调整，难以直接加工精细和多曲面的零件。

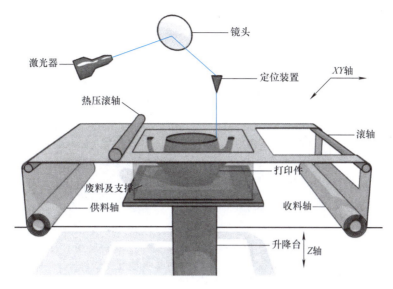

图 12-7　LOM 的工作原理

12.3.4　三维印刷（3 – DP）

三维印刷（Three – Dimensional Printing，3 – DP）利用粉末材料，使用喷嘴将黏合剂喷在需要成形的区域，让材料粉末黏结形成局部截面，层层叠加黏合成形。该技术是由美国麻省理工学院 Emanuel M. Sachs 等人研制的，并于 1989 年申请了美国专利，该专利是非成形材料微滴喷射成形范畴的核心专利之一。

3 – DP 的工艺原理与 SLS 工艺相比较，均采用粉末材料成形，所不同的是 SLS 将材料粉末通过烧结连接起来的，而 3 – DP 是通过喷头用黏结剂将零件的截面"印刷"在材料粉末上面，从工作方式上看，该工艺与传统的喷墨打印机最接近。3 – DP 的工艺原理如图 12-8 所示，工作过程是：首先在托台上平铺一层所需的粉状材料，在计算机控制下印刷喷嘴按运动轨迹喷出连续的黏性聚合物，喷印到粉状材料上将其黏结硬化，未被喷射黏结剂的地方为干粉，在成形过程中起支撑作用；上一层黏结完毕后，成形缸下降一个层厚的距离，供粉缸上升一高度，推出若干粉末，并被平整滚筒推到成形缸，铺平并被压实，喷墨打印头在计算机控制下，按下一建造截面的成形数据有选择地喷射黏结剂建造层面，平整滚筒铺粉时多余的粉末被集粉装置收集。如此周而复始地送粉、铺粉和喷射黏结剂，最终完成一个通过黏合剂黏结的三维粉末体，将其进行后期处理便得到成形件。

3 – DP 工艺制造的零件是由粉末和黏结剂组成的，可用于制造复杂零件、复合材料或非均匀材料，成形速度快，适合制造小批量零件。该技术很大的优势在于可以给喷墨打印头配上"墨盒"，用于打印全彩色模型；其缺点是零件的精度和表面粗糙度较差，黏结剂粘接的零件强度较低，零件易变形甚至出现裂纹。

12.3.5　熔融沉积成形（FDM）

熔融沉积成形（Fused Deposition Modeling，FDM）主要采用丝状热熔性材料作为原材料，通过加热熔化，通过一个微细喷嘴的喷头挤喷出来，当温度低于熔点后开始固化沉积后

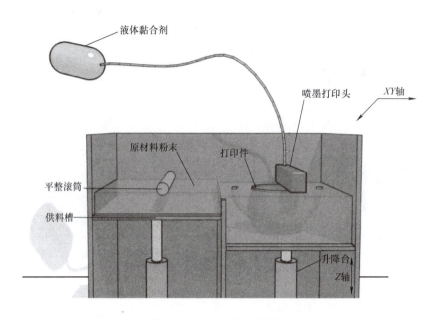

图 12-8　3 – DP 的工艺原理

逐层堆积形成最终的成品。该工艺由美国学者 Scott Crump 于 1988 年研制成功，目前是桌面机市场的主流产品，厂商推出了大量的产品，各种开源的软硬件供 DIY 选择。

　　FDM 的工艺原理如图 12-9 所示，其工作过程是：将圆形（如 $\phi 1.75\text{mm}$）丝料（材料为 ABS、PLA 等），通过送丝轴连续导入热流道加热熔化后，在后续丝材的挤压所形成的压力下，从喷头底部的喷嘴（直径一般为 $0.2\sim0.6\text{mm}$）挤喷出来，接着在上位软件和打印机的控制下，打印喷头根据水平分层数据做 X 轴和 Y 轴的平面运动，材料从喷头中挤出，黏结到工作台面快速冷却并凝固。完成一层截面后，工作台 Z 轴方向下降一个层厚的高度（一般为 $0.1\sim0.4\text{mm}$）继续进行下一层的打印，一直重复该步骤，直至完成整个模型制作。

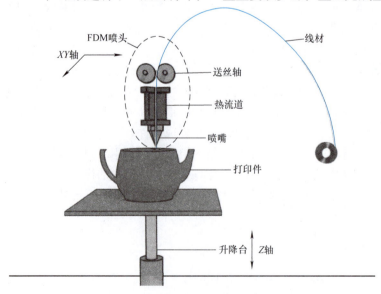

图 12-9　FDM 的工艺原理

FDM 工艺的关键是控制从喷嘴中喷出的、熔融状态下的原材料温度保持在稍高于凝固点（1~5℃），温度过高将导致模型变形、精度低等问题，温度过低或不稳定将堵塞喷头，打印失败。

FDM 工艺的优点主要是：①热熔挤压头系统构造原理和操作简单，维护成本低，系统运行安全；②成形速度快，制造和使用成本低，价格优势明显；③模型的复杂程度对打印过程影响小，常用于成形具有很复杂的内腔、孔等零件；④在成形过程中无化学变化，制件的翘曲变形小；⑤原材料利用率高，且材料寿命长；⑥支撑去除简单，分离容易。

FDM 工艺的缺点主要有：①成形件的表面有较明显的条纹，整体精度较低；②沿成形 Z 轴方向的强度比较弱，不适合打印大型物品；③受材料和工艺限制，打印物品的强度较低。

12.4 3D 打印机的结构与操作

12.4.1　3D 打印机的结构

一台完整的 3D 打印机由机械系统和控制系统两大部分组成。

3D 打印机的机械系统主要由机身结构（见图 12-10）、传动系统（见图 12-11）、挤出系统（见图 12-12）等组成。

a) 笛卡儿式

b) 并联臂式

c) 极坐标式

图 12-10　3D 打印机的机身结构形式

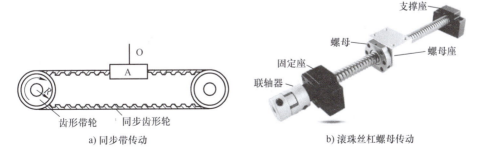
a) 同步带传动　　　　　　　　　b) 滚珠丝杠螺母传动

图 12-11　3D 打印机的传动系统

3D 打印机的控制系统（见图 12-13）由硬件系统（主控模块、温度控制模块、挤出控制模块、运动控制模块、其他控制模块等）和软件系统（打印控制计算机、应用软件、底层控制软件、接口驱动单元等）组成。

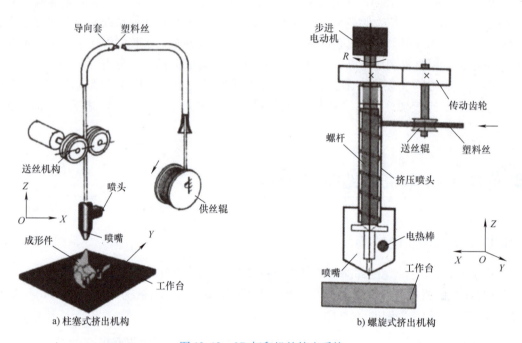

图 12-12　3D 打印机的挤出系统

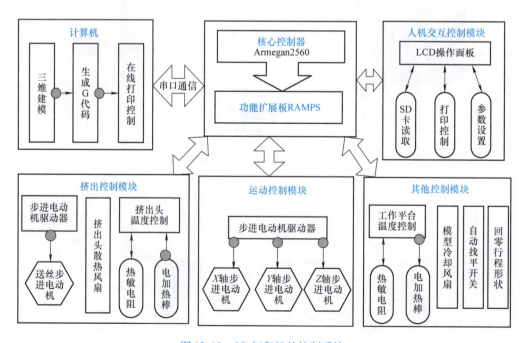

图 12-13　3D 打印机的控制系统

12.4.2　3D 打印机的操作

这里以北京太尔时代公司生产的 UP 系列 3D 打印机为例，软件为 UP STUDIO，版本为 2.0.0.8，适用于 UP300、UP200、UP BOX +、UP2、UPMINI2、UPMINI3 等多型号机床，介绍 3D 打印机的基本操作的基本方法和主要工艺参数的选择。

1. 启动 3D 打印机

接通 3D 打印机电源，启动计算机，双击桌面上的"UP STUDIO"图标，启动软件后，在左侧快捷栏中单击"UP"图标，进入操作界面，如图 12-14 所示。

图 12-14　UP STUDIO 软件操作界面

2. 添加模型

（1）导入模型　单击"＋"。其添加目录包括三个基本功能（见图 12-15）：①添加模型。单击"🖿"可以添加由各种软件生成的 3D 打印的模型文件，目前该软件支持的格式有 ∗.stl、∗.up3、∗.obj、∗.ups 和 ∗.gcode 等。②添加图片。单击"🖼"选择相应图片（照片），可以将二维图像转换为三维模型，目前设定了"图片""灯罩""相框"三种选择类型，轻松制作三维产品，图 12-16 所示的是使用图片制作三维相框。③调用基本模型。可以直接调用简单的三维零件模型（如圆柱、圆环、三棱锥等）进行打印。

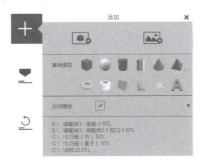

图 12-15　添加模型菜单

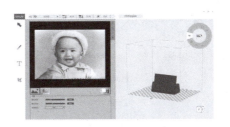

图 12-16　相框的三维设计

（2）调整模型　通过模型调整轮对导入的模型进行编辑，主要有旋转、移动、缩放、视图、显示模式、切平面、镜像、自动摆放、回退、类别 10 个编辑功能，每个功能下又包含有若干子工具（见图 12-17）。具体功能的介绍见表 12-1。

表 12-1　模型调整轮功能介绍

序号	功能	图标	说　明
1	旋转	↻	设置模型旋转：先选择旋转轴（X/Y/Z），输入旋转角度，或快捷选择 −90°/−45°/−30°/30°/45°/90°，或鼠标移动选择
2	移动	✛	设置模型移动：先选择移动轴（X/Y/Z），输入移动距离，或快捷选择 −50/−20/−10/10/20/50，或鼠标移动选择
3	缩放	⬈	设置模型缩放：可以锁定 X/Y/Z 同比例缩放，也可单独某轴缩放；输入缩放比例，快捷选择 0.5/0.8/1.2/1.5/2/3，或鼠标移动选择
4	视图	👁	设置视图模式：可选择自由视图（标准视图）/顶视图/底视图/前视图/后视图/左视图/右视图
5	显示模式	⬓	设置显示模式：可选择线框/实体/线框＋实体/透视
6	切平面	◣	可以观察 X/Y/Z 方向上相应截面的情况
7	镜像	▸│◂	可以分别设置 X/Y/Z 方向上的镜像
8	自动摆放	✕	将打印模型自动摆放到打印空间
9	回退	↩	撤销上一步操作
10	类别	≡	修复模型（自动修复模型表面）、保存模型（保存模型摆放位置）、重置（回到模型调整前的状态）等选项

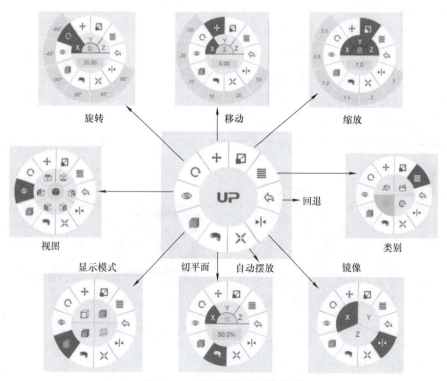

图 12-17　模型调整轮功能菜单

将模型导入打印空间后，使用模型调整轮使模型摆放到打印空间中的合适位置，可通过鼠标右键进行模型的复制与删减，查询模型的属性等，做好模型制作准备工作。

3. 初始化打印机

首次使用 3D 打印机需要进行初始化，单击"⟳"，3D 打印机自动回到坐标轴最大位置，建立机床坐标系，构建三维加工空间的相互位置关系。

4. 校准打印机

首次使用、机床位置发生变化、打印过程中发现打印件与地板接触过松或过紧时，均需要对平台进行校准（见图 12-18）。平台校准方法是：①使用"自动对高"功能，用于初步设定平台的高度；②使用"手动校准"功能，对 9 个校准点进行调平补偿，使工作台保持水平，提高加工精度和质量。校准时在平台上放置一张校准卡，手动控制平台升降，直到其刚刚触碰到喷嘴（见图 12-19），移动校准卡查看其受到的阻力情况，手动调整校准点的高度（见图 12-20），直至 9 个点全部完成并确认。

图 12-18　平台校准

图 12-19　手动校准平台

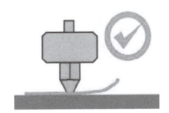

当移动校准卡时可以感受到一定阻力，此时平台高度适中

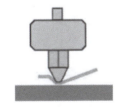

当移动校准卡时阻力很大或不能移动，此时平台过高，需略微降低平台

当移动校准卡时无阻力，平台过低，需略微升高平台

图 12-20　校准卡的使用方法

5. 准备材料及辅助工具

打印前，要通过"维护"选项准备材料和底板等辅助工具。单击"✕"进入"维护"工具使用的菜单（见图 12-21）。其中"挤出"主要是控制运丝电动机将打印的丝材送入加热腔，当喷头挤出当前材料后，完成装料的过程；"撤回"主要是控制运丝电动机将现有的材料撤出加热腔，完成取出丝材的操作；"停止"是指随时控制挤出和撤回的操作。换料的操作是先撤回旧丝料，再挤出新丝料。

打印底板可选择多孔板/Flex 板/玻璃板；喷嘴直径可选择 0.2mm/0.4mm/0.6mm；加热

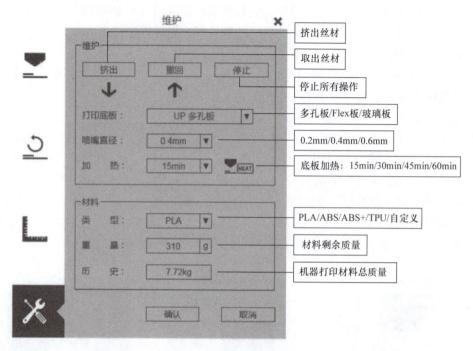

图 12-21 维护工具的使用

（底板）时间可选择 15min/30min/45min/60min；材料类型可选择 PLA/ASB/ABS +/TPU/自定义，自定义主要是设置加热温度和底板温度；重量显示的是材料的剩余质量，换新丝料时需输入丝料的质量（例如 500g）；历史显示的是当前机床已打印材料的总质量。

6. 打印参数的设置

打印参数的设置是 3D 打印加工工艺的核心。在满足产品质量和性能的要求前提下，使用合理的打印参数，可以保证产品的表面质量、节省打印时间和节约打印材料。图 12-22 所示为 3D 打印的主要参数设置。

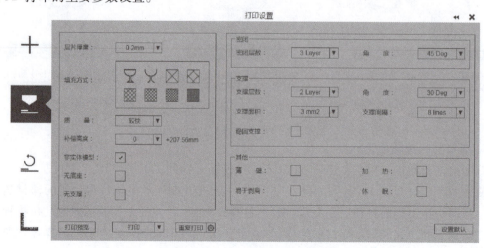

图 12-22 3D 打印的主要参数设置

1）层片厚度：层片厚度越小，分的层数越多，加工质量越好，加工时间越长，可选择 0.1mm、0.15mm、0.2mm、0.25mm、0.3mm、0.35mm 等选项。

2）填充方式：打印产品的内部结构是通过填充的方式进行的，根据使用目的不同可选择外壳、表面、13%、15%、20%、65%、80% 和 99% 等选项，其效果见表 12-2。

表 12-2　3D 打印填充方式

	外壳	表面	13%	15%	20%	65%	80%	99%
图例								
效果								
说明	无填充物，公称壁厚	无顶层和底层，无填充物	大孔	中空	松散	细密	致密	实体

3）质量：打印质量，该选项是通过打印速度控制来设定的，可选择默认、较好、较快、极快等选项，通常选择"默认"。对表面质量要求较高的，选择"较好"；对表面要求不高的可选择"极快"。

4）补偿高度：加工过程中根据喷嘴与平台的接触情况对机床高度所进行的微调。

5）非实体模型：软件将自动固定非实心模型。

6）无底座：无基底打印。

7）无支撑：无支撑打印。

8）密闭层数：密封打印物体顶部和底部的层数，可选择 2 层、3 层、4 层、5 层、6 层。

9）角度：决定表面层开始打印的角度，可选择 30°、40°、45°、50°、60°。

10）支撑层数：选择支撑结构和被支撑表面之间的层数，可选择 2 层、3 层、4 层、5 层、6 层。

11）支撑角度：决定产生支撑结构和致密层的角度，可选择 10°、30°、40°、45°、50°、60°、80°。

12）支撑面积：决定产生支撑结构的最小表面面积，小于该值的面积将不会产生支撑结构，可选择 0mm²、3mm²、5mm²、8mm²、10mm²、15mm²、20mm²。

13）支撑间隔：决定支撑结构的密度，值越大，支撑密度越小，可选择 4 行、6 行、8 行、10 行、12 行、15 行。

14）稳固支撑：支撑结构更加结实，但不易拆除。

15）薄壁：软件将检测太薄无法打印的壁厚，并将其尺寸增加到可以打印的尺寸。

16）加热：开始打印前预热，一般不超过 15min。

17）易于剥离：支撑结构及工件容易从工作台上剥离。

18）休眠：打印完成后，打印机进入休眠模式。

19）打印预览：检查模型的分层情况，完成后显示打印时间和使用材料的质量。

20）打印：按照设置的参数开始打印，单击"▼"进入高级打印，可以设置暂停位置、槽位、线宽等；单击重复打印，可以选择以往打印的零件。

图 12-23 所示为打印参数对应的密闭层、填充物、支撑层、底座和平台的相互位置关系。

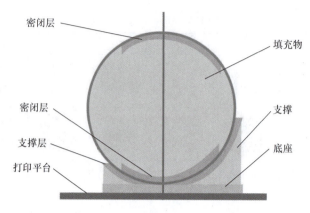

图 12-23　打印参数的相互位置关系

7. 产品打印及后处理方法

3D 打印机根据零件的程序进行打印，喷头按各截面轮廓信息做扫描运动，在工作台上一层一层地堆积材料，各层相黏结，最终得到三维产品模型。打印的过程中要注意材料是否出现断裂、打结等现象，并及时处理。

基于熔融堆积成形技术，由喷头挤出的加热材料逐层堆积会在模型表面形成层与层之间连接的纹路。纹理取决于层厚的大小，分层数量的增加将降低打印效率。为了得到较好的模型外观质量和较短的打印时间，可通过表面处理来实现，处理的主要方法有砂纸打磨、喷丸处理、溶剂浸泡和溶剂熏蒸等。

（1）砂纸打磨　砂纸打磨是利用砂纸摩擦去除模型表面的凸起，光整模型表面的纹路。一般先使用 200 目的砂纸粗磨，使得模型表面纹路快速细化；再采用 600 ~ 800 目的砂纸半精磨，使模型表面纹路基本消除；最后采用 2000 目以上的砂纸精磨，使模型表面光滑，达到喷漆的要求。砂纸打磨经济实用，因此是 3D 打印模型后期表面处理最常用的方法。

（2）喷丸处理　喷丸处理就是将高速弹丸流连续喷射到零件表面，最终达到抛光的效果。喷丸处理一般比较快，5 ~ 10min 即可完成，处理过后产品表面光滑，比打磨的效果要好，而且根据材料不同还有不同效果。喷丸处理一般是在一个密闭的腔室里进行的，因此它对处理的对象是有尺寸限制的，处理过程需要用手拿着喷嘴，所以处理效率较低。

（3）溶剂浸泡　溶剂浸泡利用有机溶剂（如丙酮、醋酸乙酯、氯仿等）的溶解性对 ABS、PLA 等材质的 3D 打印模型进行表面处理。将 3D 打印模型浸泡在专门的抛光液中，待其表面达到需要的光洁效果，取出即可。溶剂浸泡能快速消除模型表面的纹路，但要合理控制浸泡时间，时间过短则无法消除模型表面的纹路，时间过长则容易出现模型溶解过度，会导致模型的细微特征缺失和模型变形。另外，也可将抛光液均匀涂抹到 3D 打印模型上进行抛光。

（4）溶剂熏蒸　蒸汽熏蒸是利用有机溶剂对 ABS、PLA 的溶解性来对 3D 打印模型进行表面处理。在容器中对有机溶液加热形成高温蒸气，均匀地溶解悬在容器中的 3D 打印模型表层的材料（理想溶解层厚度约为 0.002mm），它可以在不显著影响打印模型的尺寸和形状的前提下获得光洁外观。

3D 打印抛光机如图 12-24 所示，控制系统由开关控制、时间控制和温度控制组成，其中带盖的不锈钢内胆和支架是其主要结构。抛光操作基本过程是：①将 20 ~ 50ml 抛光液倒入不锈钢内胆中，将待抛光的模型放到支架上，盖上盖子；②打开开关，调节时间为 3 ~ 5min，温度设置在 70℃ 左右，容器内模型表面溶解抛光，熏蒸结束后自动关闭；③将支架取出，待模型风干后，取下模型，模型表面达到将镜面效果，如图 12-25 所示。

a) 处理前　　　　　　b) 处理后

图 12-24　3D 打印抛光机　　　　　　图 12-25　3D 打印作品后处理

由于有机溶剂有较强烈刺激性，并有微毒，因此操作过程中要注意做好安全保护工作，如佩戴手套和口罩、在通风条件下进行试验等。

12.4.3　3D 打印的主要工艺分析

虽然 3D 打印的加工精度不及机械加工要求高，但选择合理的加工工艺可以有效地提高产品的质量。3D 打印的加工工艺通过在软件中设置合理的工艺参数来实现，所设置的参数主要有成形方向、层厚、填充密度、打印质量（速度）、密闭参数、支撑参数等。

1. 成形方向的确定

成形方向选择的基本原则是在满足产品质量的前提下，尽可能地减少打印时间和材料的使用量。提高产品质量的因素主要有以下几点：

1）保证零部件主要结构的尺寸精度，以减少分层等因素引起的误差。图 12-26 所示的是某轴承座成形方向的比较，其中图 12-26a 为零件图，图 12-26b 以背板作为底面放置，图 12-26c 以底座作为底面放置，图 12-26d 以底座前表面作为底面放置，图 12-26e 以轴承孔外侧作为底面放置，图 12-26f 为打印时添加的辅助支撑。这个零件主要保证的是轴承孔的尺寸精度。基于 3D 打印的原理，图 12-26c、图 12-26e 会造成"阶梯误差"，图 12-26d 产生较多的支撑会造成打印材料的浪费和时间的增加，因此选择图 12-26b 较为合理。

2）保证零部件的表面粗糙度，减少支撑、底面接触等因素引起的误差。图 12-27 所示为某机器人手腕的外壳成形方向的比较。其中图 12-27a 所示成形方向，在内腔会产生大量的支撑，将导致使用更多的材料和更多打印时间；图 12-27b 所示成形方向，虽然内腔打印不需要支撑，节约了打印材料和时间，但外壳表面与打印平台直接接触时将产生辅助支撑，

a) 轴承座零件　　　　　　b) 背板为底面放置　　　　　　c) 底座为底面放置

d) 前表面为底面放置　　　e) 轴承孔外侧为底面放置　　　　f) 添加辅助支撑

图 12-26　轴承座零件及其成形方向的确定

在剥离辅助支撑时，将影响表面质量。考虑到零件的用途，因此选择图 12-27a 成形方向较为合理。

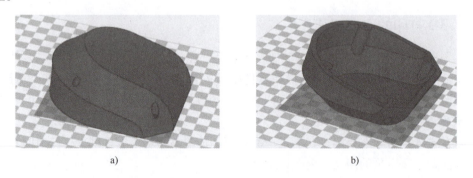

a)　　　　　　　　　　　　　　　　　b)

图 12-27　机器人手腕外壳成形方向的确定

2. 打印参数的设置

（1）层厚　在填充密度、密闭参数、支撑参数和打印质量（速度）不变的情况下，若仅改变打印厚度，则加工图 12-27a 所示零件的结果见表 12-3。层厚越小，打印的层数越多，加工时间越长，而使用材料的质量变化不大，实际加工的零件质量就越高。根据打印件的质量要求选择层厚，一般选择 0.2mm，既可以保证较好的加工精度，又能节约打印时间。

（2）填充密度　在层厚、密闭参数、支撑参数和打印质量（速度）不变的情况下，仅改变填充密度，则加工图 12-27a 所示零件的结果见表 12-4。填充密度越大，加工时间越长，使用的材料越多，零件的力学性能将得到一定的提升。根据打印件对力学性能的要求，对于力学性能要求一般的，填充密度可以选择 20% 及以下；对力学性能要求较高的，填充密度可以选择 65% 及以上。本案例中，由于机器人手腕外壳本身属于壳类（薄壁）零件，改变壳内的填充密度对加工时间和使用材料质量影响较小，如果改为实心零件，填充密度对材料使用和加工时间则影响较大。

表 12-3 层厚参数对成形加工的影响

序号	层厚/mm	层数	密闭参数	填充密度	支撑参数	打印质量	加工时间/h	材料质量/g
1	0.1	480	3	20%	间隔8行	默认	16.1	75.1
2	0.15	321	3	20%	间隔8行	默认	10.9	79.3
3	0.2	242	3	20%	间隔8行	默认	7.3	79.9
4	0.25	194	3	20%	间隔8行	默认	4.9	81.5
5	0.3	163	3	20%	间隔8行	默认	4.3	85
6	0.35	140	3	20%	间隔8行	默认	3.5	89.5

表 12-4 填充密度对成形加工的影响

序号	层厚/mm	密闭参数	填充密度	支撑参数	打印质量	加工时间/h	材料质量/g
1	0.2	3	13%	间隔8行	默认	7.2	78.5
2	0.2	3	15%	间隔8行	默认	7.2	79
3	0.2	3	20%	间隔8行	默认	7.3	79.9
4	0.2	3	65%	间隔8行	默认	7.6	84.3
5	0.2	3	80%	间隔8行	默认	8.3	92.7
6	0.2	3	99%	间隔8行	默认	9.1	111.9

（3）密闭参数 3D 打印模型 STL 文件本身就是由连续的封闭曲面构成，密闭参数中的层数就是为封闭模型表面所打印的次数，其与层厚的乘积就是打印模型表面的厚度，例如层厚为 0.2mm，密闭层数为 3，则模型表面的厚度为 0.6mm。一般而言，通常取层数为 3~5 层，表面厚度 0.6~1mm，增加表面厚度有助于提高成形零件的密闭性能。在层厚、填充密度、支撑参数和打印质量（速度）不变的情况下，仅改变密闭参数，则加工图 12-27a 所示零件的结果见表 12-5。在表面积相同的状态下，增加密闭层数，将增加材料的使用量和加工的时间，但增加幅度较小。

表 12-5 密闭参数对成形加工的影响

序号	层厚/mm	密闭参数	填充密度	支撑参数	打印质量	加工时间/h	材料质量/g
1	0.2	2	20%	间隔8行	默认	7.1	77.4
2	0.2	3	20%	间隔8行	默认	7.3	79.9
3	0.2	4	20%	间隔8行	默认	7.5	82.3
4	0.2	5	20%	间隔8行	默认	7.6	84.6
5	0.2	6	20%	间隔8行	默认	7.7	86.8

（4）**支撑参数** 由于三维零件存在空心结构，因此必须添加支撑结构来有效地避免在层层堆叠过程中出现坍塌。而支撑结构最终是要从实体零件上剥离掉，合理的参数设置和路径规划，可以有效地减少支撑结构的使用，从而节约打印材料和打印时间，同时可以提高打印件的表面质量，减少后处理的工作量。在层厚、密闭参数、填充密度和打印质量（速度）不变的情况下，仅改变支撑参数，则加工图 12-26a 所示零件的结果见表 12-6，通过增减支撑间隔（间隔 4 行/15 行），可以有效地减少近 20% 的打印时间和材料。设置支撑和不设置支撑参数的效果比较如图 12-28 所示。

表 12-6 支撑参数对成形加工的影响

序号	层厚/mm	密闭参数	填充密度	支撑参数	打印质量	加工时间/h	材料质量/g
1	0.2	3	20%	间隔 4 行	默认	8.1	92.5
2	0.2	3	20%	间隔 6 行	默认	7.5	84.1
3	0.2	3	20%	间隔 8 行	默认	7.3	79.9
4	0.2	3	20%	间隔 10 行	默认	7.1	77.4
5	0.2	3	20%	间隔 12 行	默认	7.0	75.7
6	0.2	3	20%	间隔 15 行	默认	6.9	74

a) 不设置支撑   b) 设置支撑

图 12-28 支撑设置与否比较

（5）**打印质量（速度）** 打印速度指的是单位时间内喷头扫描的距离。在层厚、密闭参数、支撑参数和填充密度不变的情况下，仅改变打印速度，则加工图 12-26a 所示零件的结果见表 12-7。选择较好、默认、较快和极快的几种方式，若使用的材料质量不变，则打印时间依次递减。如果对表面质量要求不是很高，则通常选择默认或者较快的方式，以获得较高的速度。成形零件的质量主要决定于材料种类、材料挤出速度和温度、喷头扫描速度等综合因素，在采用不同的算法以保证打印质量的同时，如何提高打印速度则成为研究人员进行探讨的热点问题。

表 12-7 打印质量对成形加工的影响

序号	层厚/mm	密闭参数	填充密度	支撑参数	打印质量	加工时间/h	材料质量/g
1	0.2	3	20%	间隔 8 行	较好	9.1	79.9
2	0.2	3	20%	间隔 8 行	默认	7.3	79.9
3	0.2	3	20%	间隔 8 行	较快	6.1	79.9
4	0.2	3	20%	间隔 8 行	极快	5.4	80.1

12.4.4　零件的 3D 打印

1. 单个零件打印

（1）零件导入　单击"**＋**"，在添加目录下，选择添加模型 ，在目录下找到需要打印模型文件，如图 12-29a 所示，打开文件，模型载入系统后，如图 12-29b 所示。

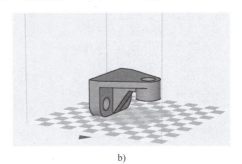

a)　　　　　　　　　　　　　　　　　　　　b)

图 12-29　模型的导入

（2）模型调整　通过模型调整轮对导入的模型进行编辑，可以改变其摆放方向、位置，调整大小（缩放），如图 12-30 所示。

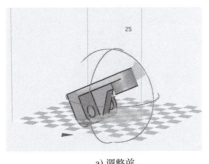

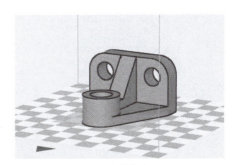

a) 调整前　　　　　　　　　　　　　　b) 调整后

图 12-30　模型的调整

（3）打印参数的设置　根据零件的要求设置打印参数。一般要求的打印参数可以按照下述参数进行设置（见图 12-31）：层片厚度为"0.2mm"；填充方式为"20% ~ 65%"；质量为默认；密闭层数为"3 层"，密闭角度为"45°"；支撑层数为"3 层"；支撑角度为"30°"；支撑面积为"3mm^2"；支撑间隔为"8 行"。

（4）打印预览　单击打印预览，可以获得打印时的支撑情况（见图 12-32a）、打印时间和打印材料的质量等信息，并预览打印的过程（见图 12-32b），通过滚动条可以详细观察每层的打印情况（见图 12-32c）。

（5）打印　预览无误后，单击"打印"，打印头和底板开始加热（见图 12-33a）。当喷头加热到相应温度后（见图 12-33b），工作台移动，打印开始。打印过程一般是连续的，首先打印基座（见图 12-34a），逐层打印实体和填充部分（见图 12-34b、图 12-34c），直至打印完成（见图 12-34d）。将零件从底板取下，使用工具将支撑材料剥离（见图 12-34e）。在打印过程中，应当注意间隔观察打印机的喷头吐丝状况和零件打印情况，遇到丝料不足、丝

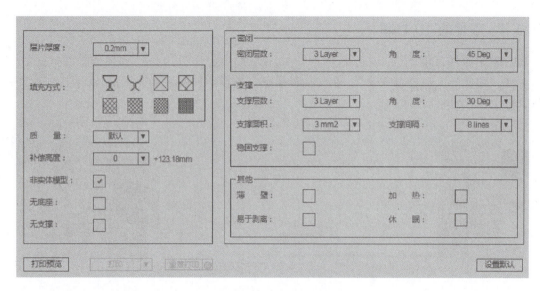

图 12-31　打印参数的设置

料缠绕、喷头堵塞、打印错位等问题应及时处理，以免浪费时间和材料。

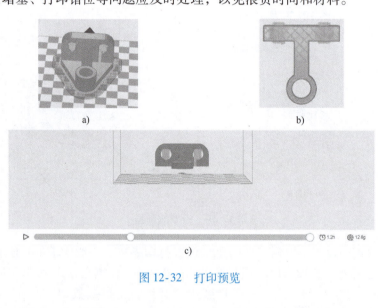

a)　　　　　　　　　　　　　　　　　　b)

c)

图 12-32　打印预览

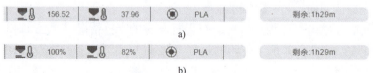

a)

b)

图 12-33　打印状态

2. 多个零件打印

在加工范围内，可以同时打印多个零件，如图 12-35a 所示，可将多个模型同时输入到控制软件中。如果打印多个相同零件，则可以直接在软件图形区域选择零件，单击鼠标右

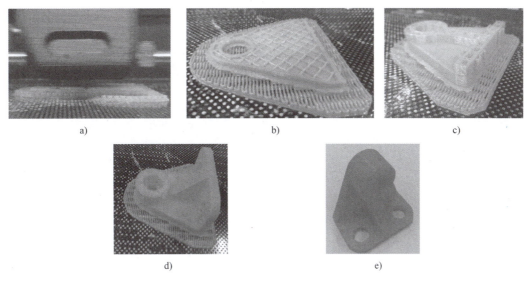

图 12-34　打印过程

键，使用"复制"功能直接复制出 N 个零件，如图 12-35b 所示。

每个零件的打印位置、方向等可以单独设置，但打印参数中的层片厚度、填充方式、打印质量等参数是统一的，不能单独设置。

图 12-35　多个零件同时打印

延伸阅读

4D 打印技术

智能增材制造（又称为 4D 打印）是在 3D 打印技术基础上发展起来的新兴增材技术，其智能特性表现在打印产品具备应激自动响应特性，可在不同激励条件下实现相应的形态及性质上的演变，是一种"动态"产品。自 2013 年 MIT 的 Skylar Tibbits 团队提出 4D 打印是"3D 打印 + 时间"智能设计的概念以来，在不断探索中，逐步形成了"3D 打印 + 智能材料 + 智能结构"的智能增材制造技术。4D 打印近年来的发展历程、研究热点以及技术特点如图 12-36 所示。

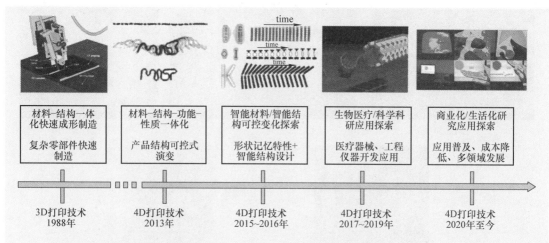

<table>
<tr><td>材料-结构一体化快速成形制造</td><td>材料-结构-功能-性质一体化</td><td>智能材料/智能结构可控变化探索</td><td>生物医疗/科学科研应用探索</td><td>商业化/生活化研究应用探索</td></tr>
<tr><td>复杂零部件快速制造</td><td>产品结构可控式演变</td><td>形状记忆特性+智能结构设计</td><td>医疗器械、工程仪器开发应用</td><td>应用普及、成本降低、多领域发展</td></tr>
<tr><td>3D打印技术
1988年</td><td>4D打印技术
2013年</td><td>4D打印技术
2015~2016年</td><td>4D打印技术
2017~2019年</td><td>4D打印技术
2020年至今</td></tr>
</table>

图 12-36　4D 打印发展历程及技术特点

4D 打印遵循"材料 – 结构 – 功能"一体化的智能增材制造技术理念，将产品赋予智能演变特性，在不同的环境条件激励下，可实现不同的形状、功能或性质的演变。

Akbari 等将形状记忆合金（SMA）材料与形状记忆聚合物（SMP）材料结合制备了通过电控制热响应机制的智能夹持装置，如图 12-37 所示。以热响应 SMA 材料作为骨架主体，以 SMP 材料作为外围包裹，铰链处预埋电阻导线，使用时，将电阻导线通电后发热，诱导夹爪中的 SMA 骨架发生形变，即可完成夹持动作。夹持动作结束后断开电源，依靠 SMP 材料的形状记忆特性迅速将夹爪回归至原始位置。利用 SMA 材料与 SMP 材料的配合，即可实现电控夹持装置的开合，解决了相应领域应用时空间狭小，难以使用电动机驱动和气动装置结构复杂的问题，在未来的软体机器人技术领域完全可以进一步发展为机器人的活动关节、夹持手臂等。

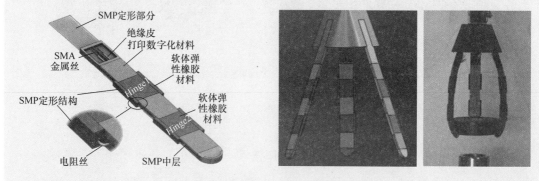

图 12-37　电控制热响应机制的智能夹持装置

Fisher 等基于良好生物相容特性材料 4D 打印了可受磁效应激励控制变形的卷筒状肠体培养基，如图 12-38 所示。该基体由疏水性和亲水性单体组成的丙烯酸基网络能够控制活化和膨胀的速度，并且在磁效应条件激励下卷筒扩张，满足肠体的增长需求，将其植入动物体内进行实验取得了良好的效果。

Zraek 等使用温度敏感的 SMP 材料制备的温感传感器，如图 12-39 所示。该产品受温度

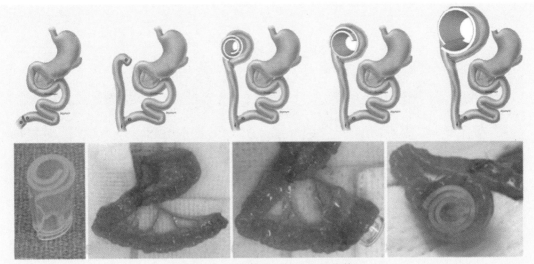

图 12-38　4D 打印生物用组织培养基

影响，在相应温度下实现开关的自行闭合，使电路联通，点亮 LED 灯起到提示作用，可用作相应场合的温度自感应开关。

图 12-39　基于 4D 打印的温度传感器

Wang 等基于仿生学原理 4D 打印成形运动专用鱼鳞状的透气速干衣物，如图 12-40 所示。该衣物使用对湿度十分敏感的微生物沉积物为材料，并结合传统针织技术一体制造成形，当人体在运动过程中产生汗液时，衣物湿度增加，此时鱼鳞状开口张开，便于透气散热，迅速干燥；当运动后恢复平静时，可实现自动闭合，保温保暖。

Zarek 等分别基于温度、光照和磁场等多物理场角度 4D 打印成形不同的产品，如图 12-41 所示。其打印成形的埃菲尔铁塔和雄鹰等产品分别可以依据不同的激励条件实现形状的变化。

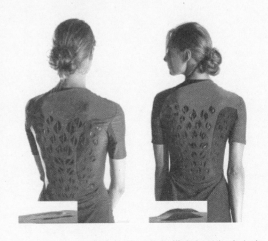

图 12-40　4D 打印为智能衣物提供良好的解决方案

图 12-41　具备相应智能演变能力的 4D 打印工艺品

　　4D 打印作为增材制造技术领域的新兴技术，与传统 3D 打印技术相比，可满足多环境、多功能的使用需求，是未来柔性制造和智能制造的重要组成部分。目前 4D 打印技术依旧处于发展的初级阶段，诸多 4D 打印产品依旧停留在实验室阶段，尚未大规模出现在实际问题的解决方案中。在未来发展过程中需要加强智能材料、产品结构和成形工艺、大数据智能模拟仿真与数据处理、特种材料专用成型设备以及 4D 打印技术的理论体系建立等领域技术手段的同步发展。

附　　录

附录 A　工程训练实习总结报告

学号：		姓名：		班级：		学期：	
实习组别：			实习时间：			选课教师：	
一、请你对本次工程训练课程做简要总结，谈谈你的整体印象，并结合其中若干印象比较深刻的内容，说说你的收获、体会等。（字数不少于 200 字）							

（续）

二、结合工匠精神，谈谈你对未来学习和工作的想法。（字数不少于100字）

三、你对本课程有何意见或建议？

注：如篇幅不足，请附页。

附录 B　工程训练实习过程记录表

序号	实习日期	实习主要内容	指导教师	备注
1				
2				
3				
4				
5				
6				
7				
8				
9				
10				

（续）

序号	实习日期	实习主要内容	指导教师	备注
11				
12				
13				
14				
15				
16				
17				
18				
19				
20				

注：按照实习模块的顺序填写。

参 考 文 献

[1] 柳秉毅. 金工实习：上册 [M]. 北京：机械工业出版社，2015.

[2] 黄明宇. 金工实习：下册 [M]. 北京：机械工业出版社，2016.

[3] 王先逵. 机械加工工艺手册 [M]. 北京：机械工业出版社，2014.

[4] 白基成. 特种加工 [M]. 北京：机械工业出版社，2014.

[5] 王先逵. 机械制造工艺学 [M]. 北京：机械工业出版社，2015.

[6] 文西芹，张海涛. 工程训练 [M]. 北京：高等教育出版社，2012.

[7] 朱华炳，田杰. 制造技术工程训练 [M]. 北京：机械工业出版社，2014.

[8] 李舒连. 机械制造基础工程训练 [M]. 合肥：合肥工业大学出版社，2008.

[9] 李舒连，杨琦. 机械制造基础工程训练报告 [M]. 合肥：合肥工业大学出版社，2009.

[10] 杨琦，李舒连. 工程训练及实习报告 [M]. 合肥：合肥工业大学出版社，2016.

[11] 杨琦，糜娜，曹晶. 3D 打印技术基础及实践 [M]. 合肥：合肥工业大学出版社，2018.

[12] 郭艳玲，耿雷，李健. 数控高速走丝电火花线切割加工实训教程 [M]. 2 版. 北京：机械工业出版
    社，2013.

[13] 张定华. 数控加工手册 [M]. 北京：化学工业出版社，2013.

[14] 章继涛. 数控技能训练 [M]. 北京：人民邮电出版社，2014.

[15] 杨振贤. 3D 打印：从全面了解到亲手制作 [M]. 北京：化学工业出版社，2015.

[16] 劳动和社会保障部中国就业培训技术中心. 机械加工通用基础知识 [M]. 北京：中国劳动社会保障
    出版社，2003.

[17] 钱珊. CAD/CAM 软件应用技术基础——基于 CAXA [M]. 北京：北京航空航天大学出版
    社，2007.

[18] 杨刚. 工程训练与创新 [M]. 北京：科学出版社，2015.

[19] 赵超越，董世知，李莉. 工程训练 [M]. 2 版. 北京：机械工业出版社，2015.

[20] 刘元义. 工程训练 [M]. 北京：科学出版社，2016.

[21] 郭永环，姜银方. 工程训练 [M]. 4 版. 北京：北京大学出版社，2017.

[22] 曹其新，张培艳. 机械制造基础实习教程 [M]. 北京：科学出版社，2015.

[23] 刘文静，朱世欣. 工程基础训练教程 [M]. 北京：科学出版社，2016.

[24] 孙康宁，林建平. 工程材料与机械制造基础课程体系和能力要求 [M]. 北京：科学出版社，2016.

[25] 孙康宁，梁延德，罗阳. "工程材料与机械制造基础"与"工程训练"的协同发展 [M]. 北京：高
    等教育出版社，2017.

[26] 付平，李镇江，吴俊飞. 工程训练基础 [M]. 西安：西安电子科技大学出版社，2016.

[27] 胡庆夕，张海光，徐新成. 机械制造实践教程 [M]. 北京：科学出版社，2017.

[28] 张学政，李家枢. 金属工艺学实习教材 [M]. 4 版. 北京：高等教育出版社，2011.

[29] 江龙，洪超. 工程基础训练：附实习报告 [M]. 南京：东南大学出版社，2018.

[30] 谷春瑞，韩广利，曹文杰. 机械制造工程实践 [M]. 天津：天津大学出版社，2004.

[31] 孙以安，鞠鲁粤．金工实习［M］．上海：上海交通大学出版社，2005.

[32] 王世刚．工程训练与创新实践［M］. 2 版．北京：机械工业出版社，2017.

[33] 叶建斌，戴春祥．激光切割技术［M］．上海：上海科学技术出版社，2012.

[34] （德）奥利菲．博尔克纳，等．机械切削加工技术［M］．杨祖群，译．长沙：湖南科学技术出版社，2014.

[35] 人力资源和社会保障部教材办公室．机械制造工艺基础［M］. 5 版．北京：中国劳动社会保障出版社，2007.

[36] 曾海泉，刘建春．工程训练与创新实践［M］．北京：清华大学出版社，2017.

[37] 赖周艺，朱明强，郭峤．3D 打印项目教程［M］．重庆：重庆大学出版社，2015.

[38] 孙万龙，宋红．边做边学———CAXA2013 制造工程师立体化实例教程［M］．北京：人民邮电出版社，2016.

[39] 王志海，舒敬萍，马晋．机械制造工程实训及创新教育［M］．北京：清华大学出版社，2014.

[40] 舒敬萍，尹光明．机械制造工程实训及创新教育实训报告［M］．北京：清华大学出版社，2014.

[41] 夏绪辉．工程基础与训练实习报告：机械类［M］. 2 版．武汉：华中科技大学出版社，2018.

[42] 谢志余、刘培友．华东高校工程训练教学学会第九届学术年会论文集［C］．北京：国防工业出版社，2011.

[43] 朱军，张红霞，赵成．有色金属与新能源材料发展［J］．电源技术，2019，43（4）：731 - 733.

[44] 朱华炳，田杰．制造技术工程训练［M］. 2 版．北京：机械工业出版社，2020.

[45] 周济，李培根，周艳红，等．走向新一代智能制造［J］．Engineering，2018，4（1）：28 - 47.

[46] 张策．机械工程史［M］．北京：清华大学出版社，2015.

[47] 袁军堂．机械工程概论［M］．北京：清华大学出版社，2020.

[48] 杨琦，许家宝．工程训练及实习报告［M］．合肥：合肥工业大学出版社，2020.

[49] 汤方晴，陈菲，王雷．新时期中国工业软件赶超思路与发展路径研究［J］．杭州电子科技大学学报（社会科学版），2021，17（5）：34 - 38.

[50] 林有希，黄捷，郑爱珠．创新教育中的工程通识［M］．北京：科学出版社，2022.

[51] 林有希，黄捷，郑爱珠，等．工程基础训练［M］．北京：科学出版社，2020.

[52] 李舒连．构建金工实习文化的探索［J］．安徽工业大学学报（社会科学版），2005（4）：114 - 115.

[53] 李琼砚，路敦民，程朋乐．智能制造概论［M］．北京：机械工业出版社，2021.

[54] 李宁．铣亮"导航之眼"的刘湘宾［J］．中华魂，2022（6）：60 - 62.

[55] 冯韬，孟正华，郭巍．4D 打印智能材料及产品应用研究进展［J］．数字印刷，2022（3）：1 - 16.

[56] 段阳．金属切削加工知识图谱构建及应用［D］．四川大学，2021.

[57] 曹邵文，周国庆，蔡琦琳，等．太阳能电池综述：材料、政策驱动机制及应用前景［J］．复合材料学报，2022，39（5）：1847 - 1858.

[58] 本刊编辑部．庆建党百年 展特种担当——来自特种加工领域科技工作者的心声［J］．电加工与模具，2021（3）：1 - 5.